中等职业教育"十二五"规划课程改革创新教材

中职中专计算机类专业通用教材系列

Access 2007数据库技术与实例教程

孔志文　主编

科 学 出 版 社

北　京

内 容 简 介

Access 2007 是 Microsoft 公司 Office 2007 办公软件中的一个重要组成部分,主要用于数据库管理。因为简单易学、功能强大、使用起来快捷方便,Access 已成为目前最流行的桌面型数据库管理软件。

本书根据 Access 2007 的基本特点,采用项目教学的组织方法,共分为8 个项目,除最后一个为综合实训项目外,前 7 个项目前后衔接,均围绕一个总项目——"图书馆管理系统"数据库的设计而展开。书中每个项目又分解为多个任务,使读者能较系统、快捷地学习使用 Access 2007 设计数据库系统的基础知识与操作技巧。

本书可作为中等职业技术学校计算机、电子商务、财会电算化等专业的教材,也可供数据库入门读者自学。

图书在版编目(CIP)数据

Access 2007 数据库技术与实例教程 / 孔志文主编 . —北京:科学出版社,2011

(中等职业教育"十二五"规划课程改革创新教材·中职中专计算机类专业通用教材系列)

ISBN 978-7-03-031177-1

Ⅰ.①A… Ⅱ.①孔… Ⅲ.①关系数据库—数据库管理系统,Access 2007—中等专业学校—教材 Ⅳ.①TP311.138

中国版本图书馆CIP数据核字(2011)第097438号

责任编辑:陈砺川 李 伟 / 责任校对:耿 耘
责任印制:吕春珉 / 封面设计:东方人华平面设计部

科 学 出 版 社 出版
北京东黄城根北街16号
邮政编码:100717
http://www.sciencep.com

三河市骏杰印刷有限公司印刷

科学出版社发行 各地新华书店经销
*
2011年6月第 一 版 开本:787×1092 1/16
2019年1月第七次印刷 印张:14 1/2
字数:263 000

定价:36.00元

(如有印装质量问题,我社负责调换<骏杰>)

销售部电话 010-62134988 编辑部电话 010-62132703-8020

版权所有,侵权必究

举报电话:010-64030229;010-64034315;13501151303

中等职业教育 "十二五" 规划课程改革创新教材

编写委员会

顾　问　　何文生　朱志辉　陈建国

主　任　　史宪美

副主任　　陈佳玉　吴宇海　王铁军

审　定　　何文生　史宪美

编　委（按姓名首字母拼音排序）

邓昌文　付笔闲　辜秋明　黄四清　黄雄辉　黄宇宪

姜　华　柯华坤　孔志文　李娇容　刘丹华　刘　猛

刘　武　刘永庆　鲁东晴　罗　忠　聂　莹　石河成

孙　凯　谭　武　唐晓文　唐志根　肖学华　谢淑明

张志平　郑　华

序

《国家中长期教育改革和发展规划纲要（2010～2020年）》中明确指出，要"大力发展职业教育"，"把提高质量作为重点。以服务为宗旨，以就业为导向，推进教育教学改革。"可见，中等职业教育的改革势在必行，而且，改革应遵循自身的规律和特点。"以就业为导向，以能力为本位，以岗位需要和职业标准为依据，以促进学生的职业生涯发展为目标"成为目前呼声最高的改革方向。

实践表明，职业教育课程内容的序化与老化已成为制约职业教育课程改革的关键。但是，学历教育又有别于职业培训。在改变课程结构内容和教学方式方法的过程中，我们可以看到，经过有益尝试，"做中学，做中教"的理论实践一体化教学方式，教学与生产生活相结合、理论与实践相结合，统一性与灵活性相结合，以就业为导向与学生可持续性发展相结合等均是职业教育教学改革的宝贵经验。

基于以上职业教育改革新思路，同时，依据教育部2010年最新修订的《中等职业学校专业目录》和教学指导方案，并参考职业教育改革相关课题先进成果，科学出版社精心组织20多所国家重点中等职业学校，编写了一套计算机类专业的"中等职业教育'十二五'规划课程改革创新教材"，其中，计算机动漫与游戏制作专业是教育部新调整的专业。此套具有创新特色和课程改革先进成果的系列教材将在"十二五"规划的第一年陆续出版。

本套教材坚持科学发展观，是"以就业为导向，以能力为本位"的"任务引领"型教材。教材无论从课程标准的制定、体系的建立、内容的筛选、结构的设计还是素材的选择，均得到了行业专家的大力支持和指导，他们作为一线专家提出了十分有益的建议；同时，也倾注了20多所国家重点学校一线老师的心血，他们为这套教材提供了丰富的素材和鲜活的教学经验，力求以能符合职业教育的规律和特点的教学内容和方式，努力为中国职业教学改革与教学实践提供高质量的教材。

本套教材在内容与形式上有以下特色：

1. 任务引领，结果驱动。以工作任务引领知识、技能和态度，关注的焦点放在通过完成工作任务所获得的成果，以激发学生的成就感；通过完成典型任务或服务，来获得工作任务所需要的综合职业能力。

2. 内容实用，突出能力。知识目标、技能目标明确，知识以"够用、实用"为原则，不强调知识的系统性，而注重内容的实用性和针对性。不少内容案例以及数据均来自真实的工作过程，学生通过大量的实践活动获得知识技能。整个教学过程与评价等均突出职业能力的培养，体现出职业教育课程的本质特征。做中学，做中教，实现理论与实践的一体化教学。

3. 学生为本。除以培养学生的职业能力和可持续性发展为宗旨之外，教材的体例设计与内容的表现形式充分考虑到学生的身心发展规律，体例新颖，版式活泼，便于阅读，重点内容突出。

4. 教学资源多元化。本套教材扩展了传统教材的界限，配套有立体化的教学资源库。包括配书教学光盘、网上教学资源包、教学课件、视频教学资源、习题答案等，均可免费提供给有需要的学校和教师。

当然，任何事物的发展都有一个过程，职业教育的改革与发展也是如此。如本套教材有不足之处，敬请各位专家、老师和广大同学不吝赐教。相信本套教材的出版，能为我国中等职业教育信息技术类专业人才的培养，探索职业教育教学改革做出贡献。

信息产业职业教育教学指导委员会委员

中国计算机学会职业教育专业委员会名誉主任

广东省职业技术教育学会电子信息技术专业指导委员会主任

何文生

2011 年 1 月

前　言

　　Access 2007 是微软公司在办公自动化领域推出的系列软件之一，由于其功能强大，容易掌握，一般使用者不需编程就可直接使用，因此成为目前世界上最流行的桌面型数据库管理软件之一。中等职业技术学校计算机专业基础课程——数据库基础与应用，非常适合采用 Access 2007 数据库管理软件作为教学软件。

　　根据教育部关于职业教育"以服务为宗旨，以就业为导向，体现岗位技能要求，促进学生实践操作能力培养"的基本指导思想，本书以项目教学的方式组织编写，力求体现先进的教学理念。

　　全书共安排了 8 个项目，每一个项目都包括项目导读、技能目标、项目小结、习题等环节，使读者通过每个项目的学习，全面了解使用 Access 2007 数据库管理软件的相关概念、操作方法与技巧。项目一介绍了 Access 2007 的工作环境、启动、退出、创建空白数据库等基本操作以及数据库的基本设计方法与知识；项目二介绍 Access 2007 中表的基本概念、设计与创建方法、表间关系的建立以及表的基本操作；项目三介绍查询的概念以及不同类型的查询的设计方法；项目四介绍窗体的概念、类型、创建方法以及窗体的应用；项目五介绍报表的类型、创建方法、在数据统计中的应用以及如何打印与预览报表；项目六介绍宏的应用、如何通过宏在应用程序中自动执行一些操作与任务；项目七介绍数据的导入 / 导出、应用程序选项设置以及如何生成应用程序的 ACCDE 版本；项目八安排了一个综合实例——"考勤管理系统"的开发，通过完成此实例的设计，使读者进一步掌握使用 Access 2007 进行数据库管理系统开发的方法与技能，达到具备独立开发中小型信息管理系统的能力。

　　根据数据库基础与应用课程的要求，建议本书的学时为 100 学时，具体如下表所示：

教学内容	讲授课时	实训课时	合计
项目一 创建东方职业技术学校图书馆管理系统	3	3	6
项目二 创建与操作图书馆管理系统数据表	6	6	12
项目三 建立图书馆管理系统的数据查询	10	10	20

续表

教学内容	讲授课时	实训课时	合计
项目四 图书馆管理系统窗体设计	8	8	16
项目五 图书馆管理系统报表设计	6	6	12
项目六 图书馆管理系统宏的设计	4	4	8
项目七 数据的导入、导出与应用程序管理	4	4	8
项目八 综合实例——"考勤管理系统"的开发	6	10	16
机动			2
总计	47	51	100

　　本书的特点是理论与实践相结合，结构清晰，图文并茂，操作步骤描述详细，注重学生综合实操能力的培养，适合作为中等职业技术学校计算机、电子商务、财会电算化等专业教材，也可供数据库入门读者自学。

　　孔志文编写项目一与项目八，黄志军编写项目二，秦艳丽编写项目三，许锐辉编写项目四，李明霞编写项目五，万方编写项目六，刘舒翔编写项目七。孔志文对全书统稿。

　　由于编者水平有限，书中难免有疏漏与不当之处，恳请广大读者指正。

目　录

1

项目一　创建图书馆管理系统

项目导读

随着办公自动化的广泛应用，各类信息管理系统软件已非常成熟。通过 Access 2007 开发一个学校图书馆管理系统，可大大减轻图书管理人员的工作压力，提高工作效率。本项目先介绍 Access 2007 的开发环境，然后对图书馆管理系统进行功能设计与逻辑设计，最后，介绍如何使用 Access 2007 创建东方职业技术学校图书馆管理系统数据库实例。

技能目标

● 认识 Access 2007 的操作界面，熟悉 Access 2007 的工作环境。

● 掌握数据库设计的基础知识，能够对数据库的功能进行概要描述，对数据库要管理的数据进行收集与整理。

● 学会创建、打开、关闭 Access 2007 数据库。

任务一 | 认识 Access 2007

■**任务目标** 在进行数据库系统开发之前，一般应先选取好开发工具。Access 2007是目前最流行的桌面型数据库管理系统之一，它界面友好，易学易用，并且功能非常强大，可根据需要快捷地设计出各种类型的数据库。本任务先熟悉Access 2007的开发环境，初步了解Access 2007中的基本数据对象，为后续的系统开发实施打下基础。

知识准备

1）数据库的基本概念。数据库是存放数据的工具，一般常说的数据库是指"数据库系统（Database System）"，数据库本身是数据库系统的一部分。一个完整的数据库系统由数据库（Database）、数据库管理系统（Database Management System，DBMS）和用户（User）组成。

2）Access 2007 与数据库管理系统。如前所述，数据库、数据库管理系统、数据库系统是三个不同的概念。在数据库系统中，数据必须经过多层处理，才能转换为有用的信息，这就要用到数据库管理系统。Access 2007 就是一个数据库管理系统应用软件。使用 Access 2007，其实就是以数据库管理系统的概念设计数据库、操作数据库中的数据。

任务实施

1. 启动 Access 2007

在进入 Microsoft Office Access 2007 之前，先来了解一下 Access 2007 的安装要求，如表 1.1 所示。

表 1.1　Access 2007 的安装要求

名　称	要　求
处理器	基本配置 500MHz 以上 X86 处理器，优化配置 Celeron 2.0GHz 以上
内存	基本配置 256MB 以上，优化配置 512MB 以上
操作系统	Windows XP SP2、Windows Server 2003 SP1 以上、Windows Vista 等
硬盘空间	1.5GB 以上的剩余空间
联网要求	能连接到因特网

在安装 Access 2007 之后，可按如下方法启动 Access 2007。（以下以 Windows XP 操作系统为例，下同）

在 Windows XP 操作系统下，选择"开始"/"Microsoft Office"/"所

有程序"/"Microsoft Office"/"Microsoft Office Access 2007"命令，就会进入"开始使用 Microsoft Office Access"的界面，如图 1.1 和图 1.2 所示。

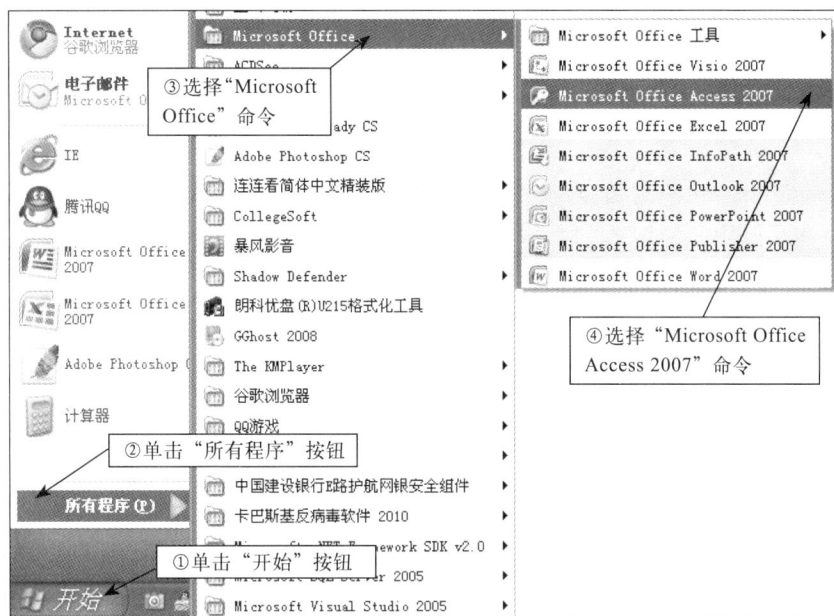

图 1.1
进入界面的步骤

图 1.2
Microsoft Access 界面

2．认识 Access 2007 的工作环境

图 1.2 所示是 Access 2007 的开始画面，接下来，要进入 Access 2007 的开发环境，以全面地了解 Access 2007。在 Access 2007 中，提供了一些已完成的数据库实例，以方便使用者进行参考与学习。通过打

开一个示例数据库——罗斯文 20072,进入 Access 2007 实际的操作环境,具体操作步骤如下。

如图 1.3 所示,单击左侧窗格的"本地模板"按钮,然后选择"罗斯文 2007"图标,单击"创建"按钮以创建"罗斯文 2007"数据库。

图 1.3
创建"罗斯文 2007"数据库

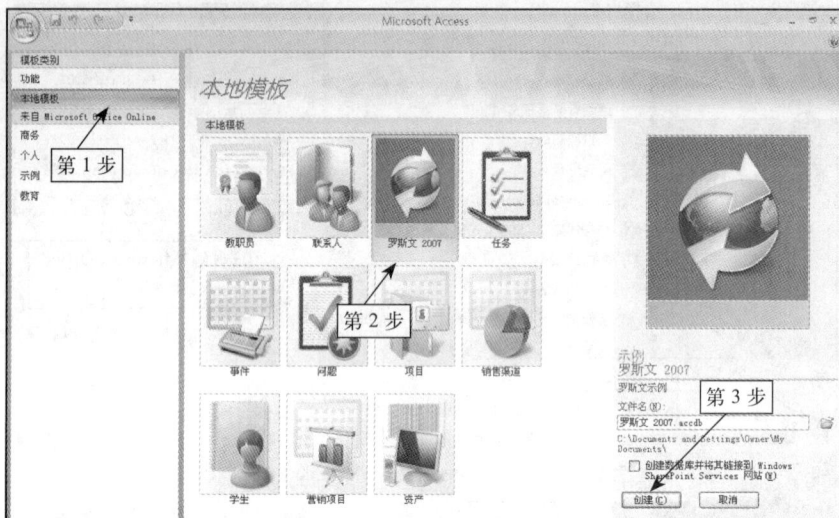

按上述步骤执行后,系统默认会在当前用户文档目录下创建一个"罗斯文 2007"数据库,初始画面如图 1.4 所示。

在初始画面上可以看到 Access 2007 会弹出一个安全警告栏,这是 Access 2007 出于安全方面的考虑,将可能不安全的文件位置或者数据库部分内容禁用,并弹出此安全警告栏。按图 1.4 所示,单击"选项"按钮,将会打开"Microsoft Office 安全选项"对话框,如图 1.5 所示。

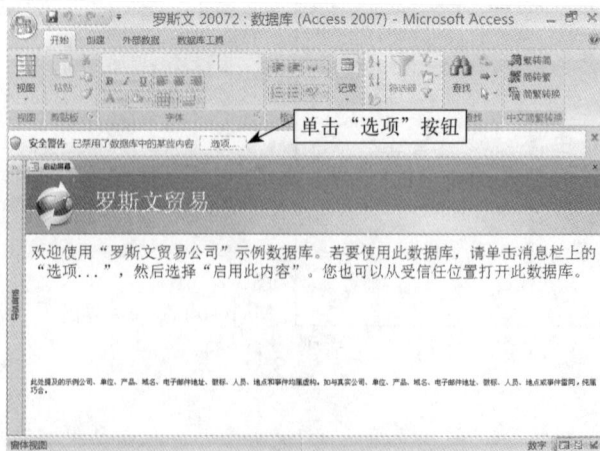

图 1.4 "罗斯文 2007"数据库初始画面

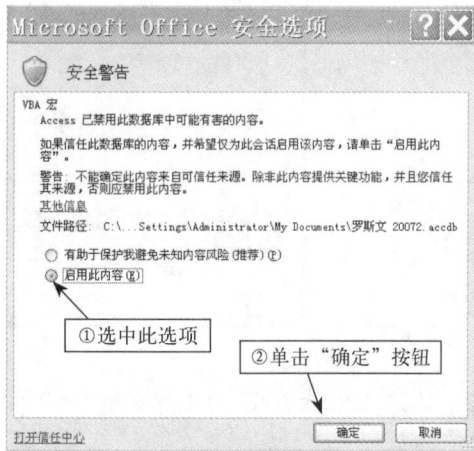

图 1.5 "Microsoft Office 安全选项"对话框

在"'Microsoft Office 安全选项'对话框"中选中"启用此内容"选项，单击"确定"按钮后，Access 2007 会启动数据库的所有内容。此时将看到"罗斯文 2007"示例数据库弹出一个登录对话框，单击"登录"按钮，如图 1.6 所示，会以数据库用户"王伟"的身份进入"罗斯文 2007"示例数据库。

图 1.6　登录对话框

进入"罗斯文 2007"数据库后，会见到该数据库的主界面，如图 1.7 所示，单击"关闭"按钮，可关闭该数据库的主界面。此时，会打开 Access 2007 的主界面，如图 1.8 所示。

如图 1.8 所示，Access 2007 的主界面主要分成了 4 个部分，分别是标题栏、自定义快速访问工具栏、功能区与导航窗格。各个部分的主要功能如下。

（1）标题栏

标题栏的主要作用是显示当前使用的数据库名称。

（2）自定义快速访问工具栏

自定义快速访问工具栏可以依据用户的需要添加一些快捷命令按钮。例如，可将"快速打印"按钮放入自定义快速访问工具栏，如图 1.9 所示。

（3）功能区

如图 1.8 所示，在 Access 2007 中，功能区取代了以往 Office 软件中常见的菜单栏与工具栏。功能区以选项卡的形式进行组织，存放了 Access 2007 所有的操作命令。功能区一般包括"开始"、"创建"、"外部数据"和"数据库工具"4 个选项卡。在实际应用中，功能区会因为当前数据库对象的不同切换到"上下文命令"选项卡，以提供不同的数据库对象操作命令。

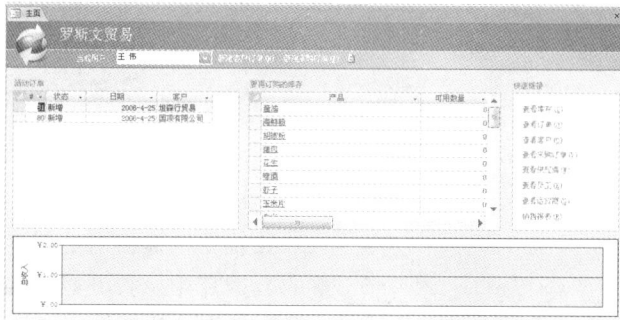

图 1.7　关闭数据库的主界面

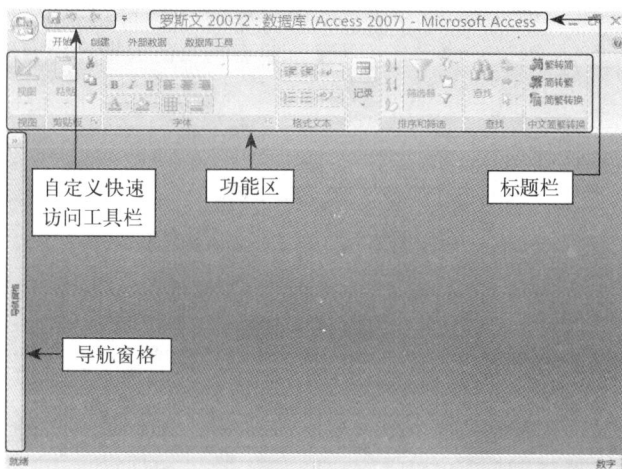

图 1.8　Access 2007 的主界面

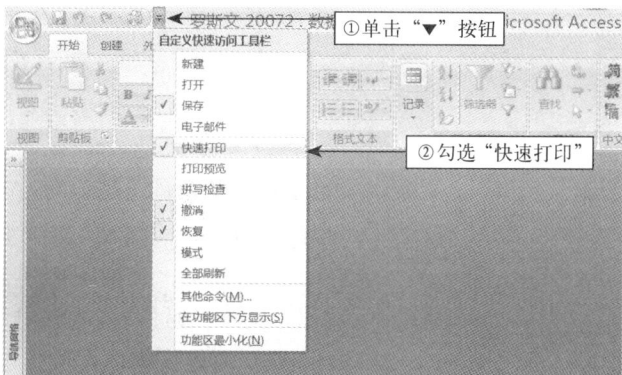

图 1.9　添加快速访问按钮

在使用 Access 2007 的过程中,为了拥有更大的操作空间,可以显示与隐藏功能区,方法就是双击某个选项卡的名称,如图 1.10 和图 1.11 所示。

图 1.10 双击选项卡名称显示功能区

图 1.11 双击选项卡名称隐藏功能区

(4) 导航窗格

导航窗格提供对数据库的相关数据对象的选取。在一个已创建完整的数据库中,打开导航窗格会找到所有的数据库对象。以"罗斯文 2007"数据库为例,打开导航窗格,会看到在窗格内包括了表、查询、窗体、报表、宏、模块等 Access 对象。单击每种对象的展开按钮,还可以看到每类 Access 对象中包括的各个具体实例。例如,展开"报表"对象,会看到当前数据库所有的具体报表名称,如图 1.12 和图 1.13 所示。

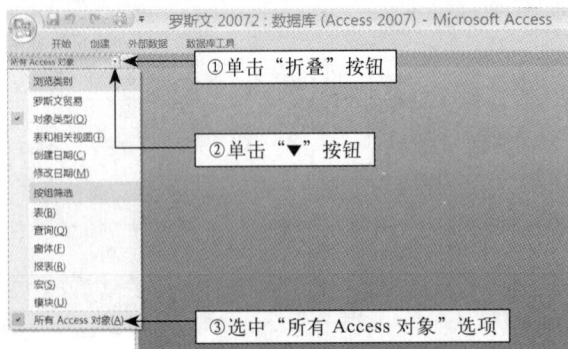

图 1.12 "所有 Access 对象"选项卡

图 1.13 "报表"选项卡

对 Access 2007 而言,数据库对象是指存放数据的容器以及对数据的处理操作的总和。对于不同的数据库,可以包含不同数量的数据库对象。各个数据库对象的主要作用如下。

1)表。表是 Access 2007 存储数据的地方。其他数据库对象的操作都是在表的基础上进行的。Access 2007 中所有的表对象都是一个二维表,以行和列来组织数据,一行称为一条记录,一列称为一个字段。

2)查询。查询的作用是使用户可以按照不同的方式查看、更改、分析数据。通过查询能使用户筛选出所需要的数据。

3)窗体。窗体是数据库与用户之间的人机界面。使用窗体能使用户方便地操作数据库中的数据。

4）报表。当数据库中数据需要进行打印输出时，就要使用到报表对象。使用报表对象不仅能把数据库中的数据按用户设计的特有形式组织，还能对数据进行各种各样的排序、统计操作，最后输出到打印机。

5）宏。宏是由一系列的操作命令组成，能自动地执行一些组合操作，使数据库的管理与维护更有效率。

6）模块。模块是指由 VBA（Visual Basic for Application）语言编写的程序段，用来完成一些较为复杂的数据库操作。一般与窗体、报表对象结合使用。

3．退出 Access 2007

退出 Access 2007，有两种方法。

1）单击 Access 2007 窗体右上角的"关闭"按钮可快捷地退出 Access 2007。

2）单击"Office"按钮，在弹出的菜单中右下角，单击"退出 Access"按钮，也可以退出 Access 2007 软件，如图 1.14 所示。

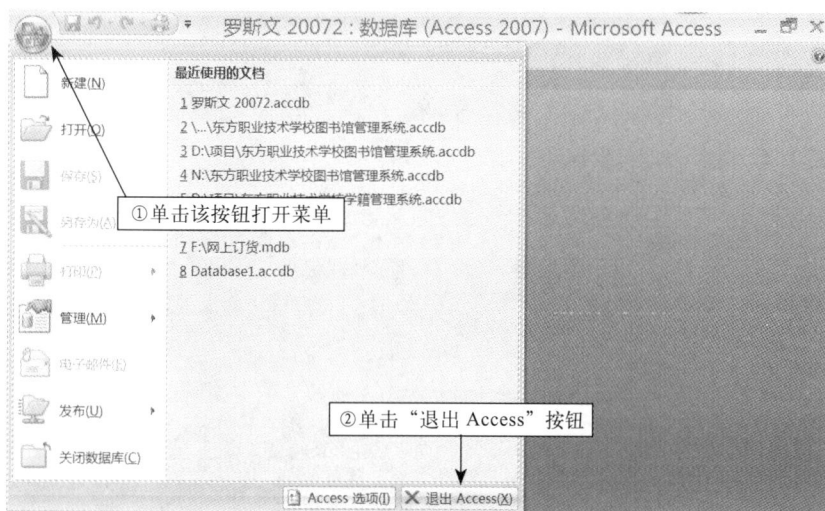

图 1.14　退出 Access 2007 的方法

任务二　设计与规划图书馆管理系统

■ **任务目标**　通过本任务的实施，能初步学习到数据库设计的基础知识，了解在数据库设计之前，应该进行数据的收集与整理，并且对管理系统应实现的功能进行大致规划。

□ 知识准备

1）数据在数据库中的存储方式。在数据库领域，数据有多种存在形式，如文字、数字、符号、图像、影像、声音等。数据库中的数据并不是简单地堆放在一起，而是按一定的组织结构存放起来的数据集合，并且数据库中各个数据集合相互间存在着一定的关系。

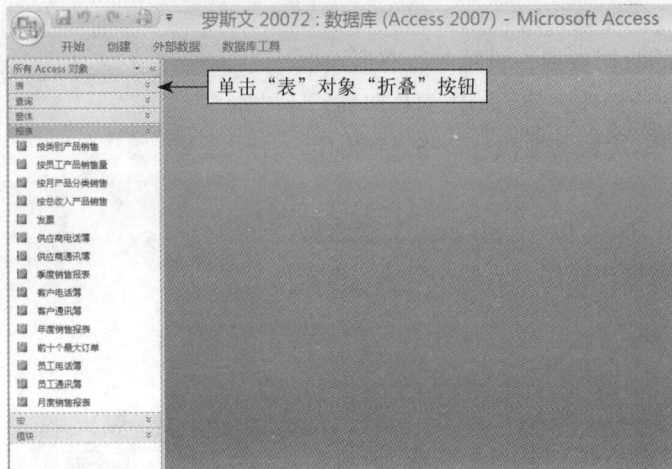

图 1.15　查看"员工"数据（一）

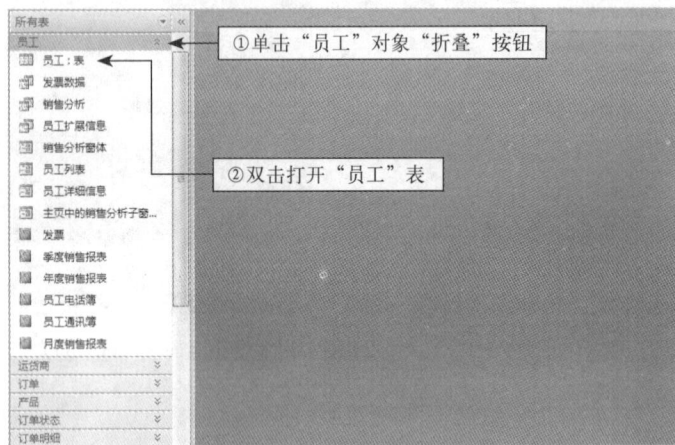

图 1.16　查看"员工"数据（二）

图 1.17　查看"员工"数据（三）

2）数据模型。数据模型是指数据库的组织方式，它是指数据库中各种数据是如何组织、连接以及运行的。目前主要有层次型、网络型、关系型和面向对象 4 种数据模型。

① 层次数据模型是一种倒立的树形结构，在这种数据模型中，数据是按彼此之间的从属关系来存放，树根是最高层。

② 网络数据模型是层次型数据模型的改良。各种数据间的关系犹如网络状，彼此间没有从属关系。

③ 关系数据模型是最常用的一种。使用关系数据模型，会将数据存放在一张二维表格中，称为数据表。数据表中每一列为一个字段，每个字段均有唯一的名称以及所存储的数据的类型和值域；每一行数据称为一条记录，每条记录中的各个数据项（亦即对应的字段内容）共同构成了记录的数据内容。

关系数据模型中所谓的"关系"就是描述数据表与数据表之间的关联。关系都是通过数据表中某些字段建立起来的关联。

本书中学习的 Access 2007 就是一种典型的关系型数据库管理系统。

可以打开在任务一中使用过的罗斯文示例数据库，查看其中的"员工"数据表，看一看关系型数据库是如何组织与存放数据的，如图 1.15～图 1.17 所示。

④ 面向对象数据模型是以对象为基础，具有继承、封装、多态等特性。各种对象拥有属性与方法，通过对象共同的特征，可描述结构复杂的数据。

3）数据库管理系统的设计流程。当以 Access 2007 作为数据库系统进行开发时，必须对数据库的设计流程有所认识。

首先，必须先了解开发管理系统时，用户对管理系统的具体功能需求，进行数据的收集，并初步设计出管理系统的功能概要。

其次，Access 数据库是由多个对象组合而成的，如表、查询、窗体、报表、宏等。一般而言，设计数据库大概分为两部分：一是逻辑设计，将收集到的数据转换为实体的设计；二是实体设计部分，将创建的数据表进行规范化，并进一步完成 Access 数据库各个对象的创建。

任务实施

1. 图书管理系统的功能概要设计

根据"自上而下总体规划"的原则，应先将该管理系统需要实现的功能总结出来，然后再进行具体的设计。

通过需求分析总结出该管理系统应该具备以下几个方面的功能。

1）图书信息管理功能。该功能主要包括录入图书信息、浏览各种图书信息、按需要查询图书信息、查询可借阅图书信息等。

2）出版社管理功能。该功能主要实现各种图书的出版社信息录入、查阅、统计等。

3）借还书管理功能。该功能主要包括借书人信息录入、借书登记、还书登记、未还书记录查询等。

4）图书信息统计功能。该功能主要是实现将各种图书的汇总信息、借书记录信息、各出版社的藏书统计信息等输出为报表，通过打印机打印出来，以作为校领导查阅、追还借书、图书采购等活动的依据和参考。

经过以上分析，对图书馆管理系统应该实现的功能有了一个比较清晰的了解。现将系统的主要功能画成一个基本的功能设计结构图，如图 1.18 所示。

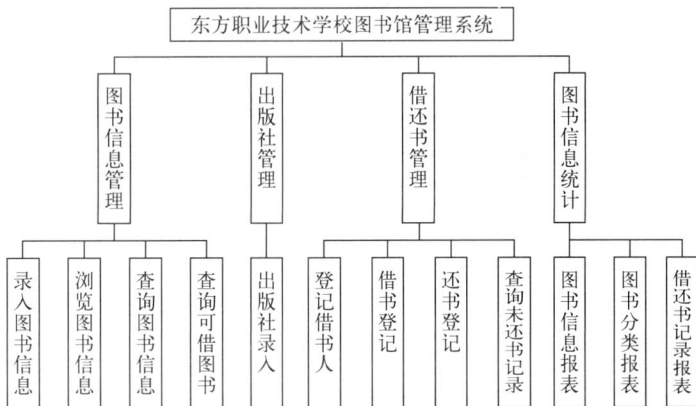

图 1.18　功能设计结构图

2. 原始数据的收集、整理与组织

（1）原始数据的收集

对于数据库而言，数据是指可以在计算机媒体上存储的记录。因此，任何具有意义的文字、数字、符号、图形、声音、视频等都可统称为数据。

通过对图书馆管理系统的需求进行了解与分析后，小刘知道该管理系统需要收集与管理的数据主要包括：图书编号、书名、作者、出版日期、价格、购置时间、藏书数量、借出数量，图书封面，出版社名称、地址、联系电话、联系人姓名、网址、邮政编码，借书人学生证号、姓名、性别、入学时间、班级名称、联系电话、借出日期、还书日期、预定还书日期、还书是否完好等。

（2）数据的整理与组织

如前所述，Access 2007 是一种关系型数据库。关系模型数据库的特点是用二维表的形式来存储数据。在数据收集完毕后，接下来的任务是要根据数据之间的关系建立多个二维数据表，将收集到的数据分开存放到不同的二维表中，并建立起各个二维数据表之间的关联关系，如此才能实现对数据的高效管理。

针对本图书管理系统，现将收集到的数据按不同的主体内容划分到4 个二维数据表中，分别是图书信息表、出版社信息表、借书人登记表、借还书记录表，如表 1.2 ～表 1.5 所示。

表 1.2　图书信息表

图书编号	书　名	作　者	出版社编号	出版日期	价格	购置时间	藏书数量	借出数量	图书封面
TS0000009	计算机应用基础	黄志君	CBS0001	2009-3-8	33.00	2009-3-15	10	0	……
TS0000007	XML 完全手册	汪浩紧	CBS0006	2009-3-21	18.00	2009-5-27	12	0	……
TS0000004	实用 C 语言编程	周孝净	CBS0001	2009-2-11	32.00	2009-8-12	6	0	……
……	……	……	……	……	……	……	……	……	……

表 1.3　出版社信息表

出版社编号	出版社名称	出版社地址	出版社联系电话	联系人姓名	出版社网址	邮政编码
CBS0001	科学出版社	北京东黄城根北街 16 号	010-62138878	吴砺川	www.sciencep.com	100717
CBS0002	电子工业出版社	北京市海淀区万寿路 173 号	010-68279277	李文东	www.phei.com.cn	100036
……	……	……	……	……	……	……

表 1.4　借书人登记表

学生证号	姓　名	性　别	入学时间	班级名称	联系电话
0901001	张蓓	女	2009-9-1	09 计算机班	13802214785
0901002	高小云	男	2009-9-1	09 计算机班	15933221418
……	……	……	……	……	……

表 1.5　借还书记录表

借书记录号	学生证号	图书号	借出日期	还书日期	预定还书日期	还书是否完好	还书备注
1	0901001	TS0000005	2009-9-27	2009-10-22	2009-11-27	是	
2	0901003	TS0000007	2009-9-27	2010-8-5	2009-11-27	否	书本缺页，按原价赔偿
……	……	……	……	……	……	……	……

将收集到的数据进行整理与组织，划分到不同的数据表中，实际上这是对数据库进行规范化的设计步骤。"规范化"的作用是合理组织数据，其目的主要有两个。

1）维持数据的关系性。设计一个数据表时，表中各个字段的选取非常重要。应尽可能地把相关性较大的数据放在同一个表中，使得数据的管理更加有效。例如，设计"图书信息表"的目的是为了在该表中存储图书馆中各种藏书的相关属性数据，因此应选取"图书编号"、"书名"、"作者"、"出版社编号"、"出版日期"、"价格"、"购置时间"、"藏书数量"、"借出数量"、"图书封面"等数据放入其中，因为这些数据与数据表的主体内容"图书信息"相关性较大。而其他诸如"借出日期"、"还书日期"等数据，和"图书信息"这个主体内容并没有直接的关系，因此不能将这些数据放入"图书信息表"中。

2）避免出现重复性数据。在本图书馆管理系统中，"出版社名称"、"出版社联系电话"、"联系人姓名"等数据也不应该出现在"图书信息表"中。表面上看，"出版社名称"、"出版社联系电话"等数据也与"图书信息"这一主体内容具有相关性，但如果将这些数据放入"图书信息表"中，则会造成出现重复性数据，如表 1.6 所示，加大了数据库的维护难度。

表 1.6　错误的设计导致"图书信息表"中出现重复性数据

图书编号	书　名	作者	出版社编号	出版社名称	出版社联系电话	联系人姓名	……
TS0000009	计算机应用基础	黄志君	CBS0001	科学出版社	010-62138878	吴砺川	……
TS0000007	XML 完全手册	汪浩紧	CBS0006	华中科技大学出版社	027-87545012	熊庆生	……
TS0000004	实用 C 语言编程	周孝净	CBS0001	科学出版社	010-62138878	吴砺川	……
TS0000010	数据库应用技术	洪智闻	CBS0001	科学出版社	010-62138878	吴砺川	……
……	……	……	……	……	……	……	……

表 1.6 中数据第 1、3、4 行，图书编号为 TS0000009、TS0000004、TS0000010 的藏书，其出版社都是"科学出版社"。因此在"图书信息表"中，相同的"出版社名称"、"出版社联系电话"、"联系人姓名"等数据重复出现了 3 次，如果有更多的图书都是该出版社出版的，数据重复的次数将会更多。当该出版社的信息发生了变更，例如出版社的联系电话发生了更改，则所有的这些重复性数据都需要重新进行更新，造成了数据维护的不便。

因此，正确的做法是将"出版社名称"、"出版社联系电话"、"联系人姓名"、"出版社网址"、"邮政编码"等数据抽取出来，放入主体内容为"出版社信息"的"出版社信息表"中。如表 1.3 所示，在"出版社信息表"中，每个出版社的相关属性数据都只会出现一次，例如"科学出版社"这个名称在该表中只会出现一次，杜绝了出现重复性数据的现象。

此外，"图书信息表"与"出版社信息表"中都存储有"出版社编号"数据项。因此，这两个数据表之间可以通过这一个共同的数据项建立关联关系。例如，在"图书信息表"中查到某一本书的出版社编号，就可以据此编号在"出版社信息表"中查到出版这本书的对应的出版社名称、联系电话、联系人等信息。

同理，"借书人登记表"、"借还书记录表"中的数据整理与组织，也是按照"维持数据的关系性"与"避免出现重复性数据"的原则进行的。并且，"借书人登记表"与"借还书记录表"可以通过"学生证号"数据项建立关联，"借还书记录表"与"图书信息表"可以通过"图书编号"数据项建立关联。

至此，数据的整理与组织工作基本完成。

小贴士

数据库中数据的整理与组织也称为数据库的规范化工作。数据库的规范化工作可以根据系统的需求来进行。一般来讲，数据库中数据的组织关系必须满足一定的要求。这些对数据组织的要求从数据库理论来讲称为范式。

目前主要有 6 种范式：第一范式、第二范式、第三范式、BC 范式、第四范式和第五范式。每一种范式都对数据的组织提出了具体的要求，例如第一范式是要求清除重复性数据，第二范式是要求清除部分关系等。

对数据库的规范化工作可以按从第一范式到第五范式的要求逐步进行。规范化的步骤可以在第一范式到第五范式之间任意一步停止，取决于数据库设计的实际需求。规范化程度过低的关系数据库可能会存在插入 / 删除异常、修改复杂、数据冗余等问题，需要对其进一步规范化，转换成高级范式。

关于各种数据库范式的具体要求，有兴趣的读者可以查阅数据库系统原理等相关书籍，本书中不进行详细介绍。

任务三 创建图书馆管理系统数据库

任务目标 使用 Access 2007 创建数据库的方法非常简单，并且可用不同的方式来创建数据库。通过本任务，先学会如何创建一个空白的"东方职业技术学校图书馆管理系统"数据库，然后再认识一下 Access 2007 中使用模板创建数据库的方法。

任务实施

1. 创建空白的数据库

在 Windows XP 操作系统下，选择"开始" / "所有程序" / "Microsoft Office" / "Microsoft Office Access 2007"命令，进入 Access 2007 启动

窗口，按以下的步骤创建一个空白的数据库，命名为"东方职业技术学校图书馆管理系统"，具体步骤如图 1.19 ~ 图 1.21 所示。

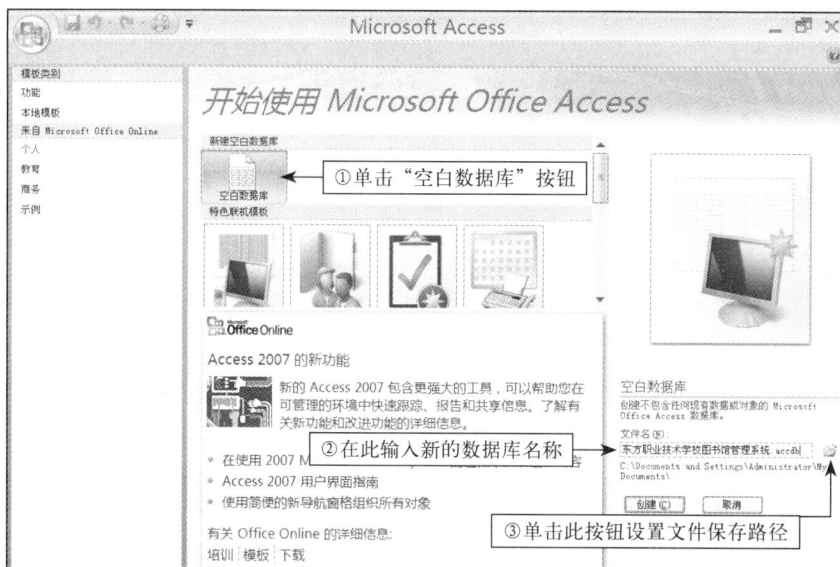

图 1.19
开始创建空白数据库

图 1.20 设置保存路径

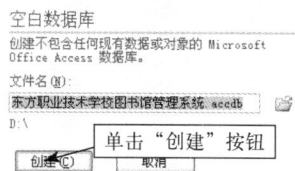

图 1.21 完成创建空白数据库

　　按以上的步骤，即可完成"东方职业技术学校图书馆管理系统"数据库的创建。在新创建一个空白数据库之后，Access 2007 会进入该数据库，并自动创建一个空白表"表 1"，如图 1.22 所示。

　　完成数据库的创建之后，此时可单击窗口右上角的"关闭"按钮，先行关闭当前打开的数据库。

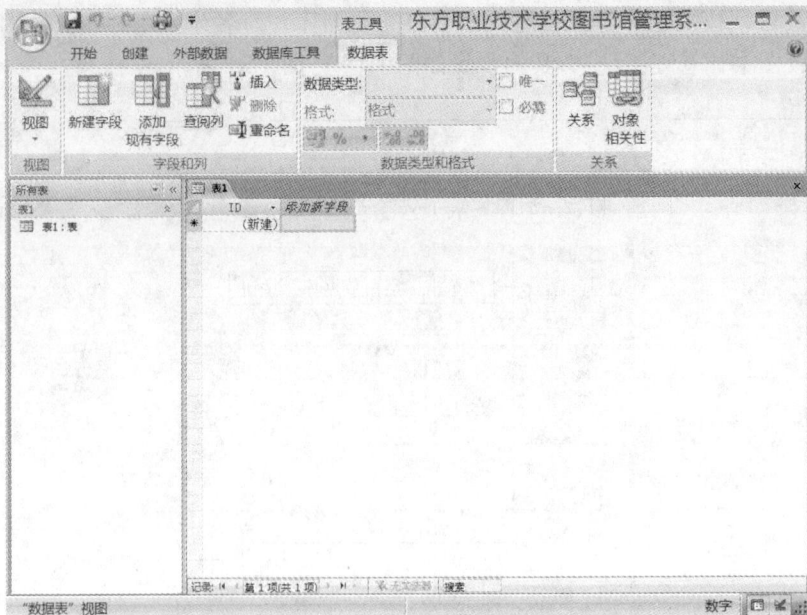

图 1.22
新创建的数据库

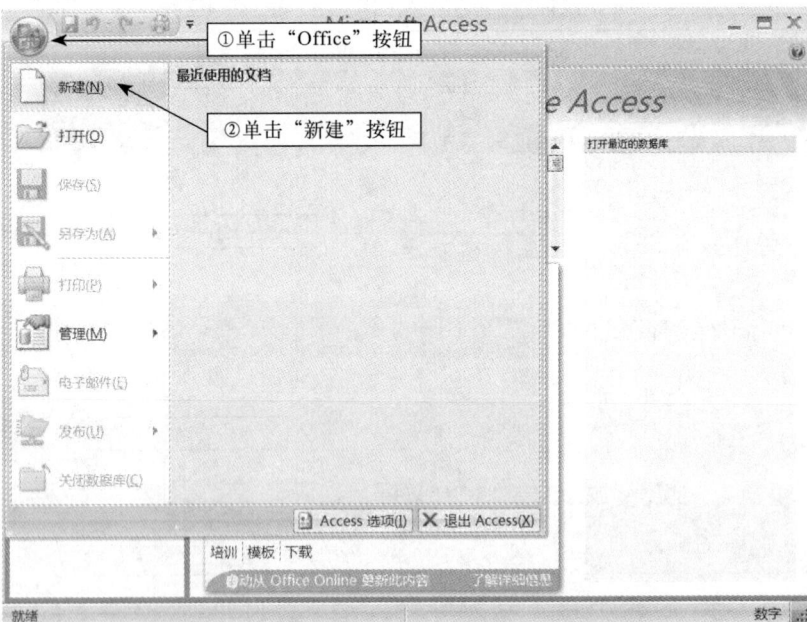

图 1.23
利用 Office 按钮创建数据库

2．打开已创建的数据库

启动 Access 2007，进入启动窗口，可以按如下的步骤打开已创建的数据库。

01 通过 Office 按钮打开已创建的数据库，如图 1.24 和图 1.25 所示。

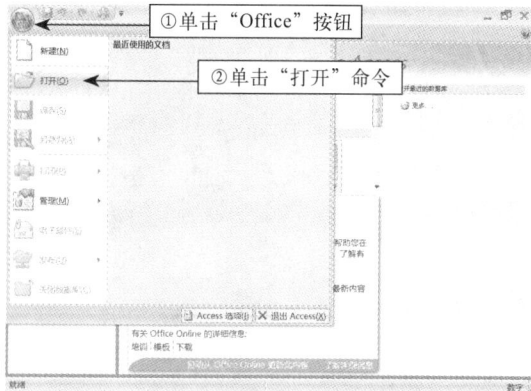

图 1.24 通过 Office 按钮打开

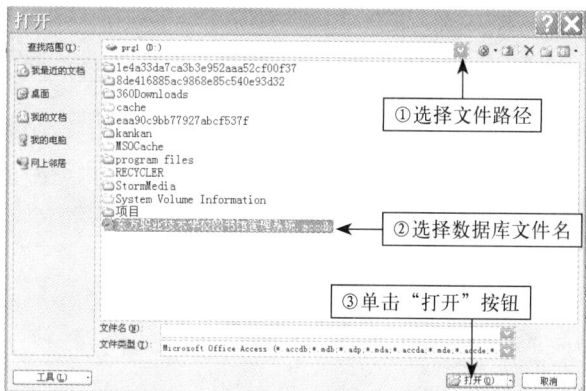

图 1.25 "打开"对话框

02 利用 Access 2007 启动窗口中的"打开最近的数据库"窗格打开已创建的数据库，如图 1.26 所示。

在图 1.26 中，单击"更多"按钮，同样会弹出如图 1.25 所示的"打开"对话框。余下的操作步骤与图 1.25 中所示步骤相同。

03 通过双击数据库文件名直接打开数据库。在 Windows XP 操作系统下，打开"我的电脑"，进入已创建数据库的文件保存路径，在该窗口内双击数据库的文件名称，同样可以打开对应的数据库，如图 1.27 所示。

图 1.26 打开最近的数据库

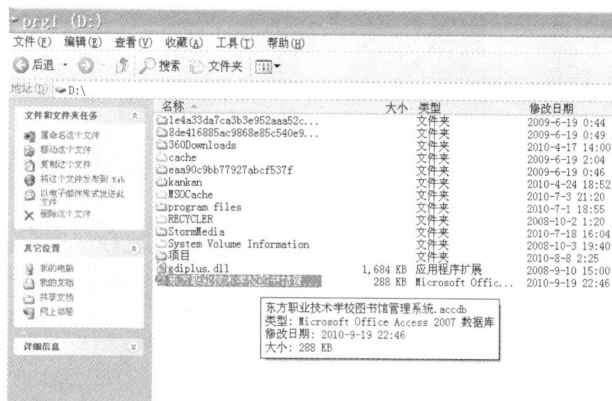

图 1.27 双击文件名打开数据库

3. 使用模板创建数据库

在 Access 2007 中，提供了一些本地模板，以方便用户在创建类型相同的数据库时使用。如果要使用这些模板，在启动 Access 2007 后，按图 1.28 和图 1.29 所示步骤操作。

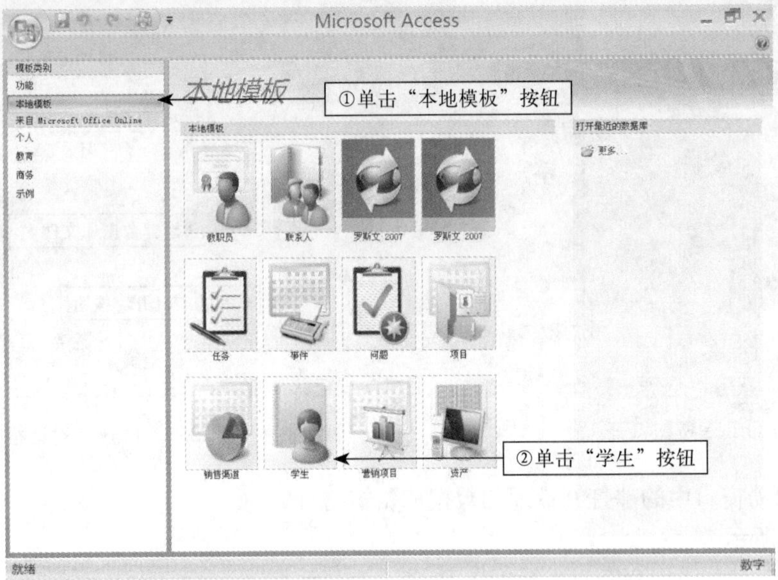

图 1.28　本地模板的使用

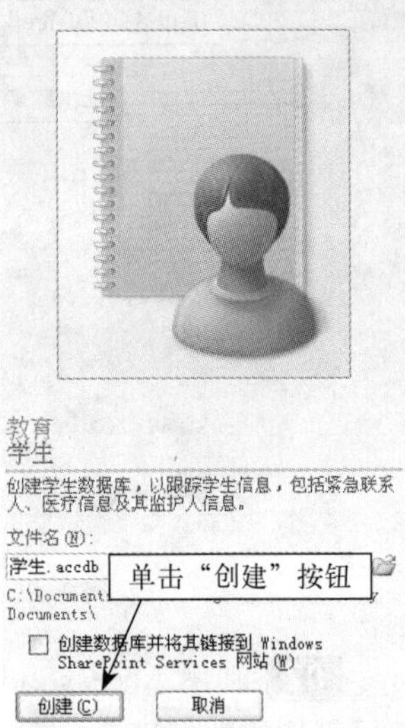

图 1.29　创建"学生"数据库

　　利用 Access 2007 本地模板创建出来的"学生"数据库如图 1.30 所示。从图中可以看出，利用模板创建出来的数据库中，已经包括了一些基本的表、查询、窗体、报表等常用数据库对象。用户可以从实际需要出发，对这些已有的对象进行必要的修改，就可以使用了，从而大大减少了设计相同类型的数据库的重复工作量。

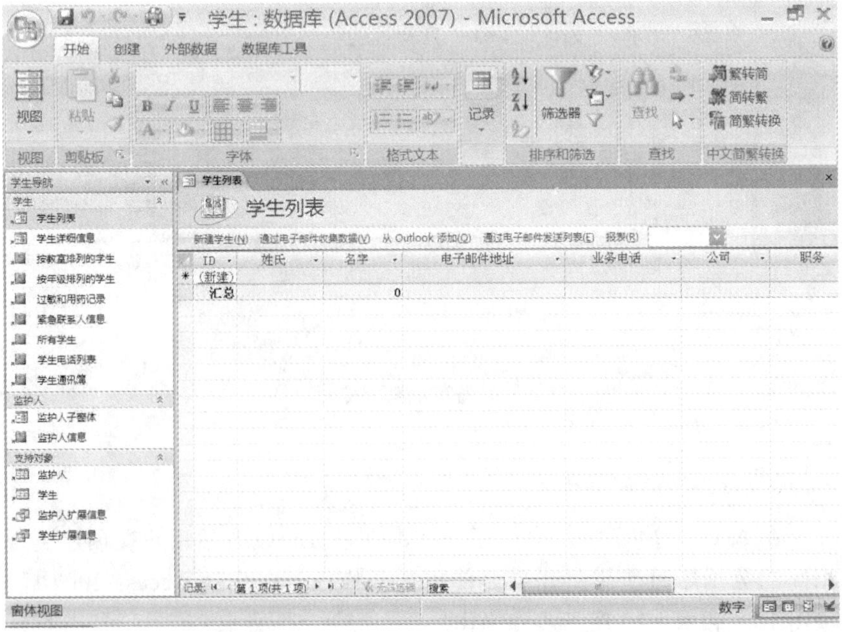

图 1.30
"学生"数据库

项目小结

目主要通过3个任务，以使读者初步认识Access 2007数据库。

任务一讲解了如何启动、退出Access 2007数据库，如何通过本地模板创建"罗斯文2007"示例数据库，并借此认识了Access 2007数据库的主要工作环境，了解各种常用数据库对象如表、查询、窗体、报表、宏等的主要作用与功能。

任务二向读者介绍了Access 2007数据库的设计方法与基本知识，数据库应用系统中数据的整理、规划、组织的方法。

任务三先介绍了如何创建一个空白的数据库，然后再简要介绍了在Access 2007中使用模板创建数据库的方法。

习　题

一、填空题

1）数据库一般是指_____，包括_____、_____、_____。

2）Access 2007的工作环境主要包括_____、_____、_____、_____4部分。

3）在Access 2007中，数据库的数据是存放在_____中，该对象是以二维表的形式存放数据，每一行称为一条_____，每一列称为一个_____。

4）在数据库设计中，对收集到的数据进行整理与组织，又称之为对数据库的工作_____，其目的是为了_____与_____。

5）在Access 2007中，数据库的对象主要包括有_____、_____、_____、_____、_____与_____等6种。

二、实训操作

1）打开"罗斯文2007"示例数据库，打开每一个数据库对象，查看各个数据库对象都包括什么内容。

2）对一个"学生成绩管理系统"进行系统分析与设计。该系统管理的数据如下。

① 学生基本信息：学号、姓名、性别、出生年月、入学时间、班级名称等。

② 课程信息：课程编号、课程名称、教学课时、课程类别等。

③ 学生成绩：学年、学期、成绩等。

3）按照数据库设计基本规则，对"学生成绩管理系统"的数据进行规划与整理，将之合理安排到数据库中，做出概要设计规划表。

4）创建一个空白数据库，命名为"学生成绩管理系统"。

2

项目二　创建与操作图书馆管理系统数据表

项目导读

在 Access 2007 中，表是最基本的数据库对象，数据库中的数据都是存储在表中。同时，表也是查询、窗体、报表等数据库对象的数据源。因此，在创建数据库后，应该先创建相关的数据表，并进一步考虑如何定义表之间的关系。本项目以"东方职业技术学校图书馆管理系统"数据库为例，介绍表的概念、表的创建与操作以及表间关系的建立方法。

技能目标

- 学会 Access 2007 中表的设计、创建以及修改方法。
- 理解表间关系的概念，学会定义表间关系。
- 掌握在数据表中操作数据记录的方法。
- 能够对数据表中的数据进行排序、筛选等操作。

任务一 创建图书馆管理系统数据表

■**任务目标** 数据库中的数据都是保存在表对象中,要创建一个好的数据库,表的设计是至关重要的。Access 2007 中主要提供了 3 种表的创建方式,分别是:通过设计视图创建表,通过表模板创建表,通过直接输入数据创建表。本任务主要介绍如何利用表的设计视图来进行数据表的设计与创建,对于其余两种方式仅作简要介绍。

知识准备

1. Access 2007 的数据类型

数据库中存储的各种数据都有不同的格式与类型。例如,书本的名称是文本,书本的出版日期是日期,书本的价格是货币,书本的数量是数字等。上述提到的文本、日期、货币、数字等就是数据类型。

数据类型是数据库保存数据时必须使用的格式,不同的数据要选用合适的数据类型作对应,才能设计出合适的字段。在 Access 2007 中,对于数据表中的每一个字段,其数据类型应该是固定的,例如,一个"价格"字段,其数据类型应该是货币,而不应是文本。Access 2007 中共有10 种数据类型,在创建数据表中的字段时会使用到这些数据类型。各种数据类型与应用场合如表 2.1 所示。

表 2.1 数据类型及应用场合

数据类型名称	应用场合
文本	该类型用于存储文字或数字数据,或两者的组合,如名字、住址、电话号码等,最多存储 255 个字符
备注	用于存储比较长的文本与数字数据,最多存储 65535 个字符
数字	存储可以用于数学计算的数值,但涉及货币的计算除外,按照字段的大小又可以分为:字节型、整型、长整型、单精度型、双精度型等。字节型占一个字节,或表示 0 ~ 255 的整数;整型占两个字节,可表示 -32768 ~ +32767;长整型占 4 个字节,可表示范围更大的数字。单精度型可表示小数,双精度型可表示更为精确的小数
货币	用于存储货币数值,数据以 8 字节处理,含有 4 位小数,且计算时禁止四舍五入
日期 / 时间	用于存储日期与时间数据
自动编号	该类型用于在添加记录时,自动给每一条记录插入一个唯一的顺序号,该顺序号每次自动加 1

续表

数 据类型名称	应 用 场 合
是 / 否	该类型用于存储两个值只能是其中一个的数据，如是 / 否、真 / 假、对 / 错、True/False 等
超链接	用于存储 URL 地址，如网址或电子邮件地址，最多可存 64000 个字符，如 www.163.com、mailto:dfschool@dfs.com 等
OLE 对象	用于存储图片、声音等多媒体文件，大小不能超过 1GB
附件	Access 2007 新增功能，可将 Office 文件或其他类型文件以附加方式存储在数据库中

2．主键

（1）主键的概念

主键是数据表中其值唯一能标识一条记录的一个或多个字段的组合。使用主键可以避免同一记录的重复录入，并能加快表中数据的搜索速度。一个表中只能有一个主键。

（2）主键的设置

如果一个表中，有一个字段，字段的各个值具有唯一性，可以唯一地标识每条记录，则可以将此字段指定为主键。

如果表中没有一个字段的值可以唯一地标识每条记录，那么此时就需要选择多个字段组合在一起作为主键，使之可以唯一地标识每条记录。

任务实施

1．创建"出版社信息表"

在项目一中，数据收集与整理的工作已完成，确定了在"出版社信息表"中，应包含有"出版社编号"、"出版社名称"、"出版社地址"、"出版社联系电话"、"联系人姓名"、"出版社网址"、"邮政编码"等信息。

数据表的逻辑结构明确后，可着手进行表的实际设计。

图 2.1 "创建"选项卡

01 打开"东方职业技术学校图书馆管理系统数据库"。在 Access2007 的功能区，单击"创建"标签，然后在"表"分组中，单击"表设计"按钮，如图 2.1 所示。

02 此时会进入数据表的设计视图，如图 2.2 所示。

03 在设计视图中,在第一行"字段名称"列中填入"出版社编号",在"数据类型"列中选择"文本",在下面的"常规"选项卡"字段大小"文本框中填入10。如此操作即为"出版社信息表"添加了一个字段"出版社编号",并将该字段数据类型设为文本,字段宽度为最大占用10个字符。具体设置如图2.3所示。

图 2.2 数据表的设计视图

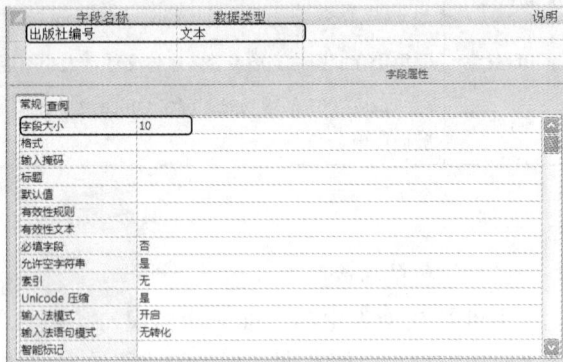

图 2.3 添加字段

在图2.3中,表的设计视图下方"常规"选项卡内,可以设置字段的各种属性,主要包括字段大小、格式、默认值、输入掩码、有效性规则及索引等,用户可以按设计需要进行设置。

04 由于在"出版社信息表"中,每一条记录都代表了一个不同的出版社,而每一个出版社的编号都是唯一且互不相同的。

因此,"出版社编号"字段能唯一地标识"出版社信息表"中的每一条记录,可以将该字段设置为该表的主键。

在设计视图中,右键单击"出版社编号"字段,在弹出的快捷菜单中,单击"主键"命令,即可将"出版社编号"字段设置为主键,如图2.4所示。

被设置为主键后,"出版社编号"字段前会多了一把钥匙的图标,表示此字段是本数据表的主键,如图2.5所示。

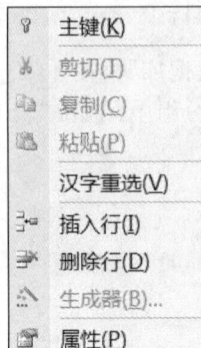

图 2.4 设置主键

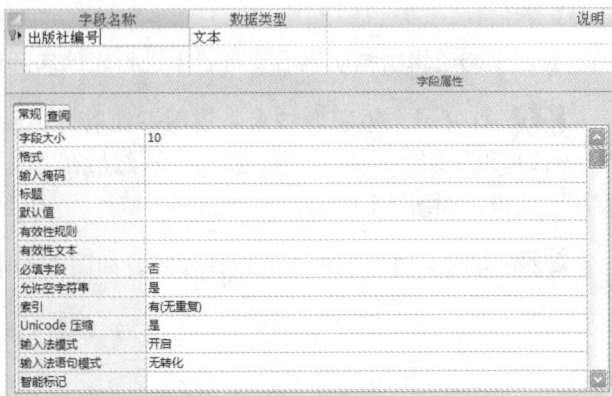

图 2.5 设置为主键后字段的效果

小贴士

为数据表设置主键，也可以通过 Access 2007 功能区的"设计"选项卡进行。在表的设计视图中，先选择要设置为主键的字段。然后，单击 Access 2007 功能区的"设计"标签，在"工具"区中，单击"主键"按钮，即可把选中的字段设置为主键，如图 2.6 所示。

要取消某个字段的主键设置，只需选择该主键字段，然后再次单击"设计"选项卡"工具"区中的"主键"按钮，即可取消该字段的主键设置。

图 2.6　在"设计"选项卡设置主键

05 "出版社编号"字段设置好后，可依次采用第 03 步的方法，为"出版社信息表"添加其他字段。"出版社信息表"所有的字段数据类型、字段大小等设置如表 2.2 所示。

表 2.2　"出版社信息表"所有字段的设置

字段名	数据类型	备　　注
出版社编号	文本	字段大小为 10
出版社名称	文本	字段大小为 20
出版社地址	文本	字段大小为 50
出版社联系电话	文本	字段大小为 15
联系人姓名	文本	字段大小为 10
出版社网址	超链接	
邮政编码	文本	字段大小为 10

06 按表 2.2 将所有字段添加完后，单击快速访问工具栏上的"保存"按钮，会弹出"另存为"对话框。在对话框"表名称"文本框内输入"出版社信息表"，并单击"确定"按钮，将刚才创建时默认命名为"表1"的数据表保存为"出版社信息表"，如图 2.7 所示。

07 最终完成的"出版社信息表"设计视图如图 2.9 所示。

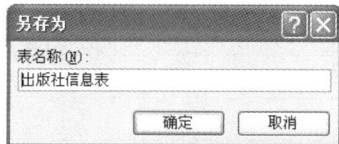

小贴士

在执行数据表的保存操作时，如果该表未设置主键，则会弹出如图 2.8 所示的提示框。

单击"是"按钮，表示 Access 会自动在表中设置一个主键字段。

单击"否"按钮，表示用户必须自定义主键。

单击"取消"按钮，表示不进行表的保存操作，返回到原来表的设计视图。

图 2.7　保存信息表

图 2.8　未设主键的提示

图 2.9　"出版社信息表"最终设计视图

08 单击"出版社信息表"设计视图窗口右上方的"关闭"按钮，关闭该表的设计视图。

2．创建"图书信息表"、"借书人登记表"、"借还书记录表"

按照创建"出版社信息表"类似的步骤，分别创建"图书信息表"、"借书人登记表"、"借还书记录表"等 3 个表。3 个数据表的字段、数据类型、字段大小设置、主键设置等设计如表 2.3～表 2.5 所示。

表 2.3 图书信息表的设计

字段名	数据类型	备 注
图书编号	文本	主键，字段大小为 10
书名	文本	字段大小为 30
作者	文本	字段大小为 20
出版社编号	文本	字段大小为 10
出版日期	日期／时间	格式为"短日期"
价格	货币	
购置时间	日期／时间	格式为"短日期"
藏书数量	数字	字段大小为"整型"
借出数量	数字	字段大小为"整型"
图书封面	OLE 对象	

表 2.4 借书人登记表的设计

字段名	数据类型	备 注
学生证号	文本	主键，字段大小为 15
姓名	文本	字段大小为 10
性别	文本	字段大小为 2
入学时间	日期／时间	
班级名称	文本	字段大小为 30
联系电话	文本	字段大小为 15

表 2.5 借还书记录表的设计

字段名	数据类型	备 注
借书记录号	自动编号	主键
学生证号	文本	字段大小为 15
图书号	文本	字段大小为 10
借出日期	日期／时间	格式为"短日期"
还书日期	日期／时间	格式为"短日期"
预定还书日期	日期／时间	格式为"短日期"
还书是否完好	是／否	格式为"是／否"
还书备注	备注	

所有的数据表设计完成后，在 Access 2007 左侧导航窗格的“表”对象列表中双击对应的表名称，会进入表的“数据表视图”，用户可以在其中输入数据，如图 2.10 ～图 2.13 所示。

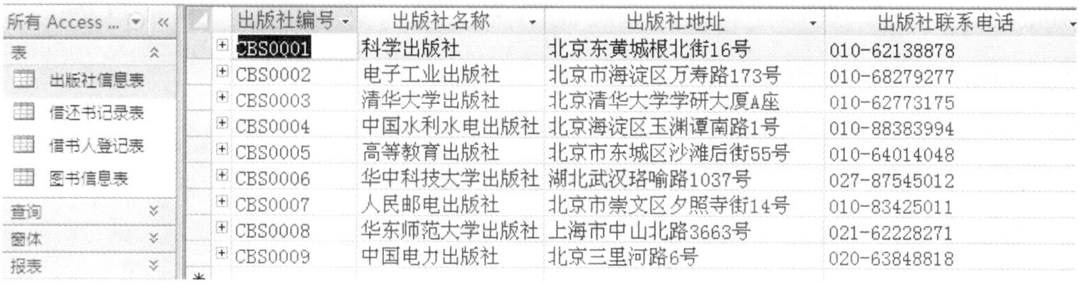

出版社编号	出版社名称	出版社地址	出版社联系电话
CBS0001	科学出版社	北京东黄城根北街16号	010-62138878
CBS0002	电子工业出版社	北京市海淀区万寿路173号	010-68279277
CBS0003	清华大学出版社	北京清华大学学研大厦A座	010-62773175
CBS0004	中国水利水电出版社	北京海淀区玉渊潭南路1号	010-88383994
CBS0005	高等教育出版社	北京市东城区沙滩后街55号	010-64014048
CBS0006	华中科技大学出版社	湖北武汉珞喻路1037号	027-87545012
CBS0007	人民邮电出版社	北京市崇文区夕照寺街14号	010-83425011
CBS0008	华东师范大学出版社	上海市中山北路3663号	021-62228271
CBS0009	中国电力出版社	北京三里河路6号	020-63848818

图 2.10　出版社信息数据表视图

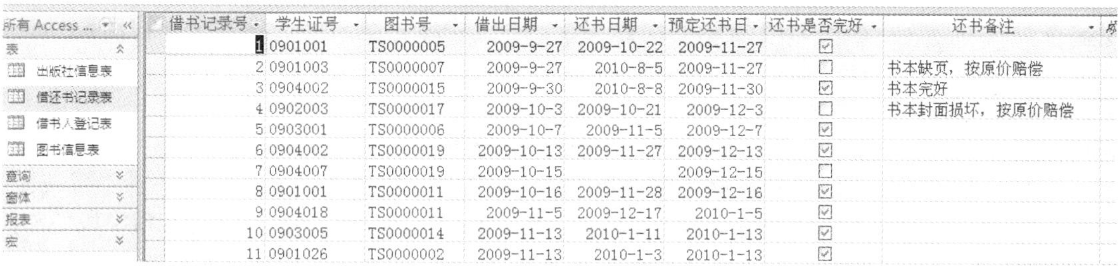

借书记录号	学生证号	图书号	借出日期	还书日期	预定还书日	还书是否完好	还书备注
1	0901001	TS0000005	2009-9-27	2009-10-22	2009-11-27	☑	
2	0901003	TS0000007	2009-9-27	2010-8-5	2009-11-27	☐	书本缺页，按原价赔偿
3	0904002	TS0000015	2009-9-30	2010-8-8	2009-11-30	☑	书本完好
4	0902003	TS0000017	2009-10-3	2009-10-21	2009-12-3	☐	书本封面损坏，按原价赔偿
5	0903001	TS0000006	2009-10-7	2009-11-5	2009-12-7	☑	
6	0904002	TS0000019	2009-10-13	2009-11-27	2009-12-13	☑	
7	0904007	TS0000019	2009-10-15		2009-12-15	☐	
8	0901001	TS0000011	2009-10-16	2009-11-28	2009-12-16	☑	
9	0904018	TS0000011	2009-11-5	2009-12-17	2010-1-5	☑	
10	0903005	TS0000014	2009-11-13	2010-1-11	2010-1-13	☑	
11	0901026	TS0000002	2009-11-13	2010-1-3	2010-1-13	☑	

图 2.11　借还书记录数据表视图

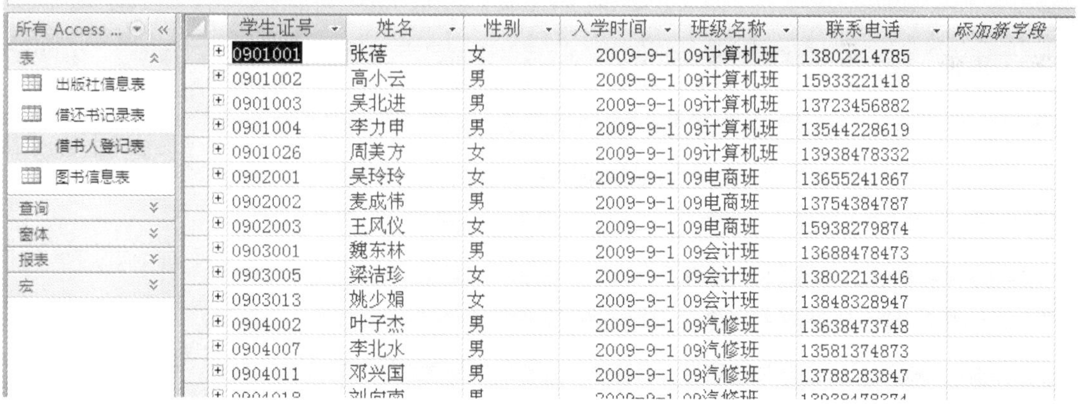

学生证号	姓名	性别	入学时间	班级名称	联系电话
0901001	张蓓	女	2009-9-1	09计算机班	13802214785
0901002	高小云	男	2009-9-1	09计算机班	15933221418
0901003	吴北进	男	2009-9-1	09计算机班	13723456882
0901004	李力申	男	2009-9-1	09计算机班	13544228619
0901026	周美方	女	2009-9-1	09计算机班	13938478332
0902001	吴玲玲	女	2009-9-1	09电商班	13655241867
0902002	麦成伟	男	2009-9-1	09电商班	13754384787
0902003	王风仪	女	2009-9-1	09电商班	15938279874
0903001	魏东林	男	2009-9-1	09会计班	13688478473
0903005	梁洁珍	女	2009-9-1	09会计班	13802213446
0903013	姚少娟	女	2009-9-1	09会计班	13848328947
0904002	叶子杰	男	2009-9-1	09汽修班	13638473748
0904007	李北水	男	2009-9-1	09汽修班	13581374873
0904011	邓兴国	男	2009-9-1	09汽修班	13788283847

图 2.12　借书人登记数据表视图

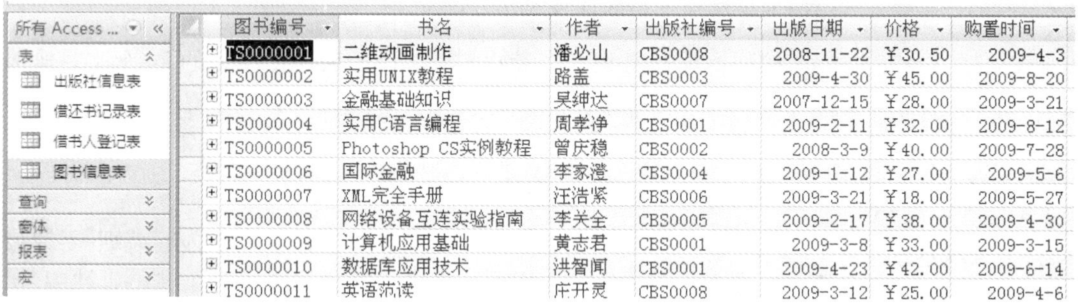

图书编号	书名	作者	出版社编号	出版日期	价格	购置时间
TS0000001	二维动画制作	潘必山	CBS0008	2008-11-22	￥30.50	2009-4-3
TS0000002	实用UNIX教程	路盖	CBS0003	2009-4-30	￥45.00	2009-8-20
TS0000003	金融基础知识	吴绅达	CBS0007	2007-12-15	￥28.00	2009-3-21
TS0000004	实用C语言编程	周孝净	CBS0001	2009-2-11	￥32.00	2009-8-12
TS0000005	Photoshop CS实例教程	曾庆稳	CBS0002	2008-3-9	￥40.00	2009-7-28
TS0000006	国际金融	李家澄	CBS0004	2009-1-12	￥27.00	2009-5-6
TS0000007	XML完全手册	汪浩紧	CBS0006	2009-3-21	￥18.00	2009-5-27
TS0000008	网络设备互连实验指南	李关全	CBS0005	2009-2-17	￥38.00	2009-4-30
TS0000009	计算机应用基础	黄志君	CBS0001	2009-3-8	￥33.00	2009-3-15
TS0000010	数据库应用技术	洪智闻	CBS0001	2009-4-23	￥42.00	2009-6-14
TS0000011	英语范读	庄开灵	CBS0008	2009-3-12	￥25.00	2009-4-6

图 2.13　图书信息数据表视图

3．修改表的结构

在数据表创建完成后，很多时候为了各种需要，可能需要对表的结构进行修改与完善。例如，对表中某些字段的名称进行修改，修改某些字段的数据类型与字段大小，删除表中的某些字段，向表中添加新的字段等。

要对表的结构进行修改，首先应进入表的设计视图。进入表的设计视图有两种常用的方法。

01 在导航窗格中，双击要修改的数据表，进入该表的"数据表视图"。此时在 Access 2007 的功能区，选择"开始"选项卡，单击"视图"按钮下方的"▼"，在展开的菜单中选择"设计视图"选项，就可切换进入表的设计视图，如图 2.14 所示。

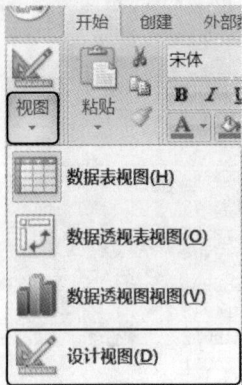

图 2.14　利用"视图"按钮进入"设计视图"

02 在导航窗格中，选择要修改的表，在表名称上右击，会弹出如图 2.15 所示的快捷菜单，在其中单击第二个选项"设计视图"，同样可以进入表的设计视图。

下面，以"图书信息表"为例，介绍表的修改方法。

（1）修改字段名称

切换到"图书信息表"的设计视图，选择"作者"字段，在该字段的"字段名称"列中直接修改字段名称为"作者姓名"，单击快速访问工具栏上的"保存"按钮 ![保存] （或直接按 Ctrl+S 组合键），保存对表的修改，如图 2.16 所示。

图 2.15　利用快捷菜单进入设计视图

字段名称	数据类型
图书编号	文本
书名	文本
作者姓名	文本

图 2.16　修改字段名称

（2）修改字段数据类型或字段大小

在设计视图中，同样可以很方便地修改字段的数据类型与字段大小。要修改字段的数据类型，只需在相应字段的"数据类型"列中选择要修改成的数据类型即可；要修改字段的大小，则需要在设计视图的下方，相应字段的"常规"选项卡中修改即可。

例如，现在要将"作者姓名"字段的大小由原来的 20 个字符改为 10 个字符，可先在设计视图上方选择"作者姓名"字段，然后在"常规"选项卡"字段大小"文本框中将原来的 20 改为 10，如图 2.17 所示。

（3）为表添加新的字段

现要为"图书信息表"添加一个新的字段，名称为"类别"，数据类型为文本，大小为 4 个字符，该字段的位置要排列于"出版社编号"之前，具体的操作步骤如下。

小贴士

如上例，在将"作者姓名"字段的字段大小改小之后，如果此时对表的修改进行保存，会弹出如图 2.18 所示的提示框。

这是由于字段的大小被改小了之后，原来保存在该字段内的数据超过现有字段大小的部分将无法保存。单击"是"按钮，超出现有字段大小的部分数据将会丢失。

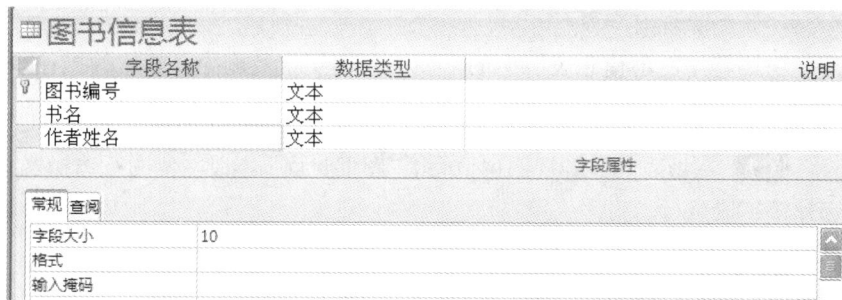

图 2.17
修改字段大小

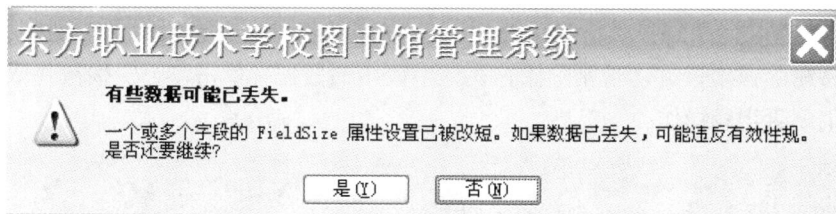

图 2.18
修改字段后提示

01 如图 2.19 所示，在该表的设计视图中，单击"出版社编号"字段左侧的行选择器，选择该字段整行。

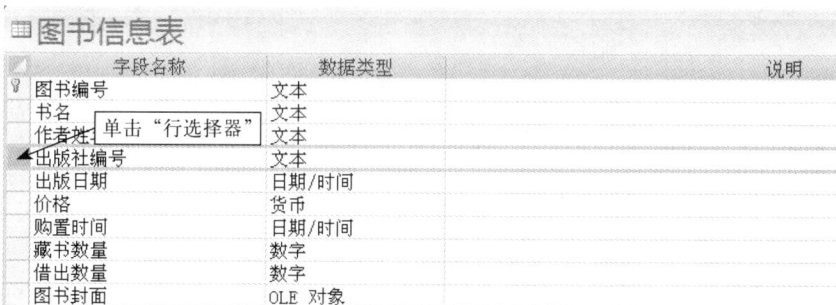

图 2.19
选中整行

02 在 Access 2007 的功能区，选择"设计"选项卡，在"工具"区，单击"插入行"按钮，此时在设计视图中会增加一个空白行，在此空白行中输入新字段名称，选择其数据类型并设置其字段大小，如图 2.20 和图 2.21 所示。

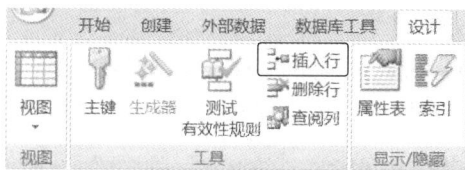

图 2.20　插入行

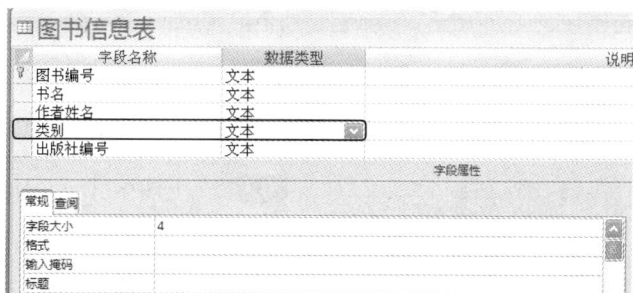

图 2.21　输入新字段信息

（4）删除现有字段

现要将"图书信息表"中的"图书封面"字段删除，具体的操作步骤如下。

01 在该表的设计视图中，单击"图书封面"字段左侧的行选择器，选择该字段整行。

02 在 Access 2007 的功能区，选择"设计"选项卡，在"工具"区，单击"删除行"按钮，如图 2.22 所示。

03 此时，将会弹出如图 2.23 所示的提示框，单击"是"按钮，将删除该字段，连带删除保存在该字段中的数据；单击"否"按钮将取消删除字段操作。

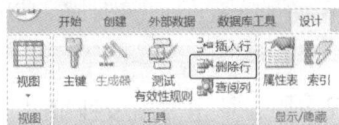

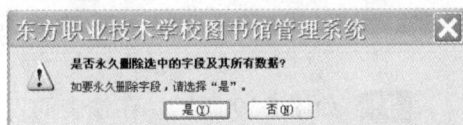

图 2.22　删除行　　　　　图 2.23　删除操作的提示

（5）调整字段顺序

添加了"类别"字段后，现需将该字段调整到"价格"字段之后。要完成此任务，具体应按以下步骤操作。

01 单击"类别"字段的行选择器，在鼠标指针变成白色箭头之后，按下鼠标左键。

02 按住鼠标将"类别"字段拖动到"价格"字段名称之下，再释放鼠标。

4．认识 Access 2007 中其他创建表的方法

在 Access 2007 中，除了使用表设计视图创建表之外，常用的还有其他两种创建表的方法。

（1）利用"表模板"创建表

利用"表模板"是一种快捷创建表的方法，具体方法如下。

01 在"创建"选项卡的"表"分组内，单击"表模板"按钮，会弹出如图 2.24 所示的展开菜单。

02 在上图展开菜单中选择"联系人"模板，Access 会创建一个表，名为"表1"，并已设置好表中各个字段名称和数据类型，如图 2.25 所示。

03 使用表模板创建的表，其结构可能并不符合实际的需要。此时，可通过对表的结构进行修改以达到使用要求。

图 2.24
表模板菜单

图 2.25
利用"联系人"模板创建
的表

（2）通过直接输入数据创建表

01 在"创建"选项卡的"表"分组内，单击"表"按钮，如图 2.26 所示。

02 单击"表"按钮后，会出现如图 2.27 所示的画面。

03 在 ID 列，Access 2007 会将该 ID 字段的数据类型自动设为自动编号，该 ID 字段会随着数据行的增加而自动递增，用户无法在该列输入或更改数据。

04 在"添加新字段"列中，输入"活学活用 Access"，此时原有的"添加新字段"列的列名会自动变为"字段 1"，Access 功能区"数据表"选项卡的"数据类型和格式"组中的"数据类型"文本框内容会自动变成"文本"。并且，在"字段 1"列后会自动增加一个"添加新字段"列，如图 2.28 所示。

05 再在新增加的"添加新字段"列中输入 200。此时"添加新字段"列的列名会变为"字段 2"，数据类型会自动设为数字，并且会在本列之后继续新增加一个"添加新字段"列，如图 2.29 所示。

图 2.26 "创建"选项卡

图 2.27 新建的表

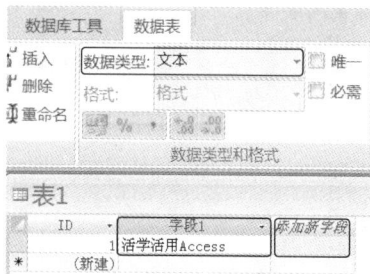

图 2.28 在"添加新字段"列中输入内容

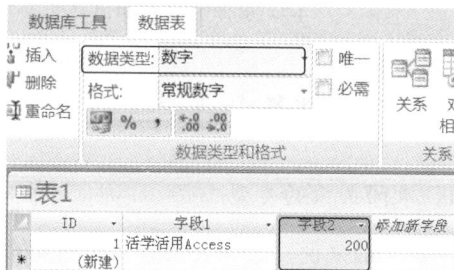

图 2.29 继续输入字段内容

06 在输入数据的过程中，Access 2007 会根据数据的内容判断该字段适用的数据类型，若是输入的数据无法准确判断是何种数据类型时，将会以"文本数据"类型为基础。继续对数据表输入 2 个数据，最终结果如图 2.30 所示。

07 单击快速访问工具栏上的"保存"按钮 ■ （或直接按 Ctrl+S 组合键），保存表的设计。此时会弹出"另存为"对话框，如图 2.31 所示，为创建的表设置名称，并单击"确定"按钮，完成表的创建。

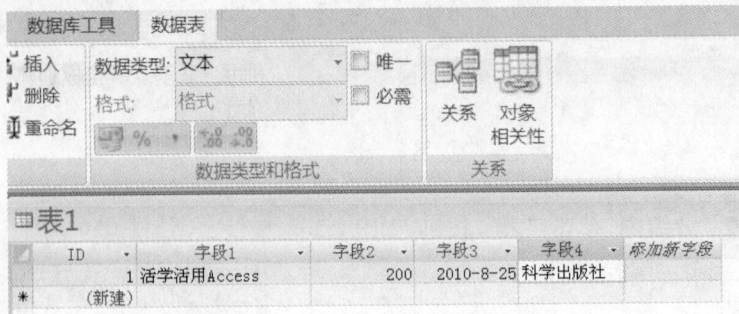

图 2.30 数据表最终结果

图 2.31 保存表的设计

08 通过输入数据创建表的方法比较直观，但所有的字段名称都是"字段1"、"字段2"等，不能准确表达数据的含意。因此，创建好的数据表通常都需要在设计视图中做进一步的修改。

任务二 定义图书馆管理系统数据表间关系

任务目标 当数据库的表都设计好后，就必须建立表与表之间的关系。建立表间关系后，系统才可以把分布在不同的表之间的数据关联起来，为后继查询、窗体、报表等数据对象的设计打下良好基础。通过本任务将学习到如何建立与编辑表间关系。

知识准备

1. 表间关系的类型

一般来说，表间关系有 3 种不同的类型。

1）一对一关系：如果 A 表中的每一条记录只能与 B 表中的一条记录相匹配，同时 B 表中的每一条记录也只能与 A 表中的一条记录相匹配，则称之为一对一关系。

2）一对多关系：如果 A 表中的一条记录可以和 B 表中的多条记录相匹配，而 B 表中的每一条记录只能与 A 表中的一条记录相匹配，则称之为一对多关系。这种关系是 Access 中最常见的关系。

3）多对多关系：如果 A 表中的一条记录可以和 B 表中的多条记录相匹配，反之也一样，则称之为多对多关系。

多对多关系的两个表，实际中一般可以转化为对第三个表的两个一对多关系。

2. 主键与表间关系

建立表间关系的类型一般取决于两个表中相关字段的定义。

一般而言，如果两个表的相关字段都是主键，则会建立一对一的关系；如果仅有一个表的相关字段是主键，而另一个表的相关字段并非主键，那么将会建立一对多的关系。

◤ 任务实施

1. 建立表间关系

为数据库的表建立表间关系，具体步骤如下。

01 单击功能区的"数据库工具"标签，在"显示 / 隐藏"区单击"关系"按钮，如图 2.32 所示。

02 进入"关系"窗口，在功能区"设计"选项卡的"关系"组，单击"显示表"按钮，如图 2.33 所示。

图 2.32 "数据库工具"选项卡

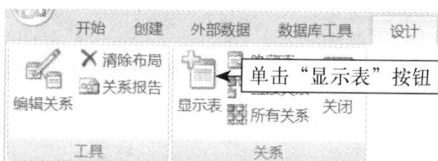

图 2.33 显示表

03 在弹出的"显示表"窗口中，选中所有的表（按住 Ctrl 键进行多选），然后单击"添加"按钮，如图 2.34 所示。

04 在"关系"窗口中，将各个表排好位置，如图 2.35 所示。

图 2.34 "显示表"窗口

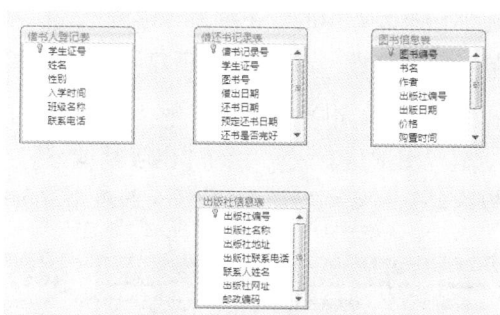

图 2.35 排好表的位置

05 单击并拖动"借书人登记表"中的"学生证号"到"借还书记录表"中的"学生证号"字段上，松开鼠标后，系统会弹出"编辑关系"对话框，如图 2.36 和图 2.37 所示。

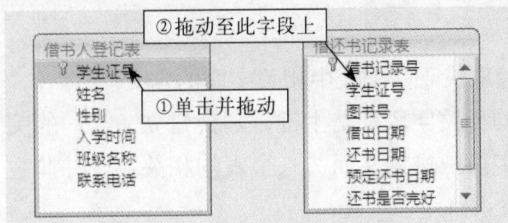

图 2.36　拖动

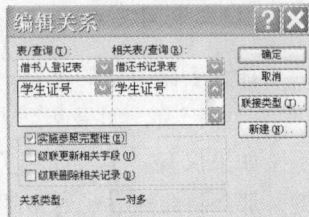

图 2.37　"编辑关系"对话框

06 在该对话框中，选择"借书人登记表"的"学生证号"，对应"借还书记录表"的"学生证号"，并选中"实施参照完整性"，下面的关系类型会自动显示"一对多"关系。单击"创建"按钮，在"关系"窗口中，结果如图 2.38 所示。

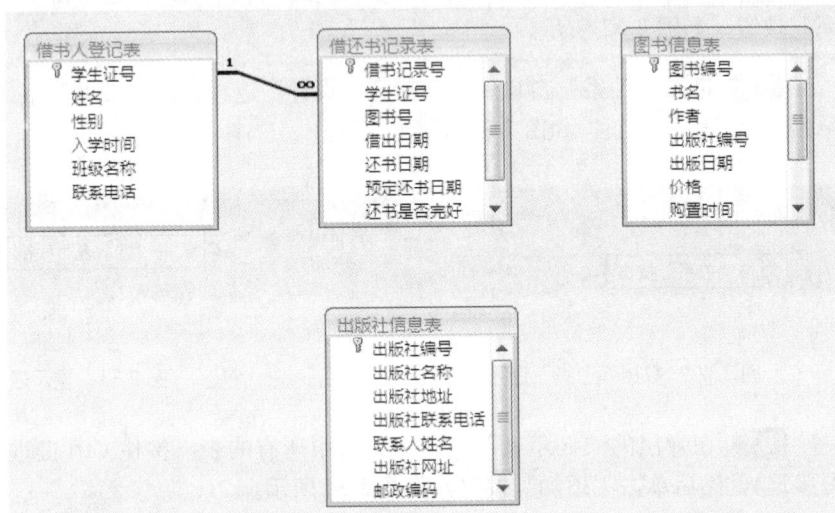

图 2.38
编辑关系后效果

07 采用类似操作，把"图书信息表"里的"图书编号"拖动至"借还书记录表"中的"图书号"字段上，在"编辑关系"对话框内勾选"实施参照完整性"，并单击"创建"按钮，如图 2.39 所示。

08 采用类似操作，把"出版社信息表"里的"出版社编号"拖动至"图书信息表"中的"出版社编号"字段上，在"编辑关系"对话框内勾选"实施参照完整性"，并单击"创建"按钮，如图 2.40 所示。

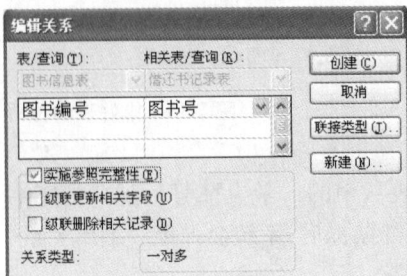

图 2.39　编辑关系

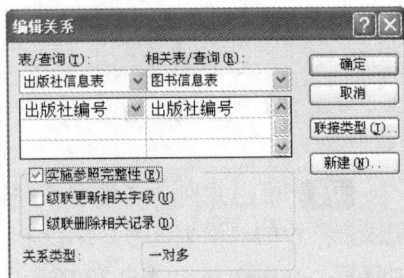

图 2.40　继续编辑关系

小贴士

在"编辑关系"对话框中，有三个选项，具体作用如下。

如果选择了"实施参照完整性"，则在一对多关系中，"一"方的表中没有的记录，其相关记录也不能出现在"多"方的表中。例如，在"借书人登记表"中，如果不存在学号为0905001的借书人，则学号为0905001的人的借书记录也不能出现在"借还书记录表"中。

如果选择了"级联更新相关字段"，则在一对多关系中，如果更改了"一"方的表中的主键值，"多"方表中的对应数值将自动更新。

如果选择了"级联删除相关记录"，则在一对多关系中，如果删除了"一"方的表中某条记录，"多"方表中的对应记录将自动被删除。

---

09 完成所有关系创建后的"关系"窗口如图2.41所示。

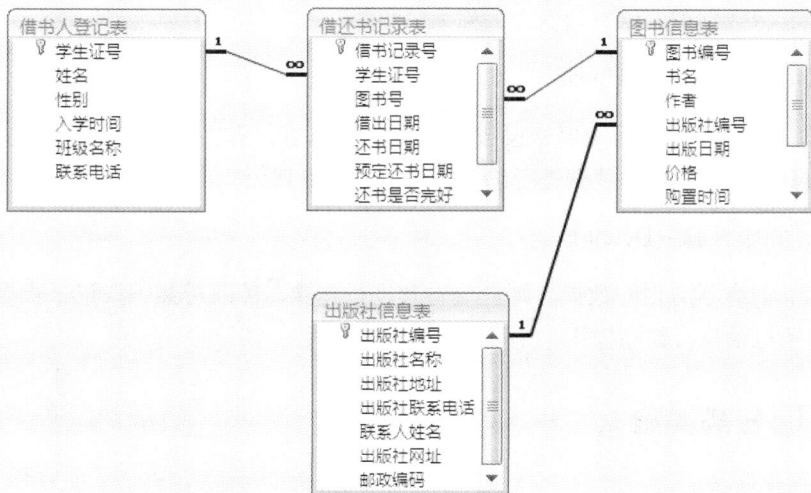

图2.41
完成关系创建后效果

2．修改表间关系

出于实际需要，当需要修改已建立的表间关系时，可按以下方法进行。

01 单击功能区"数据库工具"选项卡里的"关系"按钮，如图2.42所示。

02 在打开的"关系"窗口中，右击需要修改的表间关系的连线。在弹出的快捷菜单中可以选择"编辑关系"或"删除"命令来进行关系的修改，如图2.43所示。

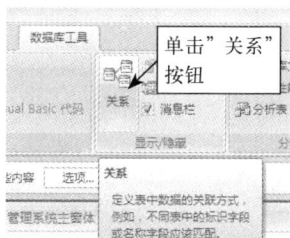

图2.42　单击"关系"按钮

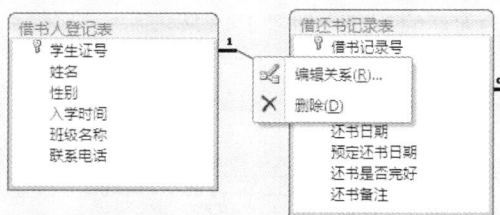

图2.43　修改关系

任务三 操作数据表中的数据记录

■ **任务目标** 当建立数据表后，往往还需要根据实际的需要来对数据表进行修改，包括修改表中的字段和数据。本任务将学习数据表常用的数据添加、更新与删除等修改记录的操作。

📭 知识准备

1. 数据的添加（Add）

将数据加入原有数据表，称为"添加"。

2. 数据的更新（Update）

如输入的数据发生错误或经过一段时间后，真实的数据发生变化，需要对表中对应的数据进行修改，这就是"更新"。

3. 删除数据（Delete）

如有不适用的数据，则应该对其进行删除，可以对某一条记录或者多条记录执行删除操作。

📭 任务实施

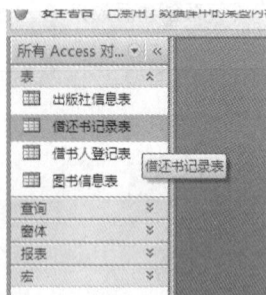

图 2.44 打开借还书记录表

1. 数据的添加

（1）添加一般数据

01 在数据库中双击打开"借还书记录表"，如图 2.44 所示。

02 在打开的数据表中把光标放在最后一条记录，并尝试在"借书记录号"字段中输入新数据，结果会发现无法输入，原因是因为该字段数据类型为"自动编号"，用户无法进行输入或修改，如图 2.45 和图 2.46 所示。

03 把光标停在"学生证号"位置，系统无特殊提示，表示可以输入新的数据，如图 2.47 所示。

图 2.45 尝试输入

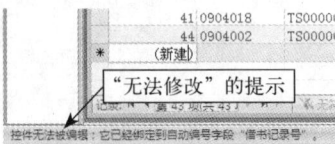

图 2.46 出现提示

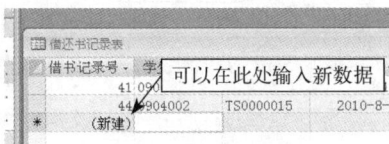

图 2.47 可以输入学生证号

2. 添加 OLE 数据类型的数据

OLE 数据类型通常用于存储图片、声音等多媒体文件。以"图书信息表"为例，其"图书封面"字段属于 OLE 数据类型，用于存储图书的封面图片，向该字段添加数据的方法如下。

01 打开"图书信息表"，在需要添加图片记录的"图书封面"字段处右击，在弹出的快捷菜单中选择"插入对象"选项，如图 2.48 所示。

图 2.48　插入对象

小贴士

> 如果行选择器上出现一个"＊"符号，如上图所示，表示当前正在添加一行数据；如果出现一个铅笔符号，则表示数据仍未存储；若两种符号都没有则表示记录已经存储。

02 在弹出的对话框中，选择"由文件创建"选项，然后单击"浏览"按钮，选择准备好的图片（例如，二维动画设计 .bmp），然后单击"确定"按钮，如图 2.49 所示。

03 添加 OLE 数据后的"图书信息表"如图 2.50 所示。

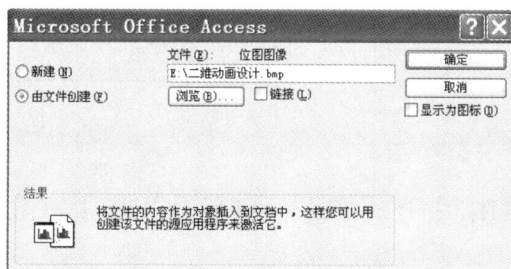

图 2.49　选择对象

图 2.50　添加 OLE 数据后的效果

3. 数据的更新

假设要对"借还书记录表"中一个借书人的联系电话进行修改，即是对数据进行更新，具体操作如下。

单击需要修改的数据网格，网格周围会出现橙色的边框，此时可以根据需要进行数据的修改，如图 2.51 所示。

图 2.51　修改数据

4．数据的删除

方法一：单击记录最左侧的行选择器，选择需要删除的行，并单击"开始"选项卡"记录"组中的"删除"按钮，如图 2.52 所示。

方法二：右击记录最左侧的行选择器，选择需要删除的行，在弹出的快捷菜单中选择"删除记录"命令，如图 2.53 所示。

方法三：单击记录最左侧的行选择器，直接按"Del"键进行删除。

小贴士

如要同时删除几条记录，可以用鼠标拖曳的方法来同时选中多条记录，并进行删除操作，方法和 Windows 文件的操作类似。

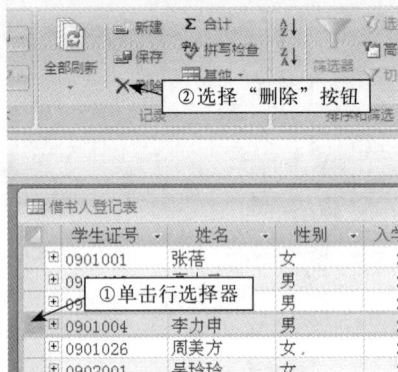

图 2.52 通过按钮删除

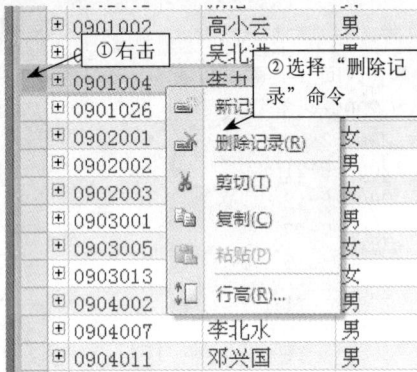

图 2.53 通过快捷菜单删除

任务四 数据的排序

■ **任务目标** 一般来说，表中的数据显示是根据当初输入时的顺序进行排序的。用户可以根据现实需要，对数据进行排序。本任务将对表中的数据进行排序。

知识准备

1）Access 一般采用主键作为排序的依据，如果没有主键，则按数据输入次序排序。

2）排序有两种选择，"升序"和"降序"。

任务实施

01 打开"图书信息表"，根据"书名"字段进行升序排序。在数据表中先单击选择任意一个书名，在"开始"选项卡的"排序和筛选"组中单击"升序"按钮，如图 2.54 所示。排序后的结果如图 2.55 所示。

排序后该列的右上角会出现一个升序的图标，表明此列进行了升序排序的操作。

02 如需进行降序排序,只需按照上述方法,单击"降序"按钮即可。

03 清除排序。如需清除对某个字段的排序,单击"开始"选项卡"排序和筛选"组中的"清除排序"按钮,如图 2.56 所示。

图 2.54　选择任意书名排序

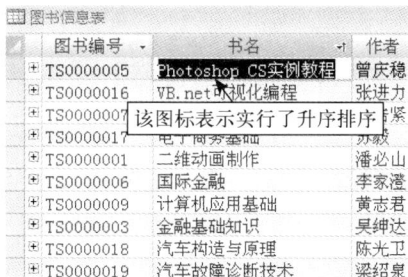

图 2.55　排序后效果

图 2.56　清除排序

04 对多个字段进行排序。单击"开始"选项卡"排序和筛选"组中的"高级"按钮,在展开的选择列表中,选择"高级筛选/排序"选项,如图 2.57 所示。

此时将弹出一个筛选/排序界面,在该界面下方的网格中选择需要排序的字段和排序方式,如图 2.58 所示。

设置完成后,再单击"开始"选项卡"排序和筛选"组中的"切换筛选"按钮来应用排序,如图 2.59 所示。

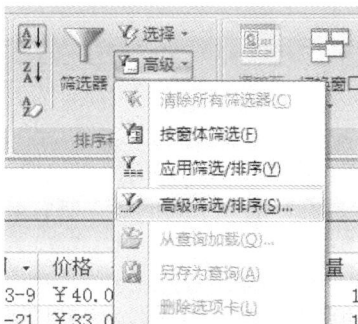

图 2.57　高级筛选/排序

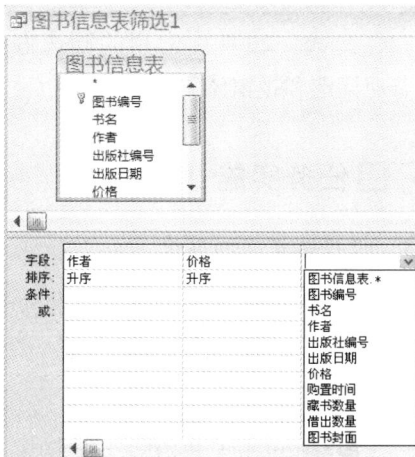

图 2.58　筛选/排序界面

图 2.59　应用排序

按"作者"与"价格"进行升序排序,排序后的图书信息表如图 2.60 所示。

图2.60
排序后的图书信息表

图书信息表						
图书编号	书名	作者	出版社编号	出版日期	价格	购置时间
TS0000018	汽车构造与原理	陈光卫	CBS0006	2009-2-3	￥35.00	2009-5-11
TS0000015	汽车维修技术	陈光卫	CBS0006	2008-3-16	￥36.00	2008-4-1
TS0000010	数据库应用技术	洪智闻	CBS0001	2009-4-23	￥42.00	2009-6-14
TS0000009	计算机应用基础	黄志君	CBS0001	2009-3-8	￥33.00	2009-3-15
TS0000008	网络设备互连实验指南	李关全	CBS0005	2009-2-17	￥38.00	2009-4-30
TS0000006	国际金融	李家澄	CBS0004	2009-1-12	￥27.00	2009-5-6
TS0000019	汽车故障诊断技术	梁绍泉	CBS0001	2009-4-25	￥36.00	2009-7-18
TS0000012	网页制作	刘枢详	CBS0007	2008-3-21	￥31.00	2008-4-14
TS0000013	摄影技术大全	陆勇思	CBS0002	2009-2-28	￥56.00	2009-4-30
TS0000002	实用UNIX教程	路盖	CBS0003	2009-4-30	￥45.00	2009-8-20
TS0000020	英语寓言故事	莫临立	CBS0004	2009-1-20	￥15.00	2009-5-9
TS0000001	二维动画制作	潘必山	CBS0008	2008-11-22	￥30.50	2009-4-3
TS0000017	电子商务基础	苏毅	CBS0003	2008-3-28	￥24.00	2009-1-28
TS0000003	金融基础知识	吴绅达	CBS0007	2007-12-15	￥28.00	2009-3-21
TS0000007	XML完全手册	汪浩紧	CBS0006	2009-3-21	￥18.00	2009-5-27
TS0000014	语文应用文写作	岳广莹	CBS0001	2009-2-7	￥18.00	2009-3-21
TS0000005	Photoshop CS实例教程	曾庆稳	CBS0002	2008-3-9	￥40.00	2009-7-28
TS0000016	VB.net可视化编程	张进力	CBS0001	2009-3-21	￥33.00	2009-5-25
TS0000004	实用C语言教程	周孝净	CBS0001	2009-2-11	￥32.00	2009-8-12
TS0000011	英语范读	庄开灵	CBS0008	2009-3-12	￥25.00	2009-4-6

任务五　数据记录的筛选

■ **任务目标**　在Access中，可以对表中的数据经过特定的搜索，然后把符合条件的数据显示出来，这个过程称为筛选。本任务将学习如何对数据进行筛选。

知识准备

Access 2007中常用的筛选方法有3种，包括根据选择范围筛选、普通筛选和按窗体筛选。

任务实施

1．根据选择范围筛选

01　假设现在要筛选出书名中包含有"汽车"两个字的图书记录。打开"图书信息表"，找到任意一个包含"汽车"两个字的记录，然后用鼠标选择"汽车"两个字。

02　单击"开始"选项卡中"排序和筛选"组中的"选择"按钮，在展开的选择列表中，选择"包含'汽车'"选项，如图2.61所示。

03　此时，筛选结果将自动打开，在"书名"字段的右侧，会显示经过筛选的图标，如图2.62所示。

小贴士

"切换筛选"按钮在已执行筛选的状态下，执行的是"清除筛选"功能；否则，执行的是"应用筛选"功能。

04 如要取消筛选，可以单击"开始"选项卡中"排序和筛选"组中的"切换筛选"按钮，或者单击状态栏中的"已筛选"按钮，如图2.63所示。

图2.61　根据选择范围筛选

图2.62　筛选结果

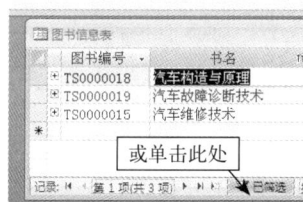

图2.63　取消筛选

2．普通筛选

01 为筛选出"图书信息表"中售价为15元的图书，单击"价格"字段列右边的小箭头，如图2.64所示。

02 在展开的选择列表中，取消对"全选"选项的勾选。

03 勾选"¥15.00"选项，并单击"确定"按钮，此时Access会自动筛选出售价为15元的图书。

3．按窗体筛选

01 现要在"图书信息表"中筛选出作者为"陈光卫"或"洪智闻"的记录。单击"开始"选项卡"排序和筛选"组中的"高级"按钮，在展开的选择列表中选择"按窗体筛选"选项，如图2.65所示。

02 此时将弹出一个"按窗体筛选"设计界面，在"作者"列中选择一个作者姓名，例如"陈光卫"，如图2.66所示。

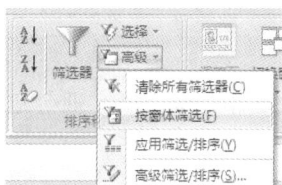

图2.64　普通筛选

图2.65　按窗体筛选

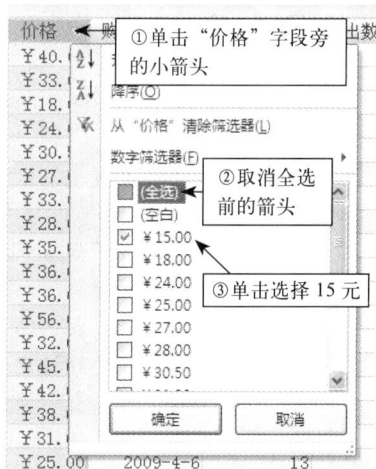

图2.66　"按窗体筛选"界面

03 单击该设计界面下方的"或"标签，然后在"作者"列中选择另一个作者姓名，如"洪智闻"。最后，单击"开始"选项卡"排序和筛选"组中的"切换筛选"按钮，应用筛选条件，如图 2.67 所示。

04 筛选结果如图 2.68 所示。

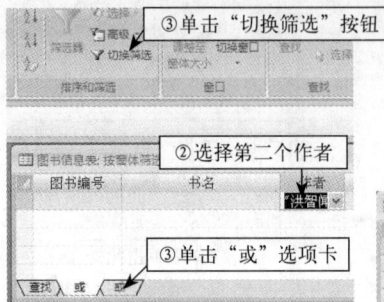

图 2.67 应用筛选

图 2.68 按窗体筛选的结果

项目小结

本项目主要通过 5 个任务的学习，使读者掌握 Access 2007 数据库中数据表的创建和表相关的操作。

任务一主要讲解了数据库设计中常用的数据类型，以及如何使用表设计视图来进行数据表的设计。

任务二介绍了什么叫做表间关系，以及如何设置各个表之间的关系，让相关的数据互相关联起来。

任务三介绍了如何对表中的数据记录进行添加、更新和删除操作。

任务四介绍了如何对数据记录进行排序。

任务五介绍了如何从表中筛选出需要的记录数据。

习 题

一、填空题

1）主键是指_____。

2）在 Access 2007 中，一个表最多可以建立_____个主键。

3）要修改一个表的结构，应该在_____中进行。

4）表间关系包括_____、_____、_____ 3 种关系。

5）在建立表间关系时，如果两个表的关联字段一个是主键，另一个是非主键字段，则会建立_____关系。

6）对表中数据的操作包括_____、_____、_____ 3 种。

7）排序一般包括_____、_____两种方式。

8）数据的筛选一般包括_____、_____、_____ 3 种操作。

二、实训操作

1）根据整理好的数据，使用设计视图在"学生成绩管理系统"数据库中建立"学生表"、"课程表"、"课程分类表"、"成绩表"等表对象，如表 2.6～表 2.9 所示：

表 2.6 学生表

字段名	数据类型	备注
学号	文本	主键，字段大小为 9
姓名	文本	字段大小为 10
性别	文本	字段大小为 2
出生日期	日期 / 时间	格式为"短日期"
入学时间	日期 / 时间	格式为"短日期"
班级名称	文本	字段大小为 20

表 2.7 课程表

字段名	数据类型	备注
课程编号	文本	字段大小为 8
课程名称	文本	字段大小为 20
课程分类号	数字	字段大小为"长整型"
教学课时	数字	字段大小为"长整型"

表 2.8 课程分类表

字段名	数据类型	备注
课程分类号	自动编号	主键
课程分类名称	文本	字段大小为 20

表 2.9 成绩表

字段名	数据类型	备注
成绩 ID	自动编号	主键
学号	文本	字段大小为 9
学年	文本	字段大小为 10
学期	数字	字段大小为"整型"
课程编号	文本	字段大小为 8
成绩	数字	字段大小为"单精度型"，小数位数为 2

2）为设计好的表创建表间关系，如图 2.69 所示。

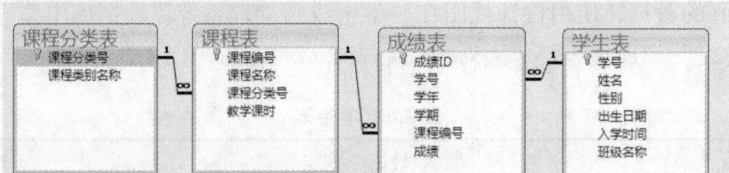

图 2.69　表间关系

3）向各个数据表中添加数据，如图 2.70 ~ 图 2.73 所示。

学生表

学号	姓名	性别	出生日期	入学时间	班级名称
200900101	王勇	男	1993-5-8	2009-9-1	09计算机班
200900102	谢莹	女	1993-8-12	2009-9-1	09计算机班
200900103	张小泉	男	1993-7-22	2009-9-1	09计算机班
200900201	李红英	女	1993-6-17	2009-9-1	09财会班
200900202	钟玉敏	女	1993-11-8	2009-9-1	09财会班
200900203	陈桂枝	女	1993-5-11	2009-9-1	09财会班
200900301	黄大发	男	1993-12-3	2009-9-1	09机电班
200900302	王健	男	1992-12-20	2009-9-1	09机电班
200900303	周小风	男	1993-3-13	2009-9-1	09机电班

图 2.70　添加学生表数据

课程表

课程编号	课程名称	课程分类号	教学课时
KC000001	语文	1	120
KC000002	数学	1	120
KC000003	网页制作	2	80
KC000004	图像处理	2	80
KC000005	国际贸易	3	100
KC000006	会计实务	3	80
KC000007	电路原理	4	80
KC000008	机械制图	4	120
KC000009	高频电路	4	80

图 2.71　添加课程表数据

课程分类表

课程分类号	课程类别名
1	基础课
2	计算机专业
3	财会专业
4	机电专业

图 2.72　添加课程分类表数据

4）在"成绩表"中，将所有数据按"成绩"字段进行降序排序。

5）在"成绩表"中，筛选出所有成绩在 80 分以上的记录。

6）在"成绩表"中，筛选出 09 学年第二学期所有学生的成绩记录。

成绩表

成绩ID	学号	学年	学期	课程编号	成绩
1	200900101	09学年	1	KC000001	70
2	200900102	09学年	1	KC000001	83
3	200900103	09学年	1	KC000001	62
4	200900201	09学年	1	KC000001	53
5	200900202	09学年	1	KC000001	88
6	200900203	09学年	1	KC000001	72
7	200900301	09学年	1	KC000001	90
8	200900302	09学年	1	KC000001	63
9	200900303	09学年	1	KC000001	48
10	200900101	09学年	1	KC000002	91
11	200900102	09学年	1	KC000002	83
12	200900103	09学年	1	KC000002	77.5
13	200900201	09学年	1	KC000002	78.8
14	200900202	09学年	1	KC000002	92
15	200900203	09学年	1	KC000002	68
16	200900301	09学年	1	KC000002	75
17	200900302	09学年	1	KC000002	83
18	200900303	09学年	1	KC000002	55
19	200900101	09学年	2	KC000003	62.5
20	200900102	09学年	2	KC000003	80
21	200900103	09学年	2	KC000003	79
22	200900101	09学年	2	KC000004	83
23	200900102	09学年	2	KC000004	87
24	200900103	09学年	2	KC000004	88
25	200900201	09学年	2	KC000005	91
26	200900202	09学年	2	KC000005	75
27	200900203	09学年	2	KC000005	63
28	200900201	09学年	2	KC000006	57
29	200900202	09学年	2	KC000006	89

图 2.73　添加成绩表数据

3

项目三 建立图书馆管理系统的数据查询

项目导读

　　Access 提供了强大的数据检索功能，它能完成日常工作中大量的数据检索工作。查询的作用是使用户可以按照不同的方式查看、更改、分析数据，筛选出所需要的数据。本项目主要通过 Access 2007 提供的各种方法，建立图书馆管理系统所需要的各种查询，如选择查询、参数查询、计算查询、统计查询以及各类操作查询等。最后，在熟练使用查询设计视图的基础上，进一步熟练使用 SQL 查询。

技能目标

- 了解查询的类型，掌握查询的基本功能。
- 学会利用向导创建查询和使用查询设计视图创建查询的基本方法。
- 学会修改查询、运行查询的基本方法。
- 了解 SQL 语句的功能和基本语法。

任务一 使用查询向导创建查询

▌**任务目标** 为设计各种查询，Access 2007 系统提供了多种查询设计向导，利用这些向导可以轻易地设计出多种查询。本任务通过几个实例学习如何通过查询向导创建简单表查询、交叉表查询、重复项查询以及不匹配项查询。

📋 知识准备

1）查询是 Access 2007 数据库的一个重要对象，通过查询筛选出符合条件的记录，构成一个新的数据集合。从中获取数据的表或查询成为该查询的数据源。查询的结果也可以作为数据库中其他对象的数据源。

2）查询的主要功能如下。

① 查看、搜索和分析数据。

② 追加、更改和删除数据。

③ 实现记录的筛选、排序汇总和计算。

④ 作为报表或窗体等对象的数据源。

⑤ 将一个和多个表中获取的数据实现关联。

3）查询的类别。在 Access 2007 中，根据对数据源操作方式或操作结果的不同，可以把查询分为 5 种。

① 选择查询是最常用也是最基本的查询。它是根据指定的查询条件，从一个或多个表中获取数据并显示结果。还可以使用选择查询来对记录进行分组，并且对记录进行总计、计数、平均值以及其他类型的统计计算。

② 参数查询是一种交互式查询，它利用对话框来提示用户输入查询条件，然后根据所输入的条件检索记录。将参数查询作为窗体、报表的数据源，可以方便地显示和打印所需要的信息。

③ 使用交叉表查询可以计算并重新组织数据的结构，这样可以更加方便地分析数据。交叉表查询可以计算数据的统计、平均值、计数或其他类型的总和。

④ 操作查询是在一个操作中更改或移动多个记录的查询。操作查询有 4 种类型：删除、更新、追加与生成表查询。

⑤ SQL（结构化查询语言）查询是使用 SQL 语句创建的查询。有一些特定查询无法使用查询设计视图进行创建，而必须使用 SQL 语句创建。这类查询主要有 3 种类型：传递查询、数据定义查询、联合查询。

任务实施

1. 使用查询向导创建简单表查询

制作一个名为"图书信息查询"的简单查询，显示"图书信息表"中的"图书编号"、"书名"、"作者"、"出版日期"、"价格"、"购置时间"、"藏书数量"、"借出数量"等字段。

该查询可通过查询向导完成，具体步骤如下。

01 启动 Access 2007，打开"东方职业技术学校图书馆管理系统"数据库。在功能区"创建"选项卡的"其他"组中，单击"查询向导"按钮，弹出"新建查询"对话框，如图 3.1 所示。

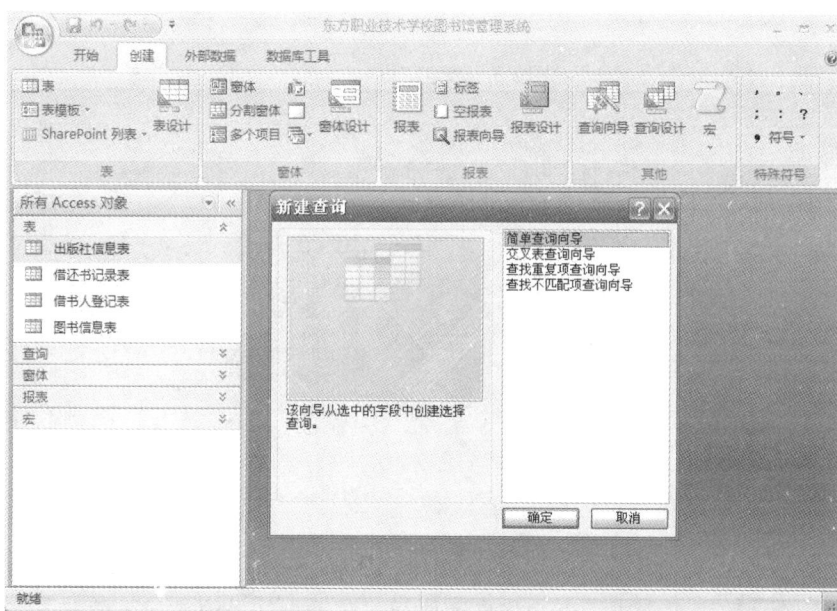

图 3.1
新建查询

02 在该对话框中，单击"简单查询向导"选项，然后单击"确定"按钮。

03 接着出现的对话框中，在"表/查询"下拉列表框中选择"表：图书信息表"，如图 3.2 所示。

04 在"可用字段"列表框内，双击"图书编号"、"书名"、"作者"、"出版日期"、"价格"、"购置时间"、"藏书数量"、"借出数量"等字段，将它们添加到"选定字段"列表框中，并单击"下一步"按钮，如图 3.3 所示。

05 进入如图 3.4 所示对话框中，选择"明细（显示每个记录的每个字段）"选项，单击"下一步"按钮。

06 在如图 3.5 所示对话框中，将查询命名为"图书信息查询"，然后单击"完成"按钮。

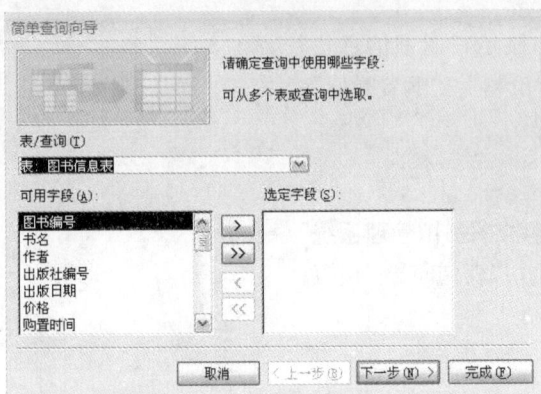

图 3.2 简单查询向导

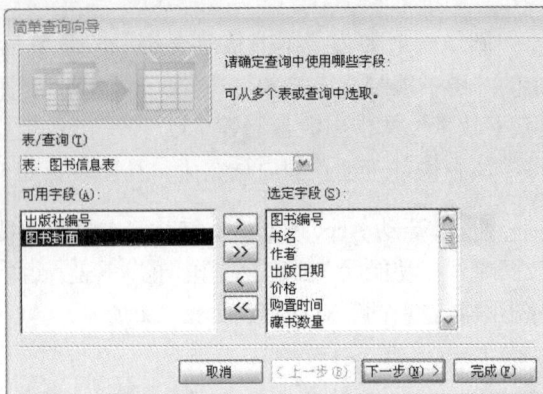

图 3.3 选定字段

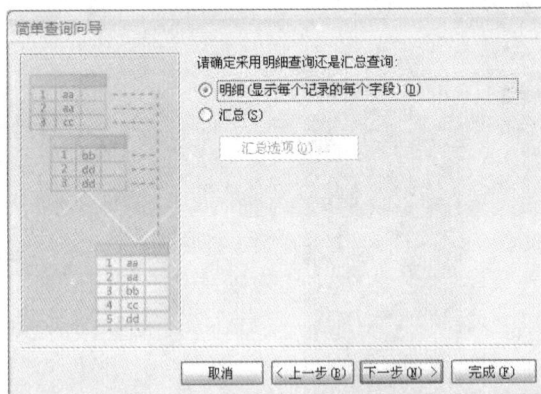

图 3.4 采用明细查询

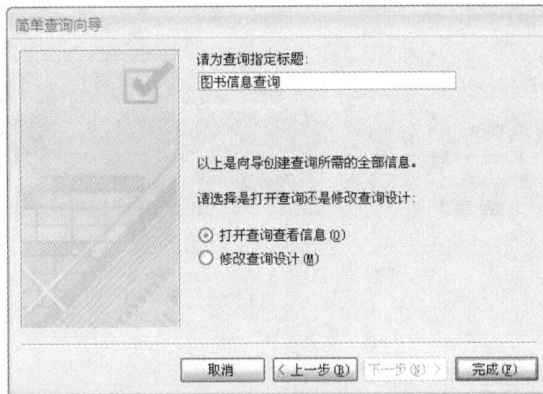

图 3.5 查询命名

07 设置完成后查询将自动执行，在查询结果中显示了所有图书信息记录，但只会显示在查询向导中指定的 8 个字段，如图 3.6 所示。

图书编号	书名	作者	出版日期	价格	购置时间	藏书数量	借出数量
TS0000001	二维动画制作	潘必山	2008-11-22	￥30.50	2009-4-3	5	1
TS0000002	实用UNIX教程	路盖	2009-4-30	￥45.00	2009-8-20	6	0
TS0000003	金融基础知识	吴绅达	2007-12-15	￥28.00	2009-3-21	9	1
TS0000004	实用C语言编程	周季净	2009-2-11	￥32.00	2009-8-12	6	0
TS0000005	Photoshop CS实例教程	曾庆稳	2008-3-9	￥40.00	2009-7-28	10	0
TS0000006	国际金融	李家澄	2009-1-12	￥27.00	2009-5-6	8	0
TS0000007	XML完全手册	汪浩紧	2009-3-21	￥18.00	2009-5-27	12	0
TS0000008	网络设备互连实验指南	李关全	2009-2-17	￥38.00	2009-4-30	14	0
TS0000009	计算机应用基础	黄志君	2009-3-8	￥22.00	2009-5-15	18	0
TS0000010	数据库应用技术	洪智闻	2009-4-23	￥42.00	2009-6-14	25	0
TS0000011	英语范读	庄开灵	2009-3-12	￥25.00	2009-4-6	13	0
TS0000012	网页制作	刘枢详	2009-3-21	￥31.00	2008-4-14	9	0
TS0000013	摄影技术大全	陆勇思	2009-2-28	￥56.00	2009-4-30	7	0
TS0000014	语文应用文写作	岳广莹	2009-2-7	￥18.00	2009-3-6	10	0
TS0000015	汽车维修技术	陈光卫	2008-3-16	￥36.00	2008-4-1	15	1
TS0000016	VB.net可视化编程	张进力	2009-3-21	￥33.00	2009-5-25	10	0
TS0000017	电子商务基础	苏毅	2008-3-28	￥24.00	2009-1-28	6	0
TS0000018	汽车构造与原理	陈光卫	2009-2-3	￥35.00	2009-5-11	20	0
TS0000019	汽车故障诊断技术	梁绍泉	2009-4-25	￥36.00	2009-7-18	20	2
TS0000020	英语寓言故事	莫临立	2009-1-20	￥15.00	2009-5-9	6	0

图 3.6
图书信息查询结果

2. 使用查询向导创建交叉表查询

交叉表查询可以对表或查询中的数据进行计算，以一种不同于原有表或查询的结构显示数据。在交叉表中进行的计算可以是总计、平均、计数等。交叉表中的计算结果分为两组，一组显示在表的顶端，一组显示在表的左侧。

出于图书馆藏书管理的需要，现需统计出图书馆中每种图书对应的出版社是哪一个，并且对于每一个出版社，馆藏图书是多少种。为解决这个问题，可使用交叉表查询，该查询制作步骤如下。

01 在 Access 2007 功能区"创建"选项卡的"其他"组中，单击"查询向导"按钮，弹出"新建查询"对话框。

02 在"新建查询"对话框中，单击"交叉表查询向导"选项，然后单击"确定"按钮，进入如图 3.7 所示对话框。在该对话框中，选择查询的数据源"图书信息表"，单击"下一步"按钮。

03 进入如图 3.8 所示对话框，选择"出版社编号"作为查询的行标题，单击"下一步"按钮。

04 在如图 3.9 所示对话框中，选择"图书编号"作为查询的列标题，单击"下一步"按钮。

05 在如图 3.10 所示对话框中，选择"书名"作为计算的字段，在函数栏中选择"计数"，单击"下一步"按钮。

06 在如图 3.11 所示对话框中，指定查询名称为"图书信息交叉表查询"，单击"完成"按钮。

07 该查询设计完成后，执行结果如图 3.12 所示。

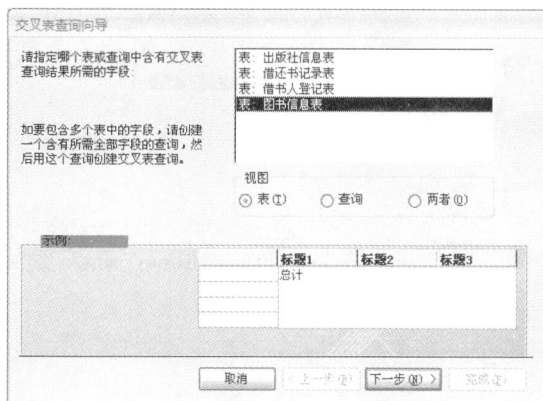

图 3.7 选择数据源

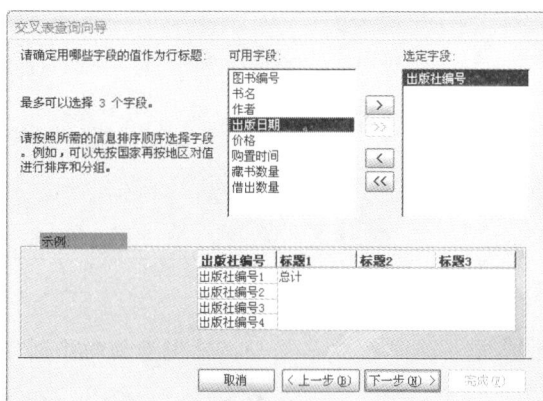

图 3.8 选择查询的行标题

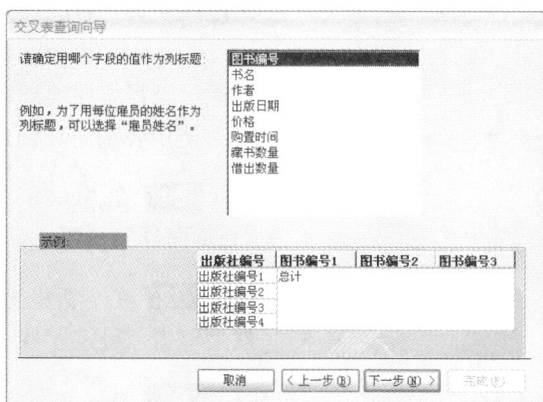

图 3.9 选择查询的列标题

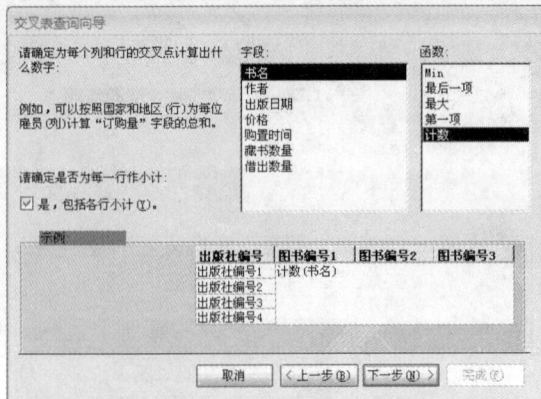

图 3.10 选择计算的字段及函数

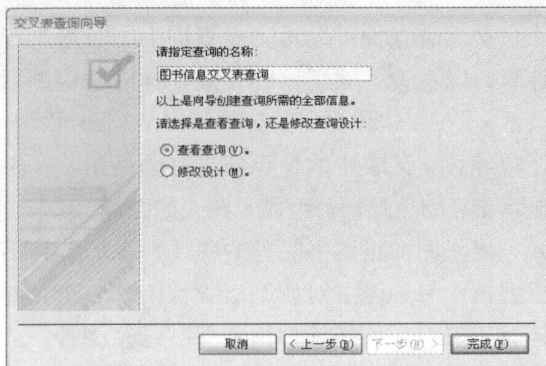

图 3.11 查询命名

图 3.12 交叉表查询结果

3. 使用查询向导创建重复项查询

重复项是指在数据表中取值相同的数据项。为了检查在"图书馆管理系统"中是否存在书名相同的书籍，可创建一个查找重名图书的查询，通过该查询，可以得知藏书中是否有重复的书名存在。

Access 2007 提供了通过查询向导创建重复项查询的功能，使用该功能可以很方便地创建出满足上述要求的查询。

使用查询向导创建重复项查询的步骤如下。

01 在 Access 2007 功能区单击"创建"选项卡的"其他"组中的"查询向导"按钮，弹出"新建查询"对话框。

02 在"新建查询"对话框中，单击"查找重复项查询向导"选项，然后单击"确定"按钮。

03 进入如图 3.13 所示对话框，选择"表:图书信息表"，单击"下一步"按钮。

04 进入如图 3.14 所示对话框，选择"作者"、"书名"作为重复值字段，单击"下一步"按钮。

05 进入如图 3.15 所示对话框，选择"出版日期"、"图书编号"作为额外显示的查询字段，单击"下一步"按钮。

06 进入如图 3.16 所示对话框，指定查询名称为"图书信息表重复项查询"，单击"完成"按钮。

图 3.13 选择用以搜寻的表

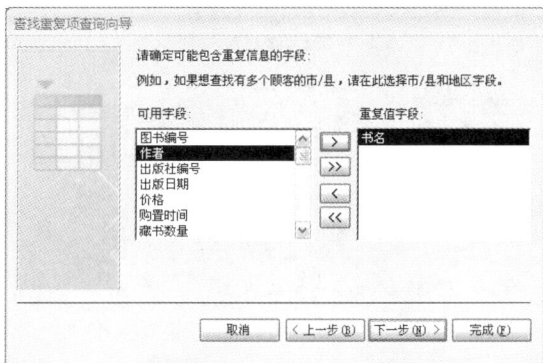

图 3.14 选择重复值字段

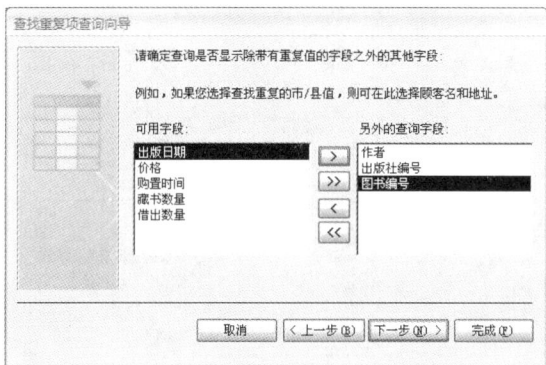

图 3.15 选择另外的查询字段

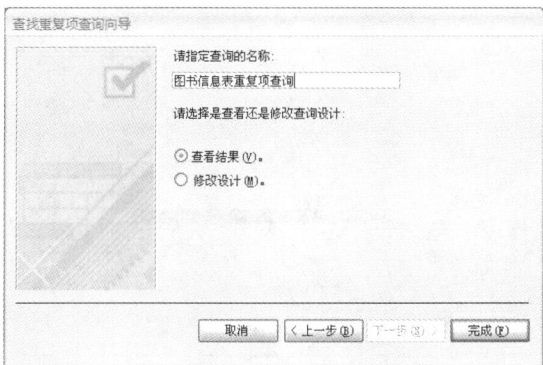

图 3.16 指定查询名称

07 该查询运行结果如图 3.17 所示，由图可见结果集为空，表示当前没有书名重复的书籍。

4. 使用查询向导创建不匹配项查询

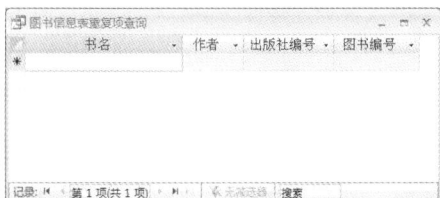

图 3.17 重复项查询结果

在具有一对多关系的两个表中，在"一"方的表中的某一记录，在"多"方表中可能没有任何的记录与之对应。在"一"方表中的这种记录，称之为不匹配项。

对于"出版社信息表"与"图书信息表"，同样有可能出现这种情况，例如，"出版社信息表"中可能记录了某一出版社的信息，但在"图书信息表"中，可能并不存在这个出版社所出版的书籍。

用"查找不匹配项"查询向导制作"出版社与图书不匹配查询"，通过该查询，可以检查出"出版社信息表"和"图书信息表"两个表中是否存在数据信息不匹配的情况。创建该查询，详细步骤如下所示。

01 在 Access 2007 功能区单击"创建"选项卡的"其他"组中的"查

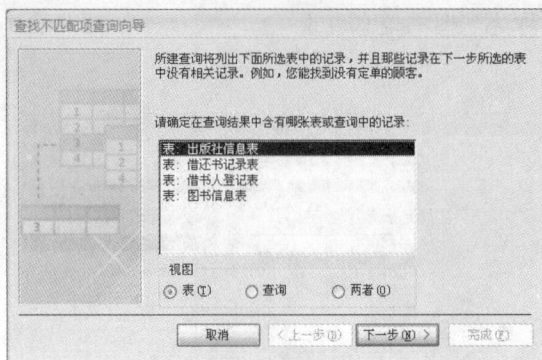

图 3.18　选择要查询的第一张表

询向导"按钮,弹出"新建查询"对话框。在"新建查询"对话框中,单击"查找不匹配项查询向导"选项,然后单击"确定"按钮。

02 进入如图 3.18 所示对话框,选择"出版社信息表"作为要查询的第一张表,然后单击"下一步"按钮。

03 进入如图 3.19 所示对话框,选择"图书信息表"作为要查询的第二张表,然后单击"下一步"按钮。

04 进入如图 3.20 所示对话框,选择"出版社信息表"中的"出版社编号"和"图书信息表"中的"出版社编号"作为匹配字段,然后单击"下一步"按钮。

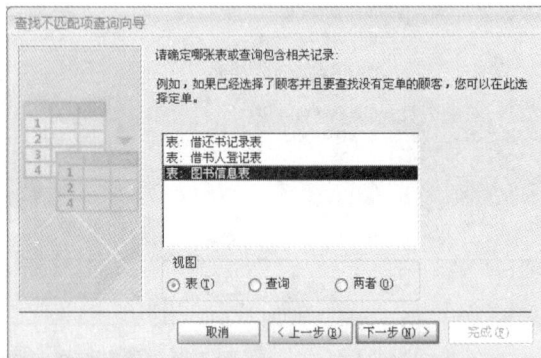

图 3.19　选择要查询的第二张表

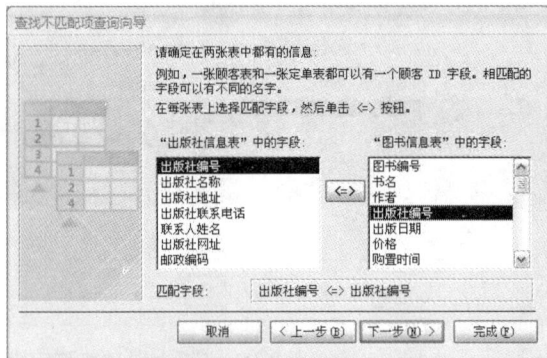

图 3.20　选择匹配字段

05 进入如图 3.21 所示对话框,选择需在查询结果中额外显示的字段,然后单击"下一步"按钮。

06 进入如图 3.22 所示对话框,指定查询名称为"出版社与图书不匹配查询",单击"完成"按钮。

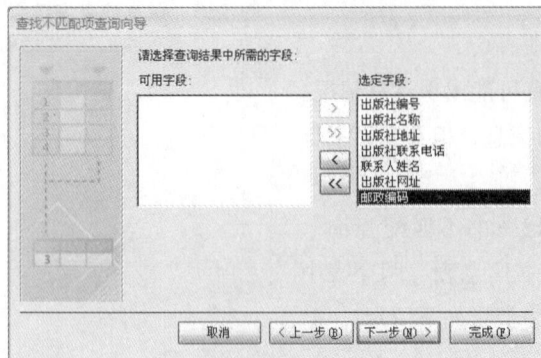

图 3.21　选择查询结果中所需的字段

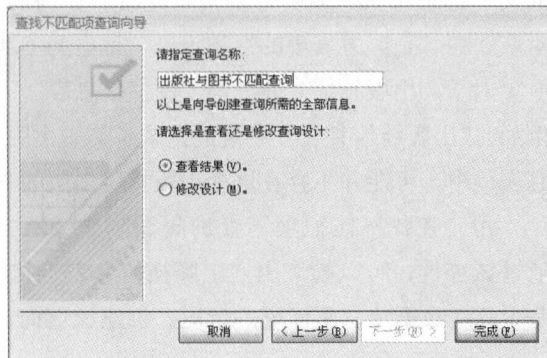

图 3.22　查询的名称

07 该查询运行结果如图 3.23 所示，由结果可见编号为 CBS0009 的出版社未与任何图书有并联，属于不匹配项。

图 3.23
不匹配查询结果

任务二 建立图书馆管理系统的选择查询

任务目标 在 Access 2007 中使用查询向导虽然可以快速地创建查询，但是对于创建指定条件的查询或其他复杂的查询，查询向导就不能完全胜任了。通过本任务，学会使用查询设计视图创建选择查询，对查询结果排序，并掌握条件表达式的使用方法，为查询设置筛选数据的条件。

知识准备

1）在 Access 中，每个表是数据库中一个独立的部分，但每个表并不是孤立的，表与表之间存在相互的关联。利用表之间的这种关联，可以将多个表中的信息显示在同一窗体或查询中，从而最大限度地发挥数据库的功能。

2）在设计多表查询时，表与表之间应首先建立关系。若没有建立关系，多表查询将会出现冗余重复的记录。

3）查询条件是一种规则，用来标识要包含在查询结果中的记录。并非所有查询都必须包含条件，但是如果不想查看存储在基本记录源中的所有记录，则在设计查询时必须设置条件。

4）在 Access 中，条件是由字段名、运算符、函数和常量组成的表达式。查询条件也称为条件表达式。

5）条件表达式中使用的算术运算符如表 3.1 所示。在条件表达式中，算术运算符可对数值型数据进行计算。

表 3.1　常用算术运算符

算术运算符	功能	应用举例
+	加	1+1=2
−	减	4−3=1

续表

算术运算符	功能	应用举例
*	乘	5*2=10
/	除	9/3=3
\	整除	5\2=2
Mod	取余数	5 Mod 2=1
^	指数运算	2^3=8

6）条件表达式中的比较运算符如表 3.2 所示。比较运算符又称为关系运算符，主要用于比较两个操作数的值。用比较运算符构建的表达式又称为关系表达式，该表达式返回一个布尔值（True 或 False）。所有的比较运算符都可用于数值型与日期型数据的比较，但运算符"="、"<>"还可以用于文本型、是/否型数据的比较。

表 3.2　比较运算符

比较运算符	功能	应用举例
=	判断相等	=8、= "abc"、=#2010-9-15#、= True
<>	判断不相等	<>8、<> "abc"、<>#2010-9-15#、<> False
<	小于	<8、<#2010-9-15#
<=	不大于	<=8、<=#2010-9-15#
>	大于	>8、>#2010-9-15#
>=	不小于	>=8、>=#2010-9-15#

7）条件表达式中的逻辑运算符如表 3.3 所示。逻辑运算符常用于连接两个以上的关系表达式（Not 运算符除外），表示综合判断两个或多个条件，其结果也是返回一个布尔值（True 或 False）。

表 3.3　逻辑运算符

逻辑运算符	功能	应用举例
And	逻辑与，两操作数都为True，结果才为True，否则为False	>5 And <8、>= #2010-9-1# And <=#2010-9-30#
Or	逻辑或，两操作数都为False，结果才为False，否则为True	<5 Or >8、<= #2010-9-1# Or >=#2010-9-30#、= "China" Or "Chinese"
Not	逻辑非，操作数为True，结果为False；操作数为False，结果为True	Not 18、Not "abc"、Not #2010-9-1#、Not False

8）条件表达式中的通配符如表 3.4 所示。通配符通常用于构建涉及文本数据类型的条件表达式。

表 3.4　通配符

通配符	功能	应用举例
*	匹配任意多个字符	"张*"，匹配所有以张字开头的任意长度字符串，如"张大千"、"张冠李戴"等
?	匹配任意单个字符	"张?"，匹配所有以张字开头的两字符字符串，如"张三"
#	匹配任意单个数字	"##9"，可匹配"009"、"129"、"359"等字符串
[]	匹配括号内字符范围	"[A-C]号码"，可匹配"A号码"、"B号码"、"C号码"等字符串
[!]	匹配非括号内字符范围	"[!A-C]号码"，可匹配"D号码"、"K号码"等字符串

9）条件表达式中的特殊运算符如表 3.5 所示。使用特殊运算符构建的条件表达式，其结果也是返回一个布尔值（True 或 False）。

表 3.5　特殊运算符

其他运算符	功能	应用举例
Like	判定是否匹配模式	Like "张*"，判断字符串是否与"张*"模式匹配
In	判定是否为值列表成员	In(1, 5, 13, 20)、In("AB"，"cd"，"ef"）、In(#2010-9-1#, #2010-9-15#, #2010-9-23#) 判断数据是否在值列表之内
Between…And	判定是否在指定范围内	Between #2010-9-1# And #2010-9-30# Between 1 And 10 判断日期、数值数据是否在指定范围
Is	一般与 Null 或 Not Null 一起使用，判定内容是空值或非空值	Is Null Is Not Null 此表达式可用于任意数据类型，以判定数据是否为空值

10）条件表达式中的连接符。在条件表达式中常用的连接符：&。其作用是进行字符或字符串的连接。例如，以下的两个条件表达式是等价的。

Like "姓名为"&"张 *"

Like "姓名为张 *"

11）条件表达式中常用的函数。在查询表达式中，常常还会使用到 Access 2007 的一些内置函数。这些常用的函数如表 3.6 所示。

表 3.6　常用函数

函数名	功能	应用举例
Date	返回系统日期	Date()，返回例如2010-10-12
Year	返回系统当前年份	Year(Date())，返回例如2010
Month	返回系统当前月份	Month(Date())，返回例如10
Day	返回当期日期号数，1~31	Day(Date())，返回例如12
Weekday	返加当前是星期几（1~7），星期天为1	Weekday(Date())，返回例如3（星期二）
Now	返回系统日期时间	Now()，返回例如12:10:53

任务实施

1. 使用查询设计视图建立选择查询

（1）建立"图书信息详细查询"

为了能一目了然地浏览图书馆中所有图书的详细信息，需要创建一个"图书信息详细查询"。要求详细显示每本书的"图书编号"、"书名"、"作者"、"出版社名称"、"出版社网址"、"价格"、"购置时间"、"藏书数量"等字段。

由数据库中表的结构可知，"图书信息表"中没有"出版社名称"和"出版社网址"的信息，而"出版社信息表"中没有"图书编号"、"书名"、"作者"等信息，要想同时显示这些信息，则必须在查询中同时使用这两个数据表。该查询的设计步骤如下。

01 在功能区"创建"选项卡的"其他"组中，单击"查询设计"按钮，如图 3.24 所示。

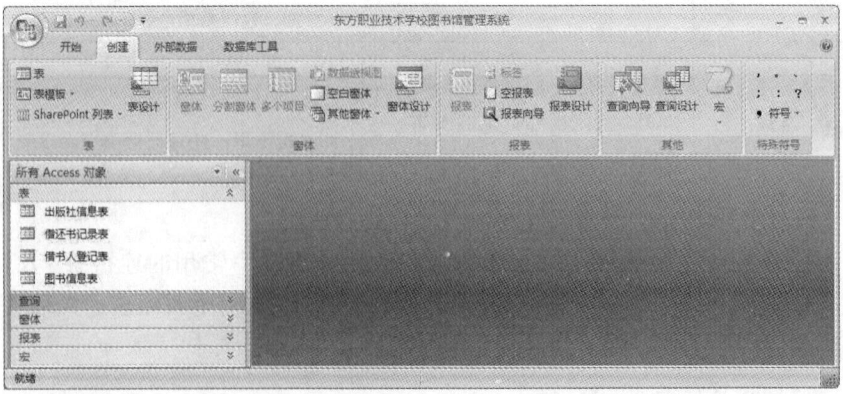

图 3.24
选择查询设计

02 单击"查询设计"按钮后，将弹出一个名为"查询 1"的查询设计视图和"显示表"的对话框，在"显示表"对话框中，分别选择"出版社信息表"与"图书信息表",单击"添加"按钮。这两个表会显示在查询设计视图的上部区域,如图 3.25 所示。

图 3.25
查询设计视图

03 关闭"显示表"的对话框。在"查询1"查询设计视图中,分别双击"图书信息表"的"图书编号"、"书名"、"作者"、"价格"、"购置时间"、"藏书数量"和"出版社信息表"的"出版社名称"、"出版社网址",将这些字段添加到查询设计网格中,并在"图书编号"字段的"排序"下拉列表框中选择"升序",如图 3.26 所示。

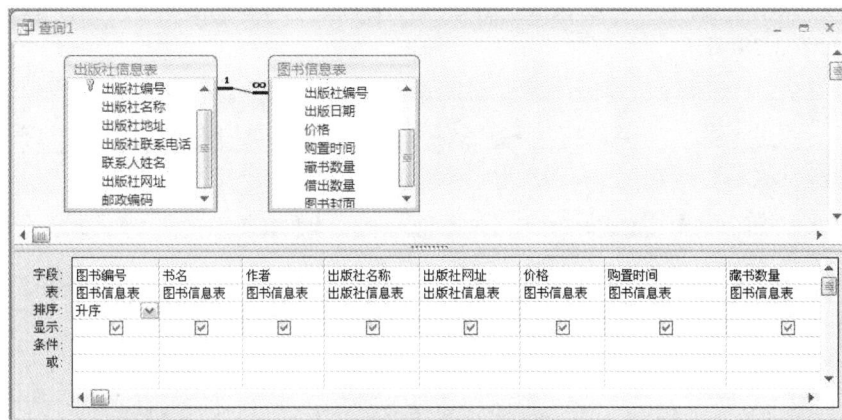

图 3.26
添加字段

04 在功能区"设计"选项卡的"结果"组中,单击 ! 按钮,则会执行该查询并显示查询结果,如图 3.27 所示。

由图 3.27 可见,所有图书馆中的藏书信息都以用户指定的方式展现,并且查询结果的排列是按图书编号的升序方式进行。

图 3.27
查询结果

05 单击"Office 按钮" ，选择"保存"命令（或按下 Ctrl+S 组合键），在弹出的"另存为"对话框中输入查询的名称"图书详细信息查询"，对已创建的查询进行保存。

（2）建立"按学生号查询借书记录"查询

为了方便图书的借阅管理，现需建立名为"按学生号查询借书记录"的选择查询。该查询显示的信息包括"学生证号"、"姓名"、"书名"、"借出日期"、"还书日期"、"预定还书日期"等字段。

由表的设计可知，要建立该查询，必须使用 3 个数据表："借书人登记表"、"图书信息表"以及"借还书记录表"。该查询可按如下方法创建。

01 打开查询设计视图，新建一个查询。在"显示表"对话框中，分别添加"借书人登记表"、"借还书记录表"、"图书信息表"等 3 个表，如图 3.28 所示。

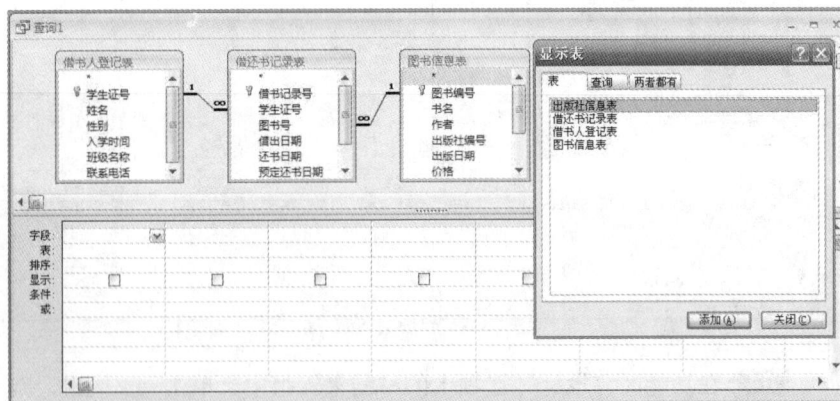

图 3.28
添加表

02 关闭"显示表"的对话框，在查询设计视图中，分别将"借书人登记表"的"学生证号"、"姓名"，"图书信息表"的"书名"，"借还书记录表"的"借出日期"、"还书日期"、"预定还书日期"等字段添加到查询设计网格中。最后，选择按"学生证号"升序排序，如图 3.29 所示。

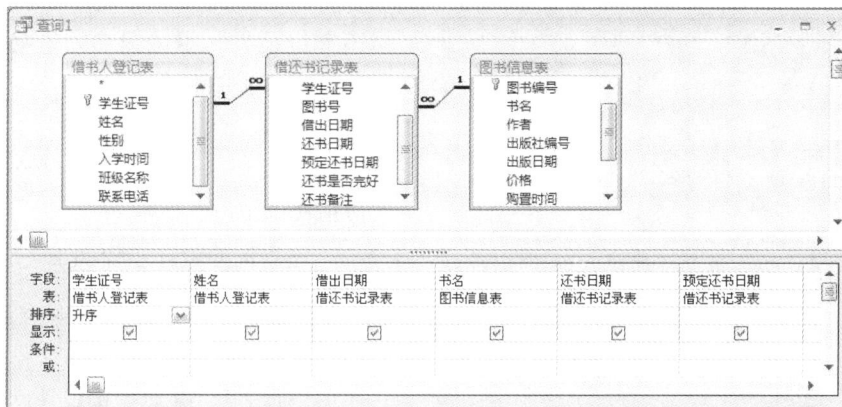

图 3.29
添加字段

03 在功能区"设计"选项卡的"结果"组中,单击 ! 按钮,执行该查询,结果如图 3.30 所示。

图 3.30
按学生号查询借书记录结果

04 单击"Office 按钮" ,选择"保存"命令。在弹出的"另存为"对话框中输入查询的名称"按学生号查询借书记录查询",并单击"确定"按钮保存该查询。

2.为选择查询设置条件

(1)建立名为"查询被损坏的图书借出记录"的查询

在图书借阅归还时,图书有可能被损坏。为了能查询到这些图书的借书记录,并及时向借书人索赔,需建立名为"查询被损坏的图书借出记录"的查询。

该查询的建立需要同时满足两个条件。

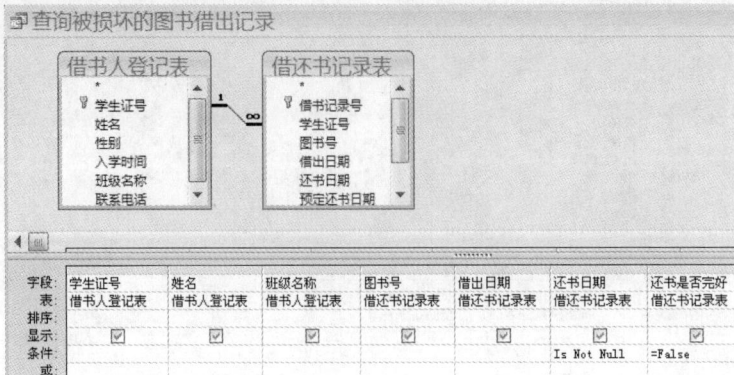

图 3.31　查询被损坏的图书设计视图

图 3.32　查询被损坏的图书结果

1）图书已归还，即在"借还书记录表"中该图书的借书记录已填入还书日期。

2）在"借还书记录表"中该图书的"还书是否完好"字段值为 False。

该查询的设计步骤如下。

01 打开查询设计视图，添加"借书人登记表"与"借还书记录表"，并向查询设计网格中添加"借书人登记表"中的"学生证号"、"姓名"、"班级名称"以及"借还书记录表"中的"图书号"、"借出日期"、"还书日期"、"还书是否完好"等字段。

02 在"还书日期"字段的"条件"行输入：Is Not Null。即借还书记录中有填写还书日期信息。

03 在"还书是否完好"字段的"条件"行输入：= False。该查询设计视图如图 3.31 所示。

运行该查询结果如图 3.32 所示。

> **小贴士**
>
> 当需要在查询中设置两个或两个以上条件表达式的逻辑与关系，即要求条件必须同时满足时，这些条件表达式应都在设计网格的"条件"行中输入，如图 3.31 所示。
>
> 当需要在查询中设置两个或两个以上条件表达式的逻辑或关系，即要求各条件中只须有一个满足时，这些条件表达式应在设计网格的"或"行中输入，且每一个"或"行只能输入一个条件表达式。

（2）建立名为"未还书记录查询"的查询

在图书馆管理系统中，为了能查询借出而未归还的图书，需建立一个名为"未还书记录查询"的查询。该查询设计视图如图 3.33 所示。

如图 3.33 所示，该查询包括"借书人登记表"、"借还书记录表"、"图书信息表"3 个表。在设计时，只需在"还书日期"字段的"条件"行输入：Is Null。该查询运行结果如图 3.34 所示。

（3）建立"按出版社名称、出版日期、价格查询图书信息"查询

在图书馆的日常管理工作中，有时需要按不同的指定条件查询藏书的信息。例如，要求查询以"科学"两个字开头的出版社在2009年出版的价格不高于30元的图书记录。该查询要设置3个条件，且3个条件要同时满足。

1）出版社名称以"科学"两个字开头。

2）图书的出版日期在2009年之内。

3）图书价格不高于30元。

该查询按如图3.35所示进行设计。

01 打开查询设计视图，添加"图书信息表"和"出版社信息表"。分别双击"图书编号"、"书名"、"作者"、"出版日期"、"价格"、"出版社名称"，将这些字段添加到查询设计网格中。

02 在"出版日期"字段的"条件"行，输入：Between #2009-1-1# And #2009-12-31#。

03 在"价格"字段的"条件"行输入：<=30。

图3.33 "未还书记录查询"设计视图

图3.34 未还书记录查询结果

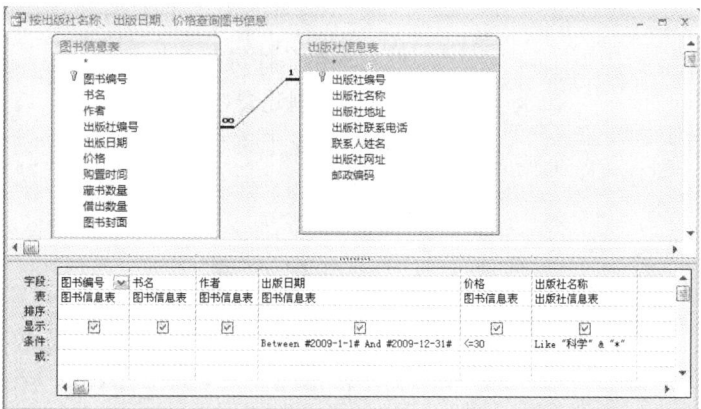

图3.35 按出版社名称、出版日期、价格查询设计视图

04 在"出版社名称"字段的"条件"行输入：Like"科学"&"*"。

05 执行该查询，查询结果如图3.36所示。

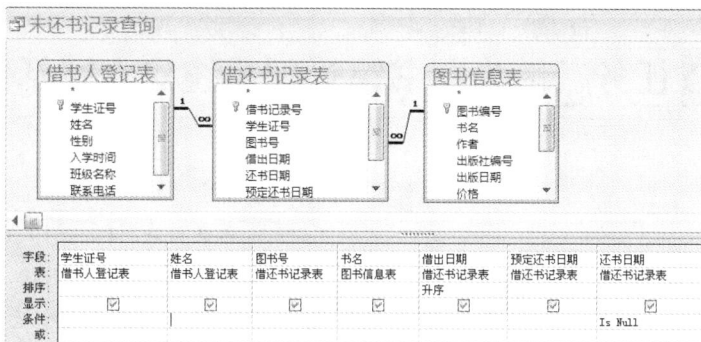

图3.36
按出版社名称、出版日期、价格查询结果

任务三 | 为图书馆管理系统建立灵活的参数查询

■ **任务目标** 使用图书馆管理系统的过程中，可能会遇到依照不同条件检索同一类数据的问题。例如要查询某一位作者的图书，若为每一位作者创建一个特定的查询，则系统中查询的数量会很多（有多少个作者就要创建多少个查询）。因此在实际应用中，对同一查询，希望能在运行时由用户灵活地修改查询条件。在 Access 中，解决这类问题只需创建参数查询。本任务将完成图书馆管理系统中所需的参数查询的设计。

知识准备

1）参数查询的含义：在参数查询中，用户以交互方式指定一个或多个条件值。

2）参数查询在运行时将显示一个对话框，提示用户输入指定条件，然后根据条件得到查询结果。

3）创建参数查询时，可以设计成提示用户输入多个条件（或称为参数）。对于每个条件，参数查询将显示一个单独的对话框，提示用户输入。

任务实施

本查询要求按不同的作者查询其图书作品信息，查询运行前，用户指定作者姓名，然后查询将显示用户指定作者的图书信息。该查询设计过程如下。

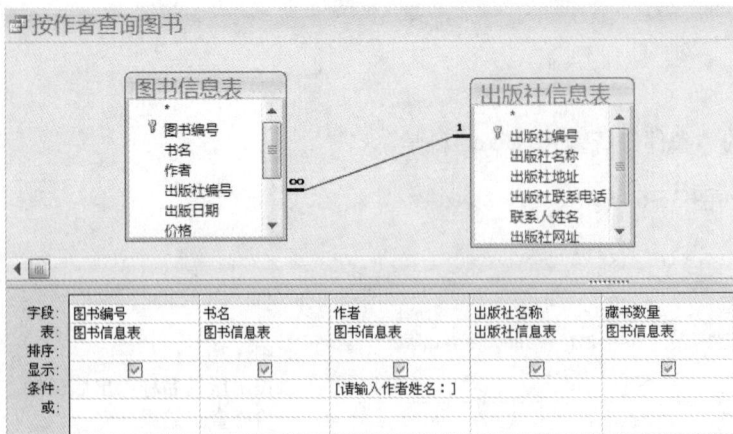

图 3.37 按作者查询设计视图

01 通过设计视图新建一个查询，为查询添加"图书信息表"与"出版社信息表"两个表。在查询设计网络中依次添加"图书编号"、"书名"、"作者"、"出版社名称"、"藏书数量"等字段。

02 在"作者"字段的"条件"行中，输入：[请输入作者姓名：]。

在 Access 查询设计中，方

括号代表了用户输入的参数，而方括号内的文字是查询运行时弹出对话框的提示文字，可按需要输入。该查询设计视图如图 3.37 所示。

运行该参数查询时，会首先弹出一个要求用户输入条件参数的对话框，用户在该对话框内输入条件参数，并单击"确定"按钮，将显示对应的查询结果，如图 3.38 和图 3.39 所示。

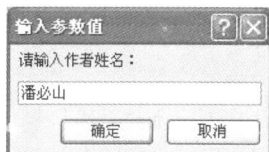

图 3.38 "输入参数值"对话框

图 3.39 按作者查询结果

任务四 通过计算字段创建"可借阅图书数量"查询

■ 任务目标 计算查询是通过在查询中创建新的字段来完成计算功能。在数据库设计中，一般不使用表存储基于同一数据库中的数据计算得到的值，这样可以减少数据冗余。通过本任务，创建一个"可借阅图书数量"的查询，该查询可以计算出图书馆中每种图书还有多少本可供借出。

知识准备

1）在通常情况下，某些数据的值可能会因各种原因发生更改，所以在表中不会存储经常会发生变化的信息，如一个人的年龄，每年都会发生变化，但可以存储一个人的出生日期，然后在查询中使用表达式来计算此人的年龄。

2）计算字段的设置，可对字段值进行加（+）、减（-）、乘（*）、除（/）等计算，如，新字段是字段 1 和字段 2 相乘的结果，可表示为："新字段:[字段 1]*[字段 2]"。参与计算的字段名要用方括号"[ ]"括起来。

任务实施

本查询要求能查到可借阅图书数量。在前面创建的表和查询中，没有图书馆存实际数量这样的数据。但该数据可以通过"图书信息表"中的"藏书数量"和"借出数量"字段来进行计算得到。该查询设计步骤如下。

01 新建一个查询，并在设计视图中添加"图书信息表"与"出版社信息表"。双击"图书编号"、"书名"、"作者"、"出版社名称"、"价格"、"藏书数量",将这些字段添加到查询设计网格中,如图3.40所示。

02 如图3.40所示,在第六列的"字段"行输入"馆存实际数量:[藏书数量]-[借出数量]",在该列的"条件"行中输入:>0。

如此即创建了一个计算字段,该新字段在查询运行时字段名显示为"馆存实际数量",字段的值是"藏书数量"与"借出数量"之差。

最后,该计算字段的筛选条件是当馆存实际数量大于0时,才显示相应的图书信息。

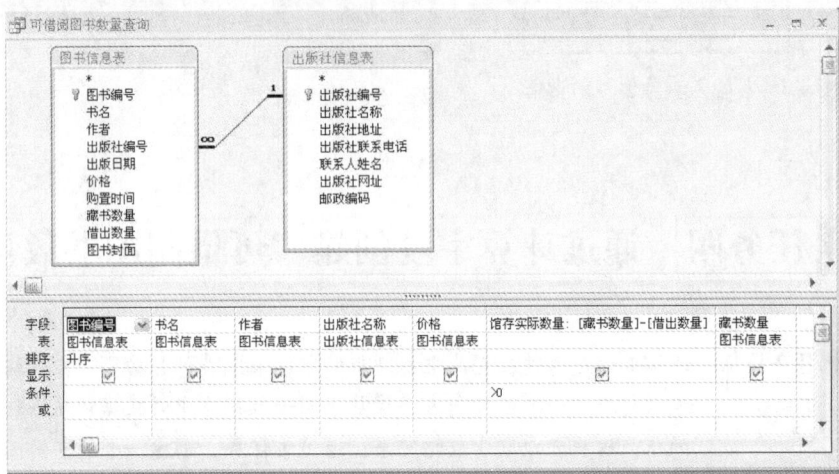

图 3.40
添加字段

03 将该查询保存为"可借阅图书数量",并运行该查询,结果如图3.41所示。

图 3.41
可借阅图书数量查询结果

任务五 运用统计函数创建查询

任务目标 在图书馆日常工作中对图书各种数据进行管理时，常常需要进行一些统计工作，如计数、求最大值、最小值、平均值等。通过本任务，创建一个名为"按出版社统计图书价值"的查询，该查询能按出版社进行分组，统计出从每个出版社购买图书的种类与总价值。

知识准备

1）汇总查询是一种选择查询，通过这种查询可以对数据进行分组和汇总。在查询中使用"汇总"行可以对所有记录或某一特定分组记录进行数据统计。

2）常用的统计函数（又常称为聚合函数）如表 3.7 所示。

表 3.7　统计函数说明

函数	说明	适用的数据类型
平均值 Avg()	计算某一列的平均值。该列必须包含数字、货币或日期/时间数据。该函数会忽略空值	数字、小数、货币或日期/时间
总计 Sum()	对列中的项求和，只适用于数字和货币数据	数字、小数、货币
计算 Count()	统计列中的项数	除复杂重复标量数据（如包含多值列表的列）之外的所有数据类型
最大值 Max()	返回包含最大值的项。对于文本数据，最大值是字母表中的最后一个字母值，Access 忽略大小写。该函数会忽略空值	数字、小数、货币或日期/时间
最小值 Min()	返回包含最小值的项。对于文本数据，最小值是字母表中的第一个字母值，Access 忽略大小写。该函数会忽略空值	数字、小数、货币或日期/时间
标准偏差 StDev()	测量值在平均值（中值）附近分布的范围大小	数字、小数、货币
方差 Var()	计算列中所有值的统计方差。只能对数字和货币数据使用该函数。如果表所包含的行不到两个，Access 将返回 Null 值	数字、小数、货币

任务实施

出于图书馆资产管理需要，需创建一个名为"按出版社统计图书价值"的查询。该查询要求能统计出现有图书馆的藏书中，从每个出版社购买了多少种图书，这些图书的总价值又是多少。该查询的设计视图如图 3.42 所示。

该查询的设计步骤如下。

01 新建一个查询，在设计视图中添加"图书信息表"与"出版社信息表"。分别双击"出版社编号"、"出版社名称"、"书名"，将这些字段添加到查询设计网格中。

02 在 Access 2007 功能区"设计"选择项卡的"显示/隐藏"组中，单击"汇总"按钮，此时查询设计视图设计网格中会出现"总计"行。

03 在第 3 列"书名"的"字段"行，将原来的字段名更改为"图书种类:[书名]"。并且在"总计"行的下拉列表框中选择"计算"。

04 在设计网格中使用"总计"行，可以按字段值进行分组。在设计视图中，"出版社编号"和"出版社名称"字段不用进行计算，而应按该字段进行分组。在这两个字段的"总计"行下拉列表框中选择 Group By，意即"分组"。

05 选择第 4 列（空白列），在该列"字段"行中输入"总价格:[藏书数量]*[价格]"。

06 在第 4 列的"总计"行下拉列表框中选择"总计"。

07 将查询命名为"按出版社统计图书价值"并保存。

运行该查询,结果如图 3.43 所示。由图可见该查询按要求统计出了所有出版社的图书种类数目与总价值。

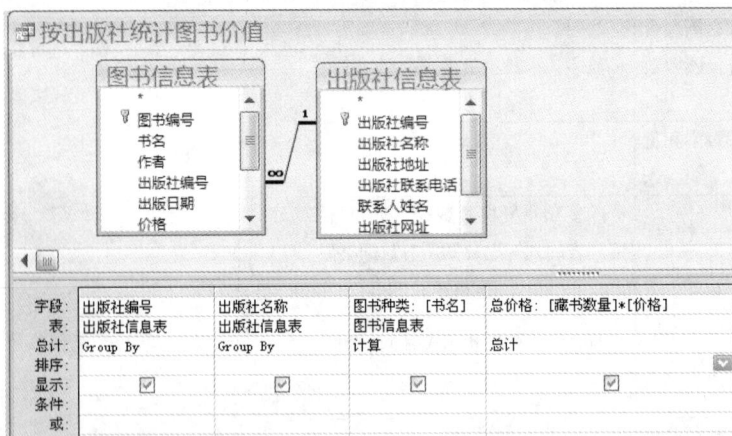

图 3.42 按出版社统计图书价值查询设计视图

出版社编号	出版社名称	图书种类	总价格
CBS0001	科学出版社	6	￥2,802.00
CBS0002	电子工业出版社	2	￥792.00
CBS0003	清华大学出版社	2	￥414.00
CBS0004	中国水利水电出版社	2	￥306.00
CBS0005	高等教育出版社	1	￥532.00
CBS0006	华中科技大学出版社	3	￥1,456.00
CBS0007	人民邮电出版社	2	￥531.00
CBS0008	华东师范大学出版社	2	￥477.50

图 3.43 按出版社统计图书价值查询结果

任务六 建立追加、更新、删除、生成表等操作查询

任务目标 Access 的操作查询包括追加查询、更新查询、删除查询和生成表查询。它们主要用于修改数据。使用操作查询修改数据时，只需进行一次操作，就可方便地修改满足条件的多条记录的数据。通过本任务，学会创建 4 种操作查询的一般方法及了解它们的使用场合。

知识准备

1）追加查询可将一组记录（行）从一个或多个源表（或查询）添加到一个或多个目标表。通常，源表和目标表位于同一数据库中，也可位于不同的数据库。追加查询还可用于根据条件追加字段，例如，某一表中的某些字段在另一个表中没有匹配的字段时追加记录。

2）使用更新查询可以更改一条或多条现有记录中的数据。更新查询可接受多个条件，使用户可以一次更新大量记录，并可以一次更改多个表中的记录。

3）删除查询可以从一个或多个表中删除一组记录。它通常用于按指定条件删除多条记录。

4）生成表查询从一个或多个表中检索数据，然后将结果集加载到一个新表中。该新表可以驻留在已打开的数据库中，也可以在其他数据库中创建该表。通常，在需要复制或存档数据时，可创建生成表查询。

任务实施

1．建立生成表查询

生成表查询可以使用一个或多个表中的数据生成新表。在实际应用中，如果操作的数据分别保存在多个表中，则常常使用生成表查询将操作的数据集中在一个表中，然后对生成的新表操作，这样可降低操作的难度。要创建生成表查询，应首先创建选择查询，然后将其转换为生成表查询。

本次任务利用"图书信息表"和"出版社信息表"中的数据生成一个新表"2009 年购置的图书"，在该表中存放的数据是 2009 年度购置的电子工业出版社出版的图书,生成表查询命名为"2009 年购置图书查询"，

具体设计步骤如下。

01 打开查询设计视图，添加"图书信息表"与"出版社信息表"。分别双击"图书编号"、"书名"、"作者"、"出版日期"、"藏书数量"、"购置时间"、"出版社名称"，将这 7 个字段添加到查询设计网格中。

02 在 Access 2007 功能区"设计"选项卡的"查询类型"组中，单击"生成表"按钮，如图 3.44 所示。

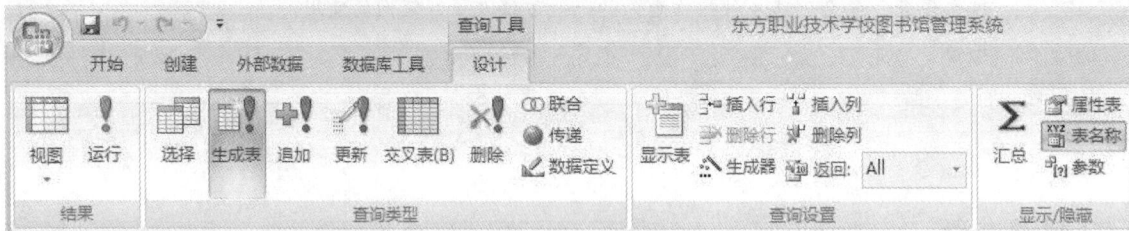

图 3.44 "设计"选项卡

03 如图 3.45 所示，此时会弹出一个"生成表"对话框。在"表名称"文本框中输入新表的名称"2009 年购置的图书"，并选择"当前数据库"选项，指定新表存放的位置为当前数据库。若要将新表放在另一数据库中，可选择"另一数据库"选项，并在此选项下方的"文件名"文本框中输入另一数据库文件名称。设置完成后，单击"确定"按钮。

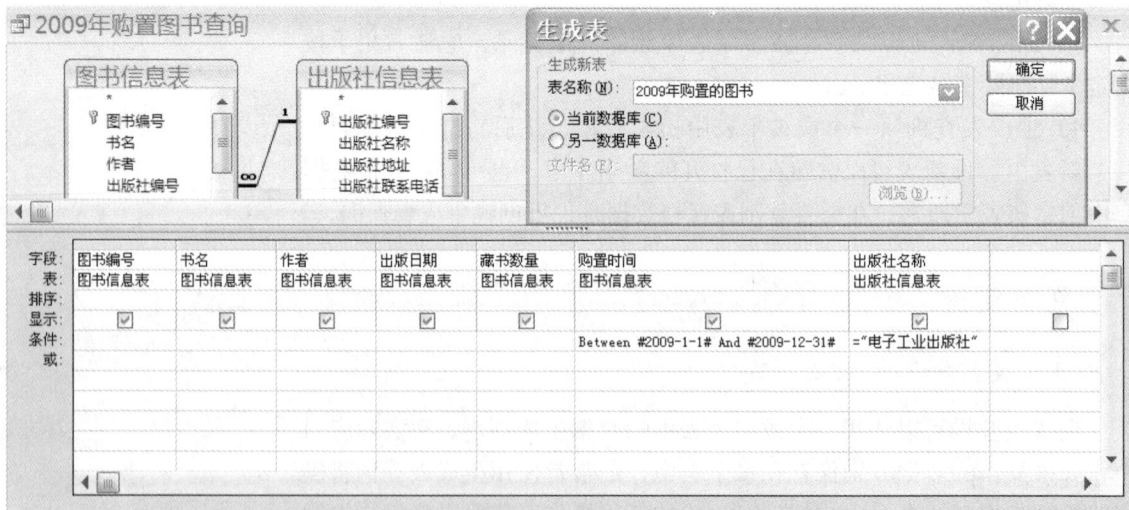

图 3.45 生成表设置

04 在"购置时间"字段的"条件"行输入 Between #2009-1-1# And #2009-12-31#，在"出版社名称"字段的"条件"行输入：＝"电子工业出版社"。

05 将查询命名为"2009 年购置图书查询"保存，运行该查询，弹出如图 3.46 所示的警告信息，单击"是"按钮。

06 系统将再次弹出另一个对话框，如图 3.47 所示。单击"是"按钮，此时，查看表对象列表会发现刚生成的新表"2009 年购置的图书"。

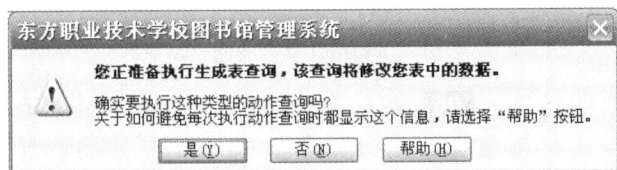

图 3.46　警告信息

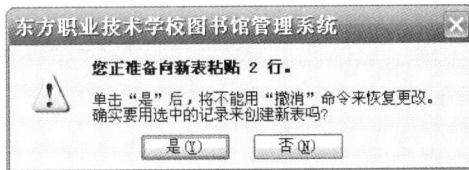

图 3.47　再次弹出提示信息

小贴士

在启动 Access 2007 时，每次打开不受信任或未签名的数据库，Access 会显示一个安全性警告栏"已禁用了数据库的某些内容"。（请参考项目一相关介绍）如果不解除这个禁用模式，操作查询将不能完成。解除的方法是在安全性警告栏上，单击"选项"按钮，在"Microsoft Office 安全选项"对话框中，选择"启用此内容"选项，然后单击"确定"按钮。

2．建立追加查询

当需要将新的数据行添加到现有表中时，可以使用 Access 中的追加查询功能。

现要将 2009 年度购置的"高等教育出版社"出版的图书记录追加到新建的表"2009 年购置的图书"中。为此，可创建一个名为"追加2009 年购置图书查询"的追加查询，具体步骤如下。

01 建立一个新的查询，在设计视图中添加"图书信息表"与"出版社信息表"两个表。将"图书编号"、"书名"、"作者"、"出版社编号"、"出版日期"、"价格"、"购置时间"、"藏书数量"、"出版社名称"等字段添加到查询设计网格中。

02 在"购置时间"字段的"条件"行输入：>=#2009-1-1# And <=#2009-12-31#。

03 在"出版社名称"字段的"条件"行输入：Like"高等 *"。

04 在功能区"设计"选项卡的"查询类型"组中，单击"追加"按

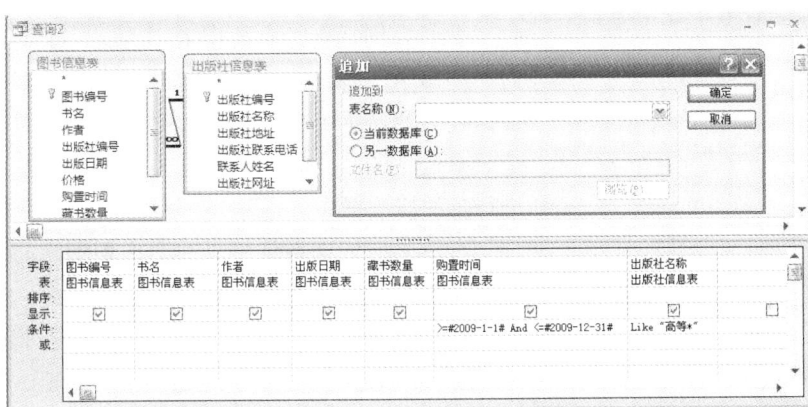

图 3.48　单击"追加"按钮

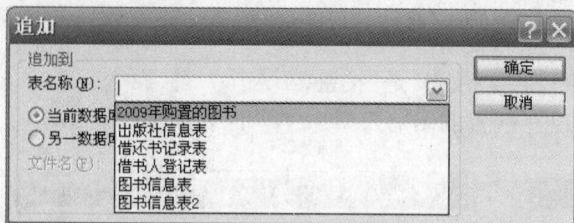

图 3.49 "追加"对话框

钮,如图 3.44 所示。此时,将弹出如图 3.48 所示的对话框。

05 在"追加"对话框中,单击"表名称"右边的下三角按钮,然后在下拉列表框中选择"2009 年购置的图书",如图 3.49 所示。

06 在"追加"对话框中,单击"当前数据库"选项,并单击"确定"按钮。此时在设计网格中,会增加一个"追加到"行。在该行中,为查询中的每一列选择目标字段,如图 3.50 所示。

图 3.50
选择目标字段

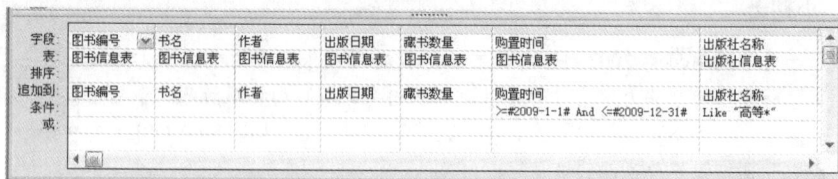

07 按名称"追加 2009 年购置图书查询"保存,并运行该查询,会弹出准备追加记录的警告信息,单击"是"按钮,则会在指定的表中追加记录。

08 打开表"2009 年购置的图书",会发现已经在表中追加了一条记录,如图 3.51 所示。

图 3.51
追加记录的结果

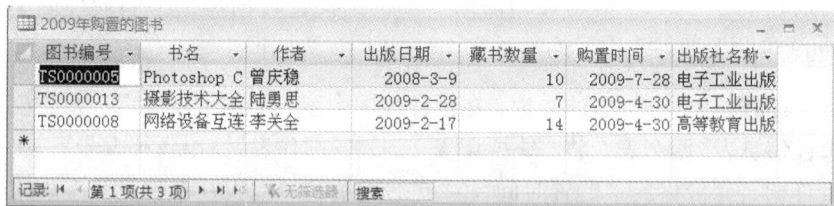

3. 建立借还书管理过程中所需的更新查询

更新查询是指针对数据表中的某一个字段进行数据更新。在某些数据库应用中,有可能需要经常对表中的数据作更新处理。如果直接打开数据表,然后手工查找到需要更新的记录对其进行更新,这种做法无疑是效率低下的。此时,应考虑为数据库设置更新查询,以方便对数据表进行各种修改操作。

在图书馆管理系统中,一个主要的功能就是图书的借阅管理。借阅管理功能的主要内容如下。

1)当学生从图书馆借出某本图书时,应修改"图书信息表",将该图书"借出数量"字段的数值作加一处理,以更新该图书的借出总数量。

2)在学生还书时,应再次修改"图书信息表",将图书相应记录的"借出数量"字段记录的数值进行减一处理。

3）在学生还书时，应对"借还书记录表"中当初在借书时登记的记录进行更新，在该记录内填入"还书日期"、"还书是否完好"等内容。

为此，需为图书馆管理系统建立 3 个更新查询，分别命名为"借出图书更新查询"、"归还图书更新查询"以及"还书记录更新查询"。

（1）建立"借出图书更新查询"

01 新建一个查询，命名为"借出图书更新查询"，并向设计视图中添加"图书信息表"。分别双击"借出数量"、"图书编号"两个字段，将之添加到查询设计网格中。

02 在功能区"设计"选项卡的"查询类型"组中，单击"更新"按钮。此时，Access 会在查询设计网格中增加一个"更新到"行，如图 3.52 所示。

03 在"借出数量"字段的"更新到"行中输入：[借出数量]+1。

04 在"图书编号"字段的"条件"行中输入：[请输入图书编号：]。

05 保存并运行该查询，会弹出如图 3.53 所示对话框，提示该查询将修改数据表中的数据。

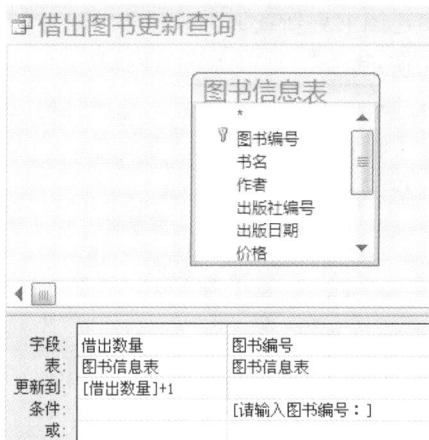

图 3.52 增加"更新到"行

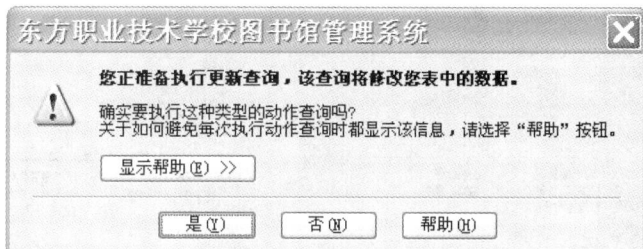

图 3.53 运行更新查询的提示框

06 由于本更新查询也是一个参数查询，需要用户输入参数以指定借出的图书编号。单击图 3.53 所示对话框中的"是"按钮后，会弹出另一个对话框，要求用户输入参数，如图 3.54 所示。

07 在该对话框中输入相应的图书编号，如 TS0000001，并单击"确定"按钮。此时将弹出如图 3.55 所示的对话框，提示用户即将更新的记录数量。

图 3.54 "输入参数值"对话框

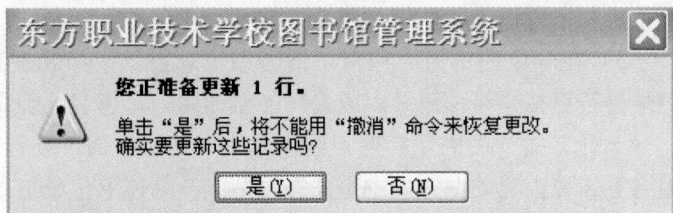

图 3.55 准备更新的提示

08 在图 3.55 所示对话框中,单击"是"按钮,"图书信息表"内编号为 TS0000001 的图书的"借出数量"字段将会被更新(数值加一)。

(2)建立"归还图书更新查询"

"归还图书更新查询"的设计步骤与"借出图书更新查询"类似,其作用是在还书登记时,将图书的"借出数量"字段值作减一处理。该查询的设计视图如图 3.56 所示。

(3)建立"还书记录更新查询"

"还书记录更新查询"是在还书登记时,对"借还书记录表"中对应的借书记录进行更新,在该记录内填入"还书日期"、"还书是否完好"、"还书备注"等内容。

该查询的设计方法、步骤与"归还图书更新查询"或"借出图书更新查询"类似,其设计视图如图 3.57 所示。

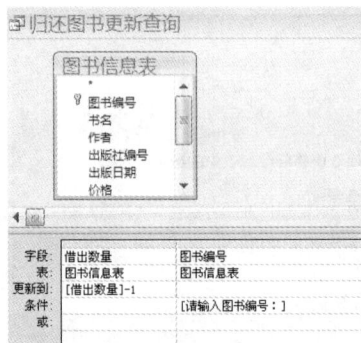

图 3.56 "归还图书更新查询"
设计视图

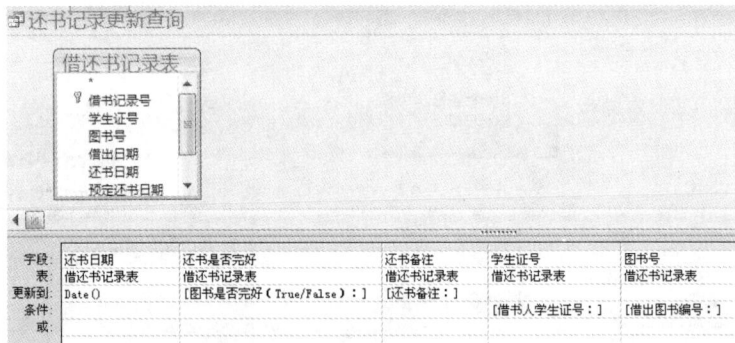

图 3.57 "还书记录更新查询"设计视图

该查询的设计与使用要注意以下几点。

1)该查询是对"借还书记录表"进行更新操作。

2)该查询在运行时通过用户输入的"学生证号"、"图书号"两个参数查找到要更新的借书记录。

3)该查询在"还书日期"字段的"更新到"行中使用了 Date 函数,即"还书日期"由系统函数 Date 自动填写。

4)对于"还书是否完好"字段,是使用用户输入的参数进行数据更新。由于"还书是否完好"字段是属于"是/否"数据类型,因此运行查询填入此项参数时，只能输入 True 或 False。

5）对于"还书备注"字段，也是使用查询运行时用户输入的参数进行数据更新。由于此字段是文本数据类型，因此用户输入的内容不受限制。

4．建立删除查询

为保证数据表中记录的有效性和有用性，有时要把表中不用的记录删除掉。利用删除查询可以实现记录的删除。

运行任务一中建立的"出版社与图书不匹配查询"，可得知在"出版社信息表"中出版社编号为 CBS0009 的出版社，目前图书馆中没有任何图书信息与之有关联。因此，可建立一个名为"删除出版社"的删除查询，将此出版社记录删除。该查询设计步骤如下。

01 打开查询设计视图，向视图中添加"出版社信息表"。将"出版社编号"字段添加到查询设计网格中。

02 在 Access 2007 功能区"设计"选项卡的"查询类型"组中，单击"删除"按钮，把"选择查询"变为"删除查询"。此时，在查询设计网格中会出现一个"删除"行，如图 3.58 所示。

03 在"出版社编号"字段的"条件"行中，输入："CBS0009"，指定要删除的记录的出版社编号，如图 3.58 所示。

04 保存该查询，命名为"删除出版社"。

05 运行该查询，将弹出如图 3.59 所示的对话框。该对话框提示用户即将删除的记录行数，单击"是"按钮，就会删除指定的数据记录。此时打开"出版社信息表"，可看到出版社编号为 CBS0009 的出版社记录已被删除。

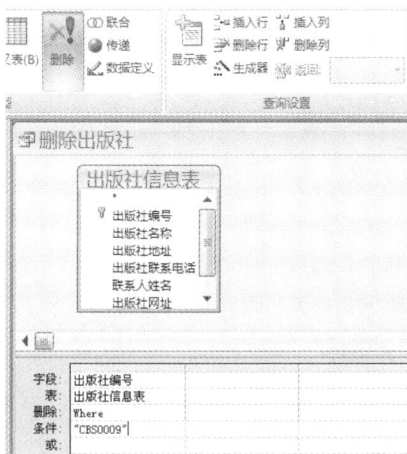

图 3.58 增加"删除"行并指定条件

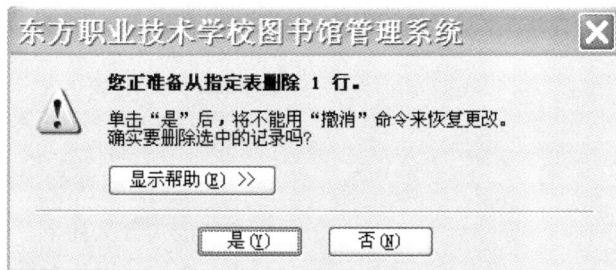

图 3.59 删除记录的提示

任务七 | 体验 SQL 查询

> **任务目标** SQL 查询是使用结构化语言（Structured Query Language）创建的查询。当用户使用查询向导或查询设计视图创建查询时，Access 实际上是根据用户的设置，生成对应的 SQL 语句。SQL 语句的功能非常强大，凡是能在查询设计视图中创建的查询，都能直接使用 SQL 语句创建。
> 通过本任务，将初步理解 SQL 语句的功能，掌握语句的格式、功能和用法，学会使用 SQL 语言创建简单的查询。

知识准备

1）SQL 查询是使用 SQL 语言创建的查询。SQL 是指结构化查询语言（Structured Query Language）。SQL 是目前关系数据库管理系统采用的数据库主流语言，通过 SQL 语言控制数据库可以大大提高程序的可移植性和可扩展性，因为几乎所有的主流数据库都支持 SQL 语言，如 Oracle、Microsoft SQL Server、Access 等。

2）有一些特定 SQL 查询无法使用查询设计视图进行创建，而必须使用 SQL 语句创建。这类查询主要有 3 种类型：传递查询、数据定义查询、联合查询。

3）SQL 视图是用于显示和编辑 SQL 查询的窗口，主要用于以下两种场合：查看或修改已创建的查询，通过 SQL 语句直接创建查询。

4）SQL 查询是使用 SQL 语句创建的查询。在 SQL 视图窗口中，用户可以通过直接编写 SQL 语句来实现查询功能。在每个 SQL 语句里面，最基本的语法结构是 SELECT...FROM...[WHERE]...，其中 SELECT 表示要选择显示哪些字段，FROM 表示从哪些表中查询，WHERE 指定查询的条件。

SELECT 语句的一般格式：

```
SELECT [ ALL | DISTINCT ] <字段名1> [ , < 字段名2>...]
FROM <数据表或查询>
[INNER JOIN <数据源表或者查询> ON <表达式>]
[WHERE   <条件表达式>]
[GROUP BY <分组表达式> [ HAVING <条件表达式>]]
[ORDER BY <排序选项> [ASC] | [DESC]]
[WITH OWNERACCESS OPTION]
```

其中各语句含义如下。

ALL，查询结果为数据源全部记录集。

DISTINCT，查询结果不包含重复行的记录集。

INNER JOIN＜数据源表或者查询＞ON＜表达式＞，查询结果是多数据源组成的记录集。

WHERE ＜条件表达式＞，指定查询的筛选条件。如果选择该子句，则查询结果只包含满足指定条件的数据记录。

GROUP BY＜分组表达式＞，指定对数据分组的依据。其中的分组表达式可以是一个或多个表达式。

HAVING＜条件表达式＞，将指定数据源中满足条件表达式，并且按分组结果组成的记录。

ORDER BY＜排序选项＞，指定对数据排序的关键字。

ASC，查询结果按升序排列。

DESC，查询结果按降序排列。

任务实施

1. 利用 SQL 视图查看已创建的查询

使用 SQL 视图打开任务二中创建的"按学生号查询借书记录查询"，观察 Access 生成的 SQL 语句，初步理解 SQL 语句的功能。

01 在导航窗格的查询对象列表中选择"按学生号查询借书记录查询"，右击该对象，在弹出的快捷菜单中选择"设计视图"命令。

02 在功能区"设计"选项卡的"结果"组中，单击"视图"下方的"▼"按钮，在出现的选择列表中选择"SQL 视图"，如图3.60所示。

03 此时查询设计视图切换为 SQL 视图，如图3.61所示。

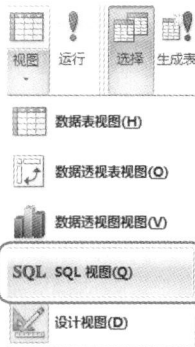

图3.60　选择"SQL 视图"

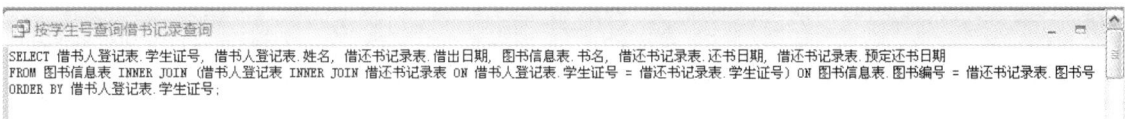

```
按学生号查询借书记录查询
SELECT 借书人登记表.学生证号, 借书人登记表.姓名, 借还书记录表.借出日期, 图书信息表.书名, 借还书记录表.还书日期, 借还书记录表.预定还书日期
FROM 图书信息表 INNER JOIN (借书人登记表 INNER JOIN 借还书记录表 ON 借书人登记表.学生证号 = 借还书记录表.学生证号) ON 图书信息表.图书编号 = 借还书记录表.图书号
ORDER BY 借书人登记表.学生证号;
```

图3.61　SQL 视图

在该视图中 SQL 语句如下。

SELECT 借书人登记表.学生证号，借书人登记表.姓名，借还书记录表.借出日期，图书信息表.书名，借还书记录表.还书日期，借还书记录表.预定还书日期

FROM 图书信息表 INNER JOIN（借书人登记表 INNER JOIN 借还书记录表 ON 借书人登记表.学生证号＝借还书记录表.学生证号）ON 图书信息表.图书编号＝借还书记录表.图书号

ORDER BY 借书人登记表.学生证号；

图3.61中，SQL 语句含义为："按学生号查询借书记录查询"以"图书信息表"、"借书人登记表"、"借还书登记表"为数据源。

三表之间的关系为：借书人登记表.学生证号=借还书登记表.学生证号，图书信息表.图书编号=借还书登记表.图书编号。

查询运行时显示"借书人登记表"中的"学生证号"、"姓名"，"借还书记录表"中的"借出日期"、"还书日期"、"预定还书日期"，"图书信息表"的"书名"等字段。

ORDER BY 子句指定查询结果排序依据为按学生证号升序排序。

2．使用 SQL 语句创建简单查询

本次任务直接使用 SQL 语句创建一个名为"图书信息查询"的选择查询，掌握使用 SQL 语句创建查询的方法。

01 打开查询设计视图新建一个查询。但不向查询设计视图添加表，直接关闭"显示表"对话框。

02 在功能区"设计"选项卡的"结果"组中，单击"视图"下方的"▼"按钮，在出现的选择列表中选择"SQL 视图"，进入 SQL 视图。

03 在 SQL 视图中，输入 SQL 语句，如图 3.62 所示。

上述 SQL 语句指定从"图书信息表"中选择显示"图书编号"、"书名"、"作者"、"出版日期"、"价格"、"购置时间"、"藏书数量"、"借出数量"等字段，查询结果按"图书编号"字段降序排列。

```
图书信息查询
SELECT 图书编号，书名，作者，出版日期，价格，购置时间，藏书数量，借出数量
FROM 图书信息表
ORDER BY 图书编号 DESC;
```

图 3.62　输入 SQL 语句

04 保存并运行该查询，结果如图 3.63 所示。

图书编号	书名	作者	出版日期	价格	购置时间	藏书数量	借出数量
TS0000020	英语寓言故事	莫临立	2009-1-20	￥15.00	2009-5-9	6	0
TS0000019	汽车故障诊断技术	梁绍泉	2009-4-25	￥36.00	2009-7-18	20	2
TS0000018	汽车构造与原理	陈光卫	2009-2-3	￥35.00	2009-5-11	20	0
TS0000017	电子商务基础	苏毅	2008-3-28	￥24.00	2009-1-28	6	0
TS0000016	VB.net可视化编程	张进力	2009-3-21	￥33.00	2009-5-25	10	0
TS0000015	汽车维修技术	陈光卫	2008-3-16	￥36.00	2008-4-1	15	1
TS0000014	语文应用文写作	岳广莹	2009-2-7	￥18.00	2009-3-6	10	0
TS0000013	摄影技术大全	陆勇思	2009-2-28	￥56.00	2009-4-30	7	0
TS0000012	网页制作	刘枢祥	2009-3-21	￥31.00	2008-4-14	9	0
TS0000011	英语范读	庄开灵	2009-3-12	￥25.00	2009-4-6	13	0
TS0000010	数据库应用技术	洪智闻	2009-4-23	￥42.00	2009-6-14	25	0
TS0000009	计算机应用基础	黄志君	2009-3-8	￥33.00	2009-3-15	10	0
TS0000008	网络设备互连实验指南	李关全	2009-2-17	￥38.00	2009-4-20	14	0
TS0000007	XML完全手册	汪浩紧	2009-3-21	￥18.00	2009-5-27	12	0
TS0000006	国际金融	李家澄	2009-1-12	￥27.00	2009-5-6	8	0
TS0000005	Photoshop CS实例教程	曾庆稳	2008-3-9	￥40.00	2009-7-28	10	0
TS0000004	实用C语言教程	周孝净	2009-2-11	￥32.00	2009-8-12	6	0
TS0000003	金融基础知识	吴绅达	2007-12-15	￥28.00	2009-3-21	9	1
TS0000002	实用UNIX教程	路盖	2009-4-30	￥45.00	2009-8-20	6	0
TS0000001	二维动画制作	潘必山	2008-11-22	￥30.50	2009-4-3	5	1
*							0

图 3.63
使用 SQL 语句创建的查询
结果

项目小结

本项目主要通过 7 个任务完成了图书馆管理系统所有查询的设计。

任务一使用查询向导创建简单表查询、交叉表查询、重复项查询及不匹配项查询。

任务二使用查询设计视图建立"图书馆管理系统"的选择查询，初步认识查询设计视图的使用技巧，并学习如何为查询设置条件。

任务三学习了建立参数查询的方法，使用户在运用查询的过程中增加灵活性。

任务四学习了在查询中建立计算字段的方法与技巧。

任务五通过统计函数在查询中的应用，学习在查询中对数据进行分组和汇总计算。

任务六介绍了 Access 中的 4 种操作查询，学习创建追加、更新、删除、生成表查询，了解这些查询的使用场合。

任务七介绍了 SQL 语句的基本语法和格式，并简单体验了利用 SQL 语句创建查询的方法。

习 题

一、填空题

1）Access 2007 中要对一个数据库中的一个表或多个表中存储的数据信息进行查找、统计、计算、排序应使用_____对象。

2）Access 2007 一共有 5 种查询类型，它们是_____、_____、_____、_____及"SQL 查询"。

3）使用_____向导可以建立检查数据表中是否存在重复记录的查询。

4）创建 Access 查询的主要方式有_____和_____两种。

5）参数查询运行时要求提供_____，查询的结果随提供不同的条件而不同。

6）条件表达式 Between #2010-9-1# And #2010-9-30#，它的含义是指_____。

7）要设置数量不小于 80 的查询条件，条件表达式应书写为_____。

8）表达式 Like "[A-E]*" 表示_____。

9）操作查询包括_____、_____、_____、_____ 4 种类型。

10）设计分组统计查询时，分组字段的总计项应选择_____。

二、实训操作

1）在"学生成绩管理系统"中，使用简单查询向导创建一个名为"学生基本信息查询"的查询，要求该查询能显示"学生表"中的"学号"、"姓名"、"性别"与"班级名称"字段。

2）在"学生成绩管理系统"中，使用查找不匹配项查询向导创建一个名为"课程表与成绩表不匹配"的查询，查找出"课程表"与"成绩表"中的不匹配项。

3）使用查询设计视图设计一个名为"学生详细成绩查询"的选择查询，要求该查询结果能显示"学号"、"姓名"、"课程名称"、"学年"、"学期"、"成绩"、"班级名称"等字段，并按"学号"字段升序排列。

4）使用查询设计视图设计一个名为"按学生姓名查询成绩"的参数查询，该查询在运行时用户需输入学生姓名，然后该查询能根据用户提供的参数查询出相应的记录，并显示"学号"、"姓名"、"课程名称"、"学年"、"学期"、"成绩"等字段。

5）使用查询设计视图设计一个名为"查询09计算机班语文成绩"的选择查询，该查询能查询出09计算机班所有学生的语文考试成绩，并显示"学号"、"姓名"、"课程名称"、"成绩"、"班级名称"等字段。

6）使用查询设计视图设计一个名为"查询09学年第二学期考试不及格学生"的选择查询，要求该查询能查出所有09学年第二学期考试不及格的学生成绩，查询结果显示"学号"、"姓名"、"学年"、"学期"、"课程名称"、"成绩"等字段。

7）使用查询设计视图设计一个名为"学生09学年第二学期平均分"的分组统计查询，要求该查询能统计出每一个学生09学年第二学期所有课程的考试平均成绩，查询结果显示"学号"、"姓名"、"平均分"3个字段。

8）为"学生成绩管理系统"设计一个更新查询，名为"更新成绩"。要求该查询在运行时，要求用户输入"学号"与"课程编号"，最后再输入需要更新的"成绩"，然后查询将用户输入的数据更新到"成绩表"对应的记录中。

9）建立一个删除查询，名为"删除成绩"。要求该查询能删除"成绩表"中学号为200900302、课程编号为KC000008的成绩记录。

10）建立一个名为"生成班成绩"的生成表查询，运行该查询能生成一个名为"09机电班成绩表"的数据表，其中包括"学号"、"姓名"、"班级名称"、"课程名称"、"成绩"等字段，且该表中的所有数据都是09机电班的成绩记录。

4

项目四　图书馆管理系统窗体设计

项目导读

　　窗体是 Access 数据库中一个非常重要的数据库对象。前面介绍的浏览记录、显示查询结果都是在数据表视图中进行的。窗体对象可以为用户提供一个样式美观、功能齐全的数据库操作界面，通过它可以方便地输入、编辑和查询数据。因此，Access 窗体可以说是数据库应用中用户与计算机的交互界面。本项目通过建立图书馆管理系统中的各种窗体，使读者在项目实施过程中掌握窗体的设计技巧与方法。

技能目标

- 学会使用向导与设计视图创建窗体对象。
- 能够灵活使用控件来设计窗体。
- 学会创建数据窗体、主 / 子式窗体。
- 能对窗体进行布局与修饰。
- 能设计较复杂的窗体。

任务一 使用快捷窗体按钮创建窗体

任务目标 在 Access 数据库中，有时用户对窗体的布局要求不高，使用窗体主要用来显示数据。为此，系统提供了使用"窗体"按钮快捷创建窗体的方式。通过本任务，创建一个简单的"按作者查询图书"窗体，了解在 Access 中快速创建窗体的方法。

知识准备

窗体是用户与 Access 应用程序之间的界面，用户能通过窗体输入数据，所输入的数据将直接保存到数据库中；用户也可以通过窗体对数据库中的记录进行浏览、修改、删除、增加等操作。一般而言，窗体的用途主要有以下几种。

1）接受用户的输入，并将用户的输入保存到数据库中。

2）提供一个用户浏览、查询数据库记录的友好界面。

3）提供程序控制切换功能，例如：利用窗体打开 Access 应用程序，通过窗体打开查询、报表对象等。

任务实施

01 打开"东方职业技术学校图书馆管理系统"数据库，并在导航窗格中打开查询对象列表，选中"按作者查询图书"。然后，单击 Access 2007 功能区"创建"选项卡的"窗体"组中的"窗体"按钮，如图 4.1 所示。

02 此时会弹出如图 4.2 所示对话框，要求输入作者姓名。

图 4.1 "窗体"按钮

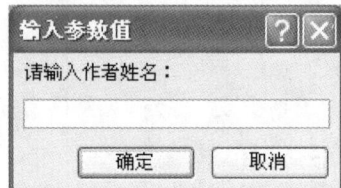

图 4.2 "输入参数值"对话框

03 输入作者姓名，例如"潘必山"，单击"确定"按钮，此时将弹出设计好的"按作者查询图书"的窗体的布局视图，显示与该作者相关的图书信息，效果如图 4.3 所示。

04 单击自定义快速访问工具栏上的 ■ 按钮（或按 Ctrl+S 组合键），

保存刚创建的窗体。此时将弹出一个"另存为"对话框，在其中输入窗体名为"按作者查询图书信息"，单击"确定"按钮保存，如图 4.4 所示。

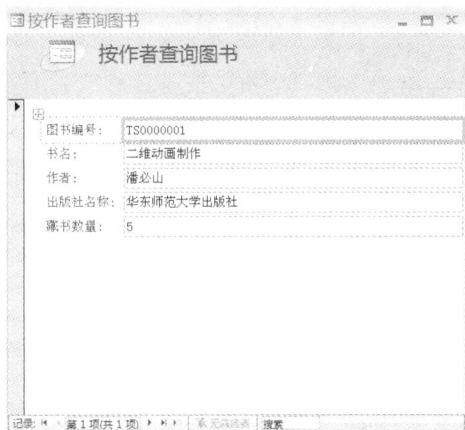

图 4.3　窗体布局视图　　　　　　　　图 4.4　保存

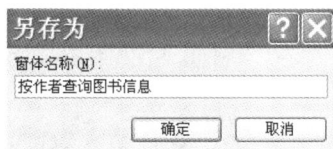

在本例中，由于窗体基于参数查询"按作者查询图书"而创建，因此在窗体运行前，需要输入该参数查询所要求的参数。若在上述第 2 步所出现的对话框中单击"取消"按钮，则本窗体的创建中止，即创建不成功。

任务二 | 使用向导创建窗体

任务目标　使用 Access 提供的窗体向导功能可以快速地创建一个窗体，并且能对窗体样式、控件布局等内容作简单设置。在本任务中，将使用窗体向导创建"录入图书信息"、"借书人录入"、"录入出版社信息"等窗体。

任务实施

1. 创建"录入图书信息"窗体

01　单击 Access 功能区的"创建"选项卡的"窗体"组中的"其他窗体"按钮，在展开的下拉菜单中选择"窗体向导"选项，如图 4.5 所示。

02　弹出如图 4.6 所示的"窗体向导"对话框，在"表/查询"下拉列表框中选择"表：图书信息表"作为本窗体的记录源。在"可用字段"列表框中选择所需字段，单击">"按钮，可选择单个字段；单击">>"

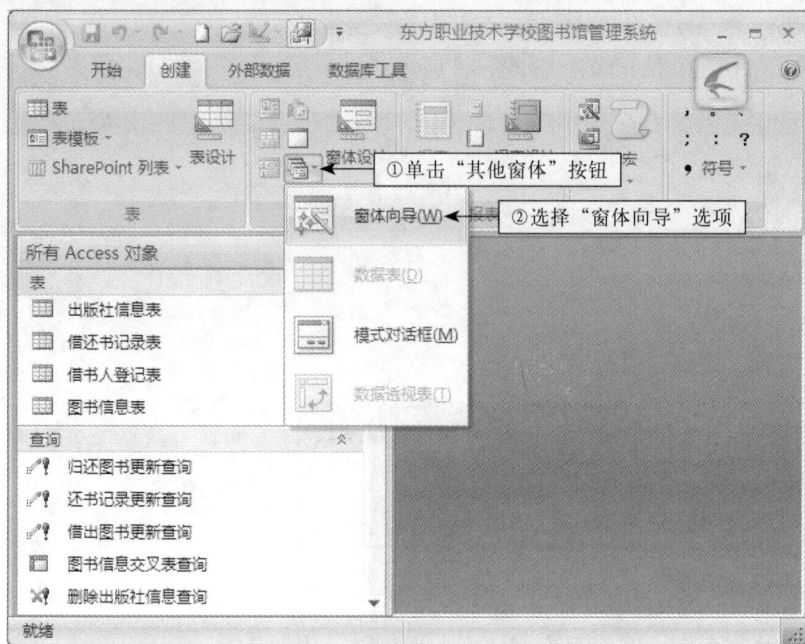

图 4.5　选择窗体向导

按钮，可选择所有字段。在这里，把表中的全部字段添加到"选定的字段"列表中，单击"下一步"按钮。

03 弹出如图 4.7 所示对话框，该对话框中系统提供了 4 种布局方式：纵栏表式、表格式、数据表式、两端对齐式。每选取一种样式，可通过左边的预览图观看效果，然后根据实际情况选择。这里选择"纵栏表"布局，然后单击"下一步"按钮。

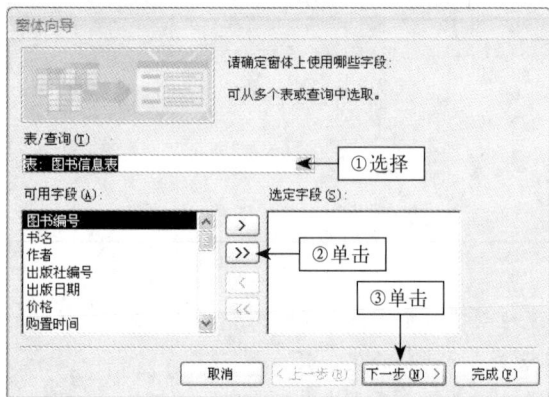

图 4.6　"窗体向导"对话框

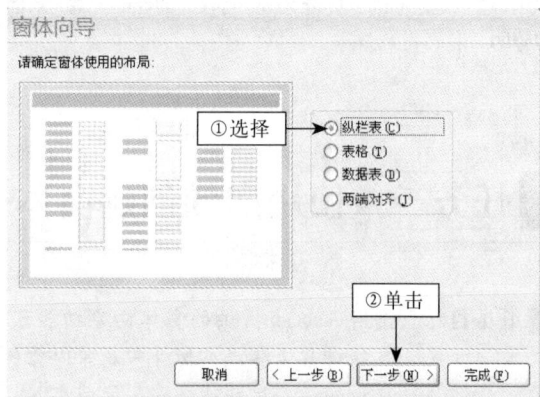

图 4.7　选择窗体布局

04 弹出如图 4.8 所示对话框，该对话框中 Access 提供了 24 种样式，每选取一种样式，可通过左边的示意图观看，然后根据实际情况选择。这里选择"城市"样式，然后单击"下一步"按钮。

05 进入如图 4.9 所示对话框，在"请为窗体指定标题"文本框中输入"录入图书信息"，选择"打开窗体查看或输入信息"项，最后单击"完成"按钮，如图 4.9 所示。

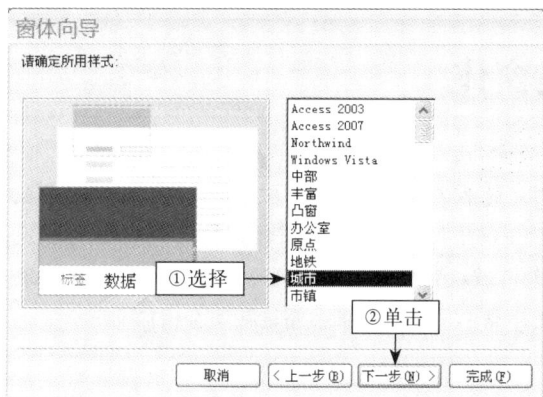

图 4.8　确定样式

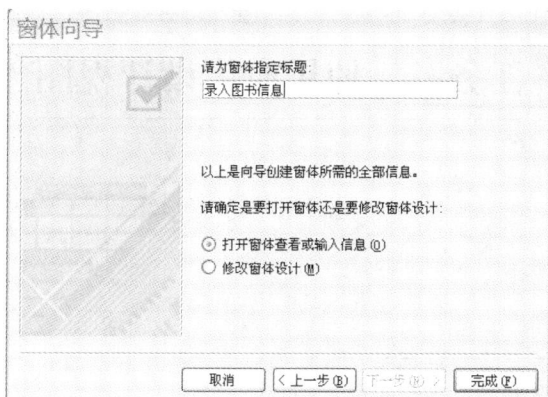

图 4.9　指定标题及操作

06 此时系统会显示创建好的"录入图书信息"窗体，如图 4.10 所示。

在图 4.9 所示窗体中，可以对数据库中现有的记录进行修改。单击该窗体下方的记录导航条上的 ⏮、◀、▶、⏭ 按钮，可以跳到第一条记录、前一条记录、后一条记录、最后一条记录，以浏览现有数据。单击 ▶ 按钮，可以在窗体中添加新记录。所添加的新记录将被保存到"图书信息表"中。

2. 创建"借书人录入"窗体与"录入出版社信息"窗体

与"录入图书信息"窗体的创建方式类似。通过"窗体向导"功能，可以分别设计出基于"借书人登记表"的"借书人录入"窗体以及基于"出版社信息表"的"录入出版社信息"窗体，如图 4.11 和图 4.12 所示。

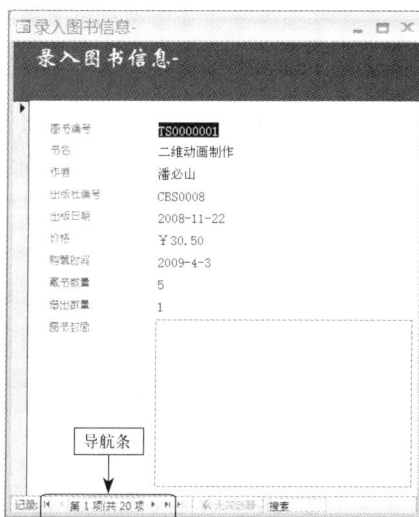

图 4.10　"录入图书信息"窗体

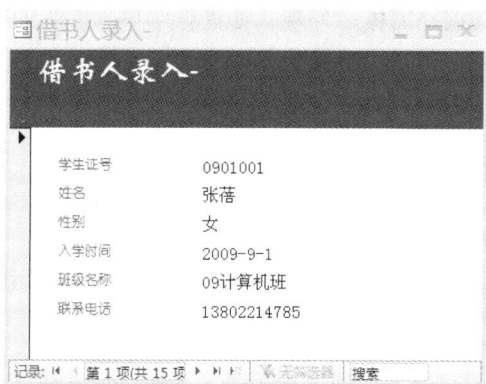

图 4.11　"借书人录入"窗体

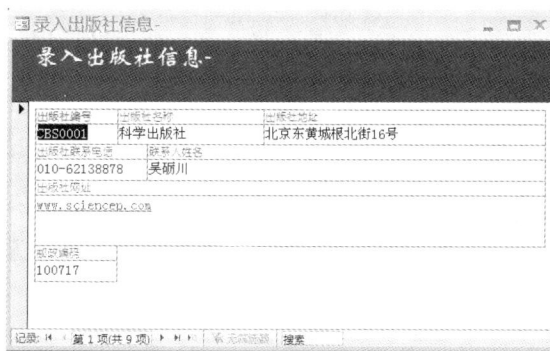

图 4.12　"录入出版社信息"窗体

由图 4.11 和图 4.12 可见，"借书人录入"窗体采用了"纵栏表"窗体布局，而"录入出版社信息"窗体采用了"两端对齐"的窗体布局方式。

任务三 使用窗体设计视图创建窗体

■ **任务目标** 一般情况下，创建简单窗体可使用窗体向导快速实现；创建比较复杂的窗体，则可以根据实际需要在窗体设计视图中进行设计。本任务将学习如何通过窗体设计视图设计"图书未归还记录浏览"、"可借阅图书信息浏览"、"借书登记"等窗体。

□ 知识准备

1. 窗体的视图模式

在 Access 2007 中，窗体有 3 种视图模式，分别是"窗体视图"模式、"布局视图"模式、"设计视图"模式。

在功能区单击"开始"选项卡中的"视图"按钮，可以在"窗体视图"与"布局视图"之间切换，单击该按钮下方的"▼"按钮，可以从展开的下拉列表中选择其他的视图模式，如图 4.13 所示。

（1）窗体视图

窗体视图就是窗体在运行时正常打开的状态，在窗体视图中可以完成浏览、修改数据等任务。

（2）布局视图

布局视图主要用于调整窗体的外观。在布局视图中查看窗体时，每个控件都显示真实数据。因此，该视图适合用于设置控件的大小或者执行调整窗体视觉外观的任务。

图 4.13 窗体的视图模式

在布局视图中，Access 功能区会自动切换到"格式"选项卡，用户可以利用此选项卡中的各种工具调整窗体的外观，如进行字体、字号的设置等，还可以使用"自动套用格式"按钮改变窗体的外观，如图 4.14 所示。

图 4.14 "格式"选项卡

将功能区切换到"排列"选项卡，如图 4.15 所示。"排列"选项卡内提供的功能主要用于调整控件与文字之间的距离，或设定控件相互间的排列方式。

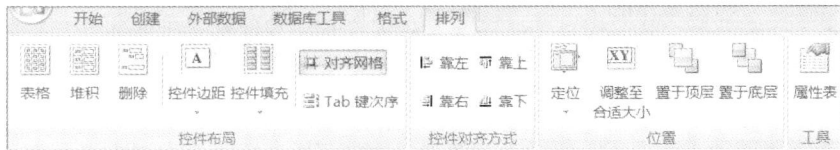

图 4.15
"排列"选项卡

例如，打开任务二创建的"借书人录入"窗体，切换到布局视图。在布局视图中，用鼠标单击选择某一个字段会产生橙黄色外框。按住 Shift 键，用鼠标单击多个字段，可以同时选择这些字段，如图 4.16 所示。

在"格式"选项卡"字体"组中设置字体为"华文行楷"，字号为 16，"借书人录入"窗体外观变为如图 4.17 所示。

（3）设计视图

设计视图主要用于窗体的结构设计，同时，在设计视图中也能对窗体的格式、外观进行修改与调整。

打开任务二创建的"借书人录入"窗体，切换到设计视图，如图 4.18 所示。

从图 4.18 可见，窗体中的各个组成部分在设计视图中都一览无遗，用户可在此对窗体进行各种修改与调整。另外，在设计视图中，每个控件只能显示该控件的名称，但不能显示该控件内具体的数据。

2．窗体的结构

（1）窗体的节

在窗体的设计视图中，窗体最多可以分为 5 个节，分别是：窗体页眉、窗体页脚、主体、页面页眉、页面页脚。

窗体页眉/页脚分别位于窗体的最上方及最下方，一般窗体页眉节用于放置窗体标题等内容，窗体页脚节用于放置一些统计数据或窗体操作按钮等。

页面页眉/页脚一般只显示在设计视图窗口中。当窗体的窗口超过一页时，页面页眉/页脚才会有作用。一般窗体设计中较少用到页面页眉/页脚。

在主体节中，主要放置不同的控件，用于显示来自数据表或查询的数据。

在每一个窗体节的上方有一个横条，该横条上有窗体节的名称，称为节选择器。用鼠标单击某个节选择器，该节选择器会以反白显示，表明对应的窗体节已被选中，可以对该节进行进一步的设置，如图 4.19 所示。

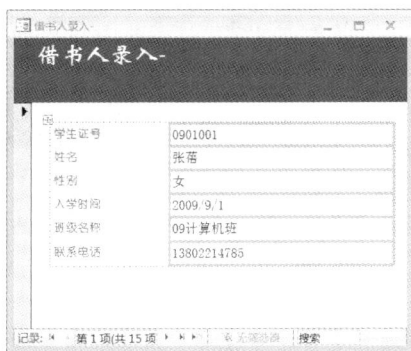

图 4.16　选择字段

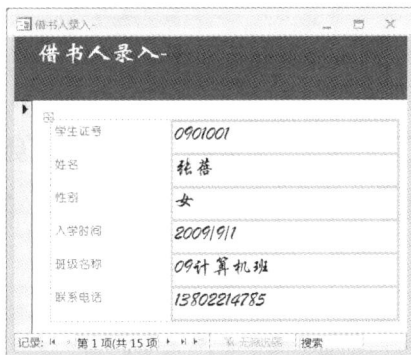

图 4.17　设置字体后的窗体外观

图 4.18　"借书人录入"窗体的设计视图

（2）调整窗体的节

在设计视图中，若要调整窗体各节的间距，需将鼠标指向节选择器的边界处，当鼠标形状变为 ✛ 时，按下鼠标左键进行拖拽调整，如图 4.20 所示。

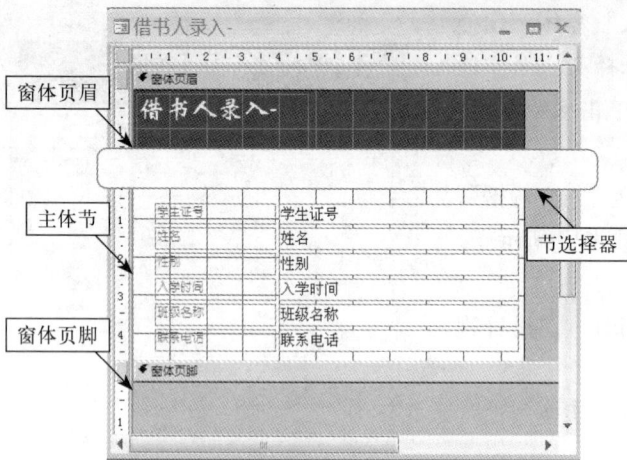

图 4.19　窗体的节

图 4.20　调整窗体的节

任务实施

1. 创建"图书未归还记录浏览"窗体

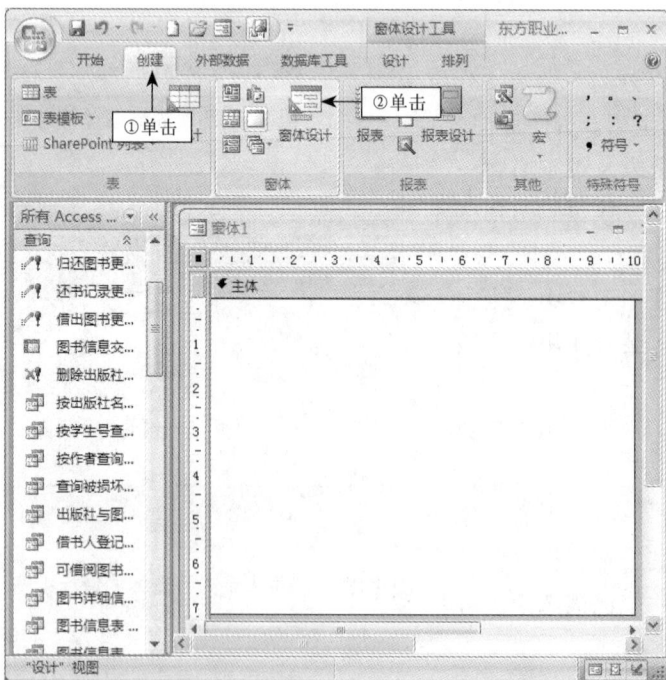

图 4.21　进入窗体的设计视图

在图书馆管理系统中，"图书未归还记录浏览"窗体主要用于浏览借出而尚未归还的图书的相关信息，通过该窗体可以很方便地掌握图书的借出情况。该窗体的设计步骤如下。

01 选择功能区"创建"选项卡，单击"窗体"组中的"窗体设计"按钮，此时进入窗体的设计视图，可看到设计视图中创建了一个空白窗体，如图 4.21 所示。

02 在设计视图模式中，单击"排列"选项卡"显示／隐藏"组中的"窗体页眉／页脚"按钮，此时新窗体会多出一个窗体页眉节与窗体页脚节，如图 4.22 和图 4.23 所示。

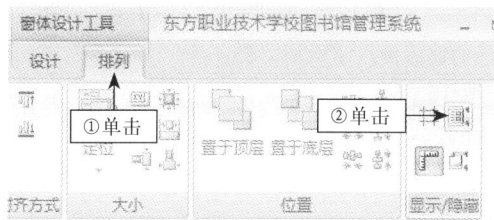

图 4.22 "窗体页眉/页脚"按钮

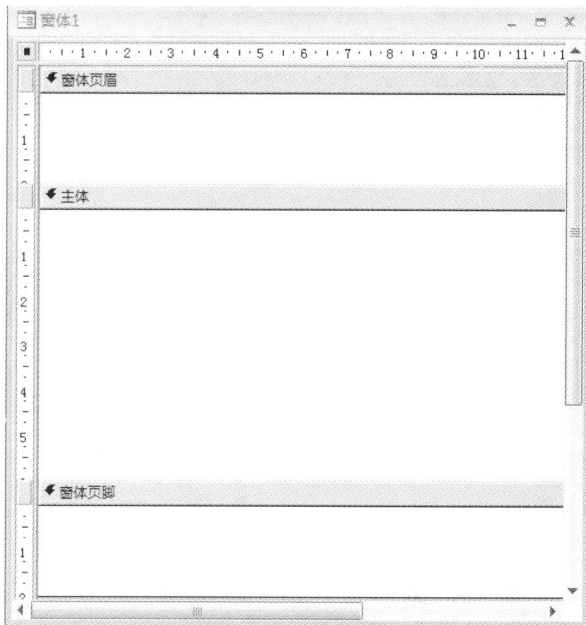

图 4.23 有窗体页眉/页脚节的窗体

03 为窗体页眉节添加一个标签控件。单击"设计"选项卡"控件"组中的"标签"控件按钮，如图 4.24 所示。

04 将鼠标指针移至窗体页眉节中，鼠标指针变为 形状，在需添加标签控件的位置拖动鼠标绘制标签，如图 4.25 所示。

05 此时即可看到绘制的标签，创建的标签中并无具体内容。在标签中输入"图书未归还记录浏览"，如图 4.26 所示。

图 4.24 "标签"控件按钮

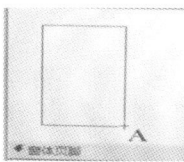

图 4.25 绘制标签

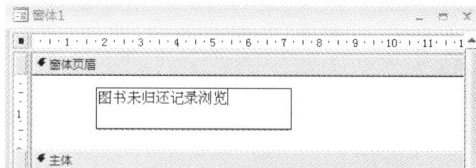

图 4.26 在标签中输入内容

06 单击"设计"选项卡"工具"组中的"属性表"按钮，弹出标签的"属性表"窗格。在属性表的"全部"选项卡中设置标签字体为"隶书"、字号为 20，如图 4.27 所示。

07 单击窗体页眉节选择器，单击"设计"选项卡"工具"组中的"属性表"按钮，打开窗体页眉属性表。在"全部"选项卡中，设置"背景色"属性为"深色页眉背景"。然后，使用与第 6 步同样的方法再次在窗体页眉中创建多个标签控件，进行相应的设置，设计完成后的窗体页眉效果如图 4.28 所示。

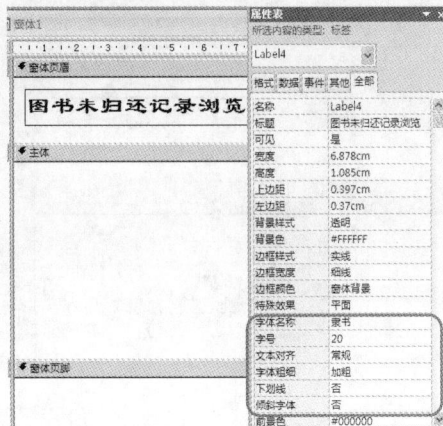

图 4.27 标签的属性表

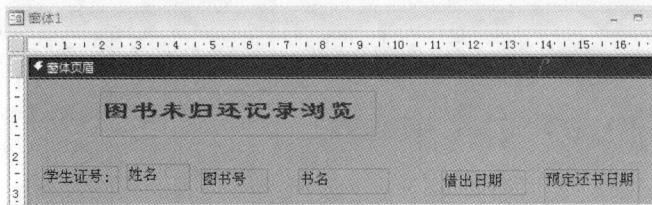

图 4.28 设计完成的窗体页眉效果

08 用鼠标框选第 7 步所创建的所有标签控件，并右击。在弹出的快捷菜单中选择"大小"/"至最短"命令，如图 4.29 所示，再选择"对齐"/"靠上"命令，如图 4.30 所示，将添加的标签控件大小统一，并排列整齐。

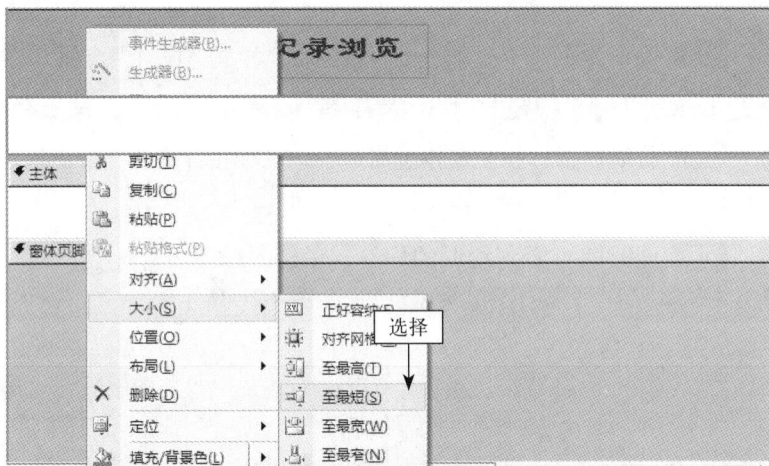

图 4.29
"大小"/"至最短"

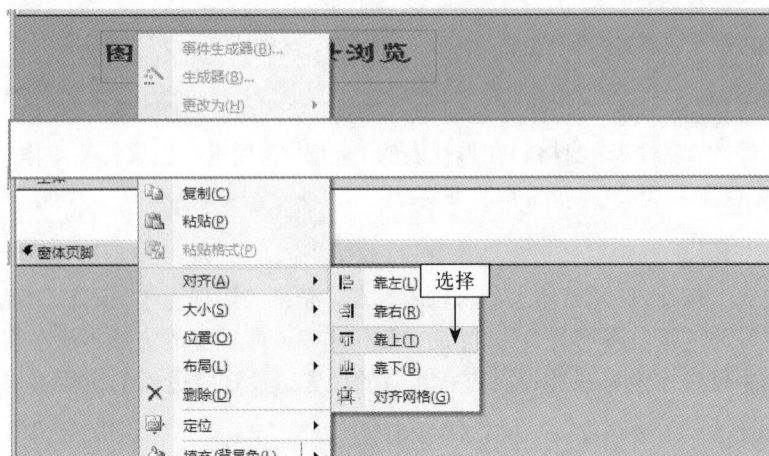

图 4.30
令标签靠上对齐

09 在"设计"选项卡"工具"组中单击"属性表"按钮,打开属性表。在其中"所选内容的类型"下拉列表框中选择"窗体",指定要设置整个窗体的属性。然后在"全部"选项卡的"记录源"下拉列表框中选择"未还书记录查询",将项目三中创建的"未还书记录查询"作为本窗体的记录源,如图 4.31 所示。

10 单击"设计"选项卡下"控件"组中的"使用控件向导"按钮,使控件向导处于开启状态。然后,单击"文本框"控件按钮,如图 4.32 所示。

11 将鼠标指针移动到窗体的主体节中,此时鼠标指标变为 形状,按住鼠标左键不放,拖动绘制文本框,然后松开鼠标,如图 4.33 所示。

图 4.31 属性表中的设置　　　　图 4.32 "设计"选项卡中的操作　　　　图 4.33 绘制文本框

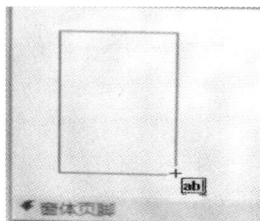

12 由于开启了控件向导,因此在文本框绘制完成后会弹出一个"文本框向导"对话框。在其中设置字体为"华文楷体",字号为 14,然后单击"下一步"按钮,如图 4.34 所示。

13 在接着弹出的对话框中,在"输入法模式"下拉列表框中选择"输入法开启"选项,然后单击"下一步"按钮,如图 4.35 所示。

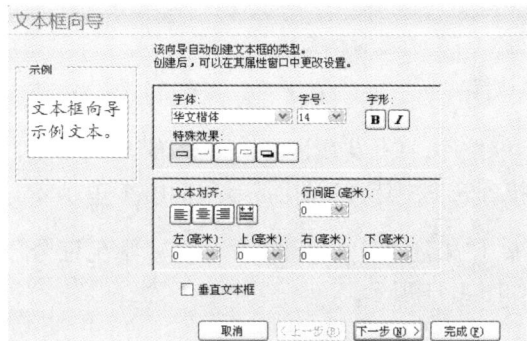

图 4.34 文本框向导　　　　　　　　　　图 4.35 开启输入法

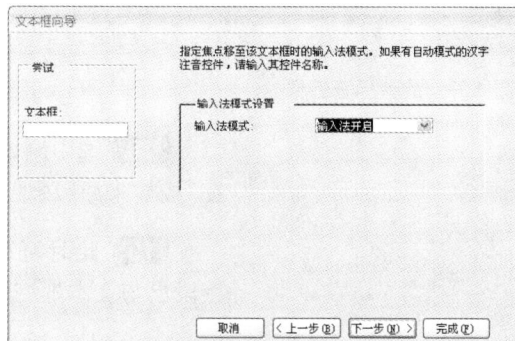

14 进入如图 4.36 所示对话框，在"请输入文本框的名称"文本框中输入文本框控件的名称。在此可使用默认名称，直接单击"完成"按钮，如图 4.36 所示。

15 此时可看到窗体中添加了一个文本框控件，且文本框控件前还会自动添加一个标签控件，该标签控件的作用是对文本框控件进行说明，如图 4.37 所示。

图 4.36　输入文本框名称

图 4.37　窗体添加了文本框控件的效果

16 选中该文本框控件前的标签控件，右击，在弹出的快捷菜单中选择"删除"命令，如图 4.38 所示。

17 调整文本框控件位置。将鼠标指针移至文本框控件左上方，按住鼠标左键不放并拖动，即可任意移动控件，效果如图 4.39 所示。

图 4.38　删除标签控件

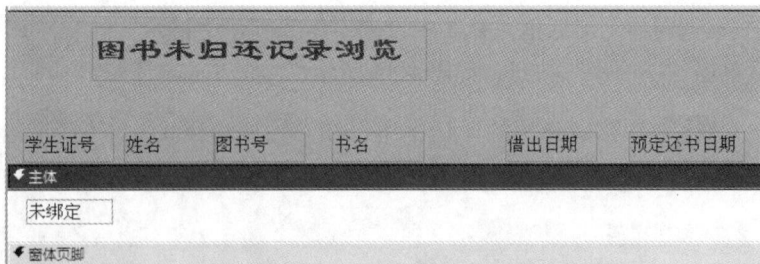

图 4.39　调整文本框控件位置

18 选中刚添加的文本框控件，打开其属性表。在"全部"选项卡中，在"控件来源"属性右侧的下拉列表框中选择"学生证号"，如图 4.40 所示。

19 此时可见，数据源（"未还书记录查询"）中的"学生证号"字段已与文本框控件绑定，如图 4.41 所示。

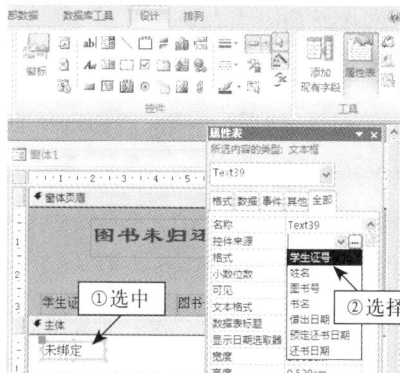

图 4.40　选择控件来源　　　　　图 4.41　绑定字段

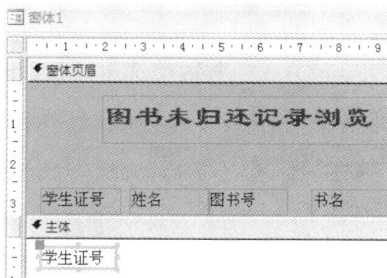

20 使用同样的方法再次添加多个文本框，分别与记录源中的"姓名"、"图书号"、"书名"、"借出日期"、"预定还书日期"等字段绑定，创建完成后的效果如图 4.42 所示。

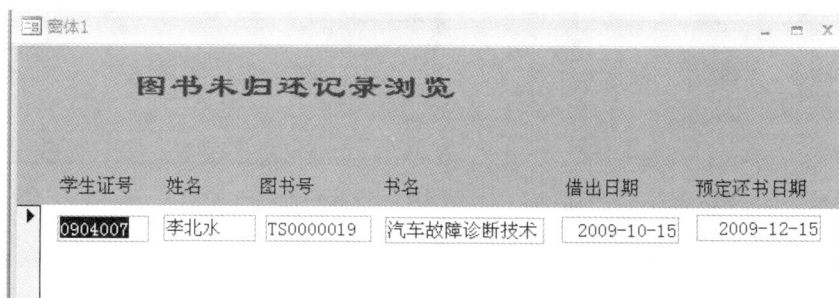

图 4.42
文本框添加完后的效果

21 排列对齐添加的文本框控件。选中所添加的所有文本框控件，并右击，在弹出的快捷菜单中选择"对齐"/"靠上"命令，如图 4.43 所示。

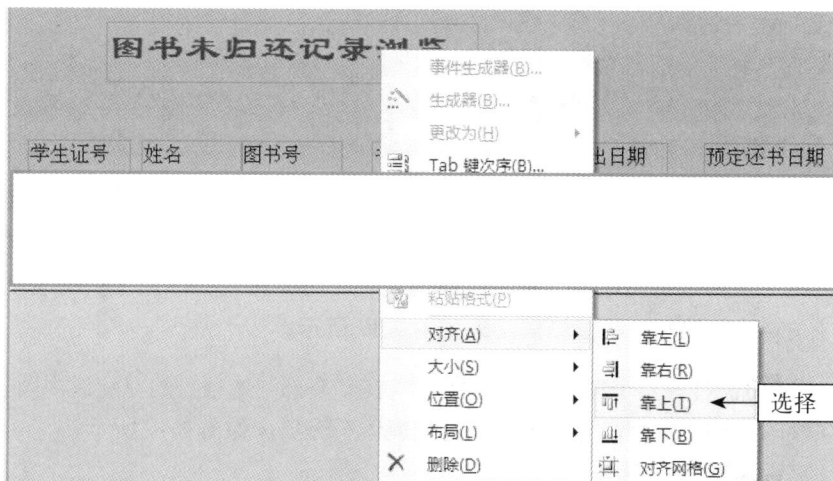

图 4.43
使控件靠上对齐

22 单击"设计"选项卡"控件"组中的"标签"控件按钮，在窗体页眉中拖动鼠标绘制标签控件。在添加的标签中输入"当前日期"

几个字，并打开"属性表"设置其字体格式，如图 4.44 所示。

23 单击"设计"选项卡"控件"组中的"日期和时间"按钮，在弹出的"日期和时间"对话框中，在"包含日期"选项区域中选择日期显示方式，并取消选中"包含时间"复选框，然后单击"确定"按钮，如图 4.45 所示。

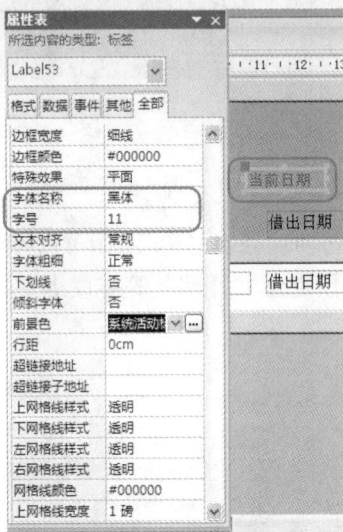

图 4.44 添加标签并设置属性

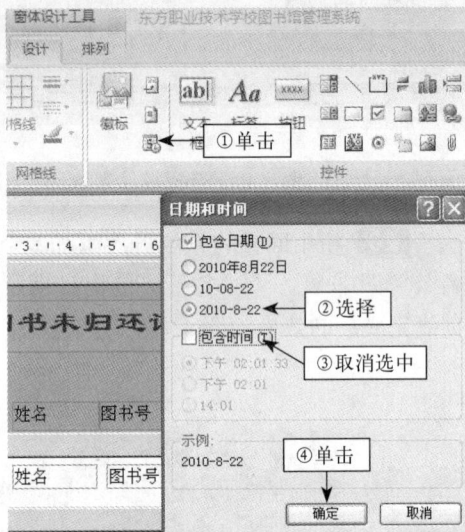

图 4.45 选择日期显示方式

24 切换到窗体视图，此时即可看到窗体页眉中插入了日期与时间后的效果，如图 4.46 所示。

图 4.46
插入日期与时间后的窗体
效果

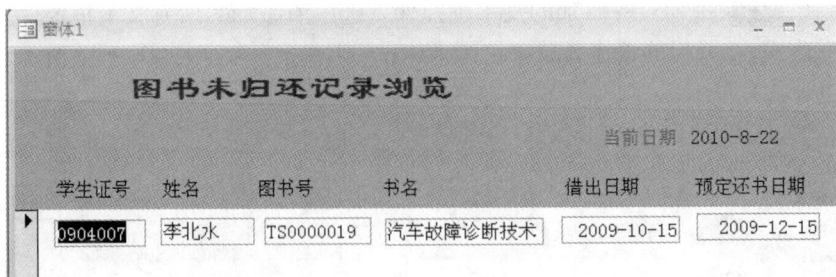

25 回到设计视图，单击"设计"选项卡下"控件"组中的"直线"按钮。在窗体页眉中，位于各个标签控件下方，按住鼠标左键拖动绘制一条直线，然后松开鼠标，效果如图 4.47 所示。

26 打开整个窗体的"属性表"，在"全部"选项卡的"默认视图"属性的右侧下拉列表框中选择"连续窗体"选项，如图 4.48 所示。

27 切换到窗体视图，即可看到所有记录都显示在同一个窗体中，如图 4.49 所示。

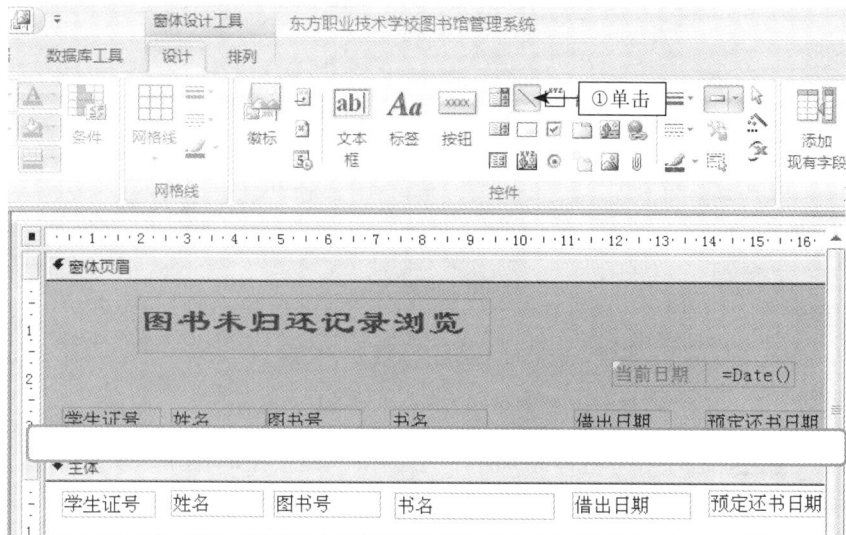

图 4.47
绘制直线

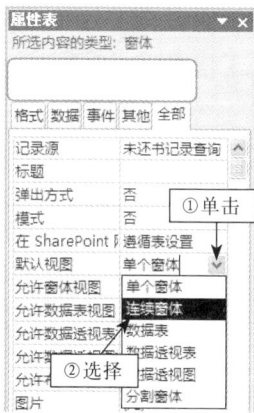

图 4.48 选择"连续窗体"选项

图 4.49 窗体视图

28 将窗体切换回到设计视图，在"设计"选项卡中，单击"控件"组中的"使用控件向导"按钮，开启控件向导。然后，再单击"按钮"控件按钮，如图 4.50 所示。

图 4.50 开启控件向导添加按钮

29 在窗体的窗体页脚节中，按住鼠标拖动绘制一个按钮控件，松开鼠标后，将弹出一个"命令按钮向导"对话框。在该对话框的"类别"选择列表中选择"窗体操作"，在"操作"选择列表中选择"关闭窗体"，然后单击"下一步"按钮，如图 4.51 所示。

30 在接着弹出的对话框中，单击"文本"选项，在旁边的文本框中输入"关闭"两个字，此处输入的文字将会在按钮上显示。最后，单击"完成"按钮，完成该命令按钮的功能设置，如图 4.52 所示。

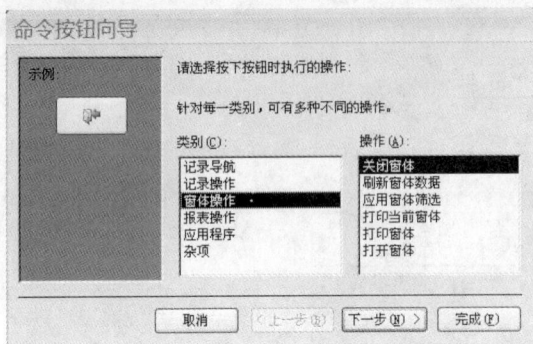

图 4.51 "命令按钮向导"对话框

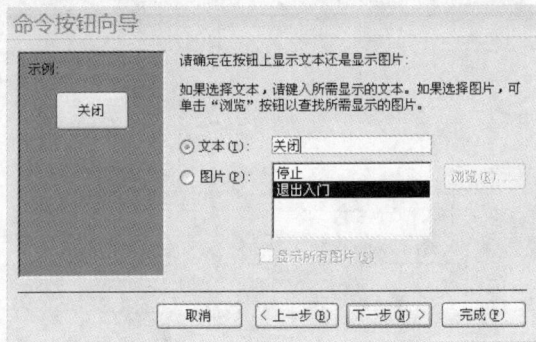

图 4.52 输入按钮上显示的文字

31 此时，为窗体添加了一个按钮，该按钮的作用是关闭窗体，如图 4.53 所示。

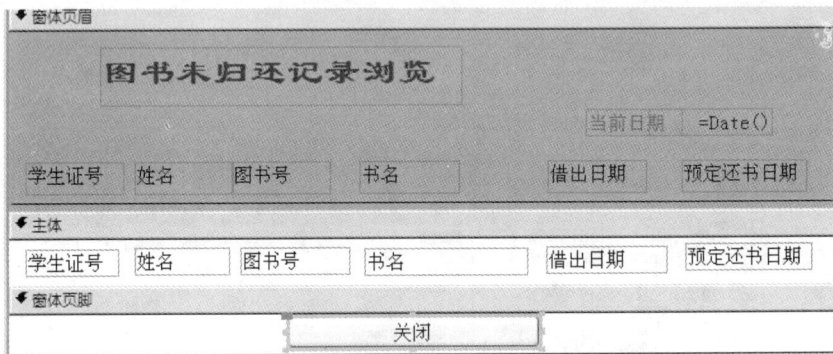

图 4.53
添加了按钮的窗体

小贴士

使用"命令按钮向导"对话框，可以为窗体中的各种按钮控件添加不同的功能。在该对话框中，根据不同的操作类别，可为按钮指定不同的操作功能，如表 4.1 所示。

表 4.1 按钮类别及其操作

类别	可执行的操作
记录导航	查找下一个，查找记录，转至下一项、前一项、最后一项、第一项记录
记录操作	保存记录，删除记录，复制记录，打印记录，撤销记录，添加新记录
窗体操作	关闭窗体，打开窗体，刷新窗体数据，应用窗体筛选，打印当前窗体，打印窗体
报表操作	打印报表，打开报表，邮递报表，预览报表，将报表发送至文件
应用程序	退出应用程序
杂项	打印表，自动拨号程序，运行宏，运行查询

32 打开窗体的属性表，在"全部"选项卡中，将"记录选择器""导航按钮"、"关闭按钮"、"允许添加"、"允许删除"和"允许编辑"属性

都设置为"否";将"滚动条"属性设置为"只垂直","最大最小化按钮"设置为"无",如图 4.54 所示。

33 窗体设计完成,将窗体命名为"图书未归还记录浏览"保存。此时切换到窗体视图,总体效果如图 4.55 所示。

属性表	
所选内容的类型: 窗体	
窗体	
格式 数据 事件 其他 全部	
记录选择器	否
导航按钮	否
导航标题	
分隔线	否
滚动条	只垂直
控制框	是
关闭按钮	是
最大最小化按钮	无
可移动的	是
分割窗体大小	自动
分割窗体方向	数据表在上
分割窗体分隔条	是
分割窗体数据表	只读
分割窗体打印	仅表单
保存分隔条位置	是
子数据表展开	否
子数据表高度	0cm
网格线 X 坐标	10
网格线 Y 坐标	10
打印布局	否
方向	从左到右
记录集类型	动态集
抓取默认值	是
筛选	
加载时的筛选器	否
排序依据	
加载时的排序方式	是
数据输入	否
允许添加	否
允许删除	否
允许编辑	否

图 4.54 窗体的属性表设置

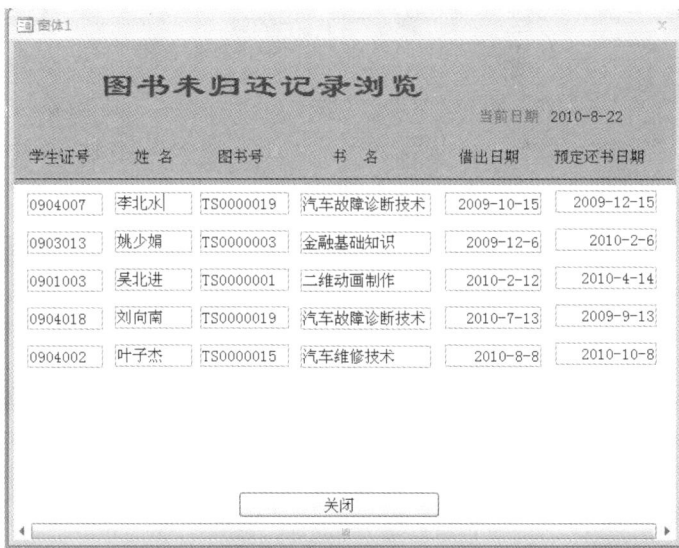

图书未归还记录浏览

当前日期 2010-8-22

学生证号	姓 名	图书号	书 名	借出日期	预定还书日期
0904007	李北水	TS0000019	汽车故障诊断技术	2009-10-15	2009-12-15
0903013	姚少娟	TS0000003	金融基础知识	2009-12-6	2010-2-6
0901003	吴北进	TS0000001	二维动画制作	2010-2-12	2010-4-14
0904018	刘向南	TS0000019	汽车故障诊断技术	2010-7-13	2009-9-13
0904002	叶子杰	TS0000015	汽车维修技术	2010-8-8	2010-10-8

关闭

图 4.55 窗体总体效果

2. 创建"可借阅图书信息浏览"窗体

01 在功能区"创建"选项卡"窗体"组中,单击"窗体设计"按钮,进入窗体的设计视图并新建一个空白窗体。

02 为窗体添加页眉与页脚。

03 双击"窗体选择器",打开窗体的属性表,在"数据"选项卡中,设置"记录源"属性为"可借阅图书数量查询",如图 4.56 所示。

04 在功能区"设计"选项卡的"工具"组中,单击"添加现有字段"按钮,如图 4.57 所示。

图 4.56
选择"记录源"

图 4.57
单击"添加现有字段"按钮

图 4.58 添加字段

05 在弹出的"字段列表"窗格中，双击"图书编号"、"书名"、"作者"、"出版社名称"、"价格"、"馆存实际数量"等字段。此时，将自动在窗体主体节中添加与相应字段绑定的文本框控件与标签控件，如图 4.58 所示。

06 将窗体切换到布局视图，按住 Shift 键，用鼠标进行多选，将添加的绑定文本框控件全部选中，如图 4.59 所示。

07 单击功能区"排列"选项卡的"控件布局"组中的"表格"按钮，如图 4.60 所示。

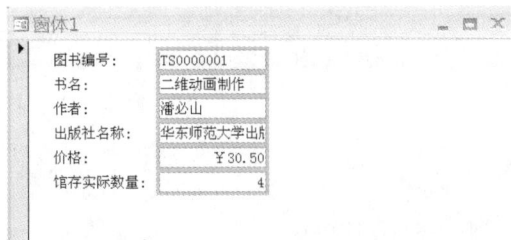

图 4.59 选中文本框

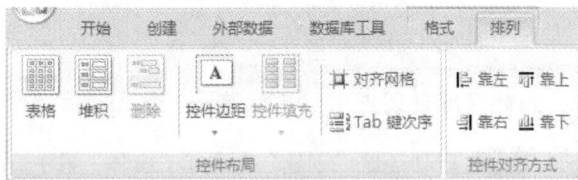

图 4.60 单击"表格"按钮

08 此时，窗体布局如图 4.61 所示。由图可见，所有的标签控件都被移到了相应的文本框控件的上方，且两两上下对齐。

09 将窗体切换回到设计视图，此时可见，所有的标签控件实际上被移到了窗体页眉节中，而所有的文本框控件则留在主体节内，如图 4.62 所示。

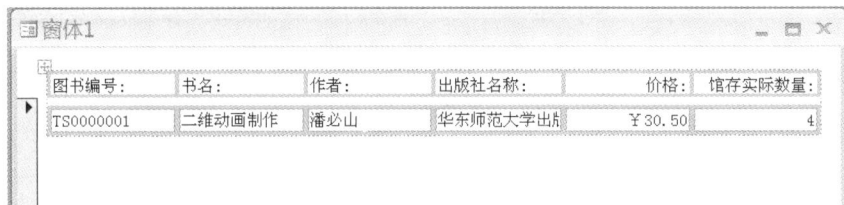

图 4.61
将控件按表格排列后的窗体布局

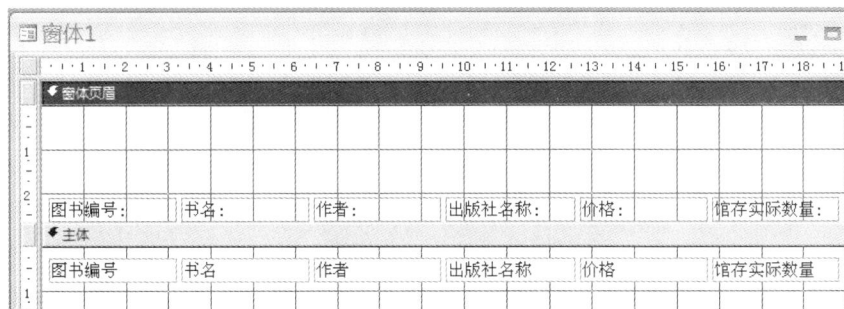

图 4.62
窗体的设计视图

10 在窗体页眉中添加一个标签控件，标签内输入"可借阅图书信息浏览"，并在窗体页脚中添加一个命令按钮，功能为关闭窗体，如图 4.63 所示。

11 为将多条记录显示在同一窗体中，打开窗体的属性表，将"默认视图"属性设置为"连续窗体"，如图 4.64 所示。

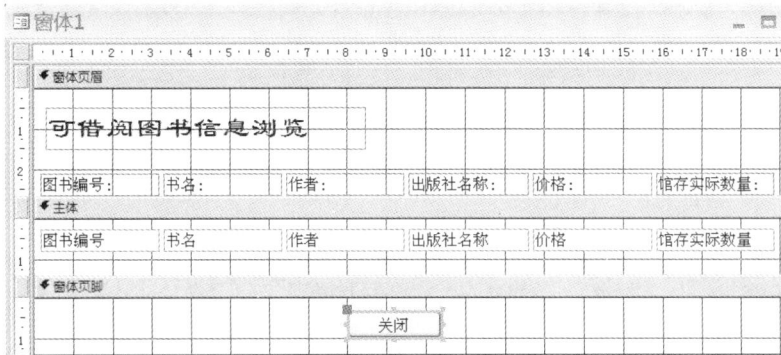

图 4.63 在窗体页眉和页脚中添加控件

图 4.64 设置默认视图

12 将窗体切换到布局视图，在"格式"选项卡的"自动套用格式"组中，单击 按钮，弹出如图 4.65 所示选择框，单击其中的"自动套用格式向导"按钮。

13 在弹出的"自动套用格式"对话框中，选择窗体样式为"城市"，并单击"确定"按钮，如图 4.66 所示。

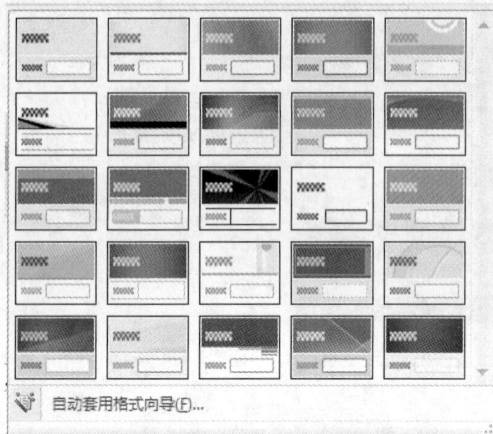

图 4.65　自动套用格式　　　　　　　　　图 4.66　选择窗体样式

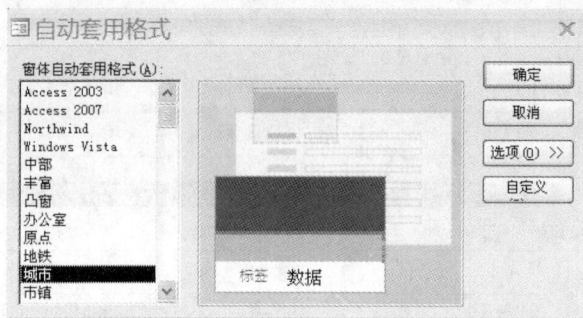

14 将窗体命名为"可借阅图书信息浏览"保存，切换到窗体视图，最终效果如图 4.67 所示。

图 4.67
"可借阅图书信息浏览"窗
体效果

由本例可见，灵活运用设计视图与布局视图能减少窗体设计中的工作量，并能快速地对窗体进行美化与修饰。

3. 创建"借书登记"窗体

在图书馆管理系统中，"借书登记"窗体的作用是当图书借出时，通过该窗体可在"借还书记录表"中添加一条借书记录，保存图书借出所需登记的一些基本信息。该窗体的设计步骤如下。

01 在设计视图中创建一个空白窗体，并添加窗体页眉与页脚。

02 打开窗体的属性表，将"记录源"设置为"借还书记录表"。

03 为窗体页眉添加一个标签控件，标签内容输入"借书登记"。

04 选择功能区的"设计"选项卡，单击"工具"组中的"添加现有字段"按钮，打开字段列表。双击字段列表中"学生证号"、"图书号"、"借出日期"、"预定还书日期"4 个字段，自动在窗体的主体节中添加 4 个绑定文本框与对应的标签。在设计视图中将各控件调整好大小并排列整齐，如图 4.68 所示。

05 在窗体页脚中为窗体添加 3 个按钮控件，执行的操作分别是"添加新记录"、"保存记录"以及"关闭窗体"，如图 4.69 所示。

06 将窗体切换到布局视图模式，使用"自动套用格式"功能，将窗体样式设置为"城市"样式，具体操作与任务实施二相同。最终窗体效果如图 4.70 所示，在该窗体中，既可增加新的借书记录，又可对已有的借书记录信息进行修改。

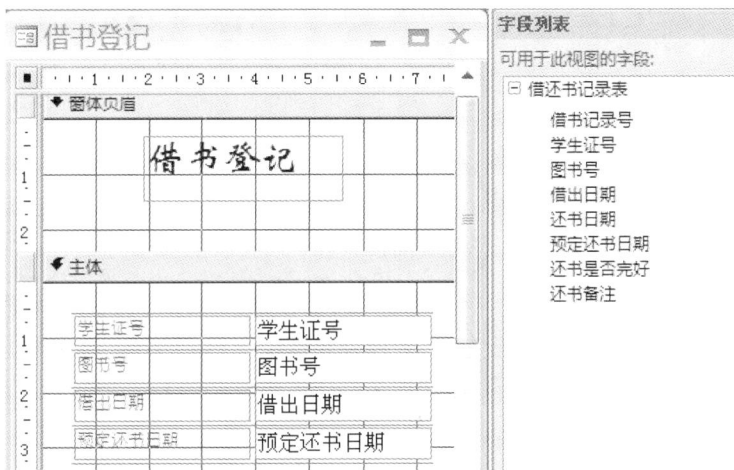

图 4.68 控件与字段绑定并排列

图 4.69 添加按钮

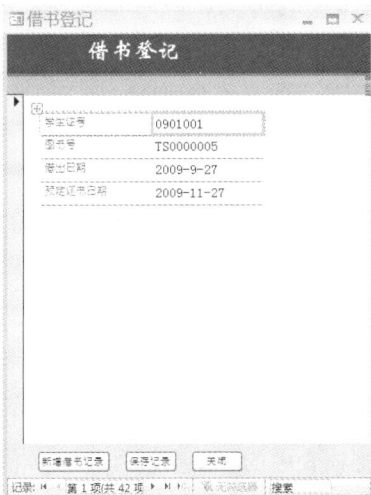

图 4.70 "借书登记"窗体效果

任务四 设计"按出版社浏览图书信息"主/子式窗体

任务目标 子窗体是窗体中的窗体，包含子窗体的窗体称为主窗体。主/子窗体主要用来显示具有一对多关系的数据，"一"方的数据在主窗体中显示，"多"方的数据在子窗体中显示。主窗体与子窗体彼此链接，当主窗体中的记录发生变化时，子窗体中的记录也发生相应变化。

一个出版社可以出版多本图书，出版社与图书之间属于一对多的关系，在本任务中，通过创建主/子式窗体显示图书馆中各个出版社的藏书情况。

任务实施

01 启动窗体向导。单击"创建"选项卡下"窗体"组中的"其他窗体"按钮，在展开的下拉菜单中选择"窗体向导"选项，如图 4.71 所示。

02 为窗体选择字段。在弹出的"窗体向导"对话框的"表/查询"下拉列表框中选择"表：出版社信息表"。单击 >> 按钮，把全部字段添加到"选定字段"列表中，如图 4.72 所示。

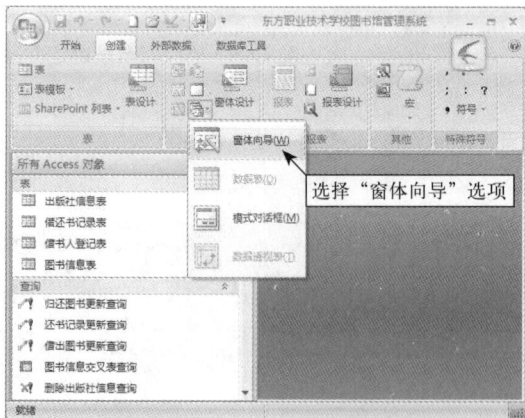

图 4.71 启动窗体向导

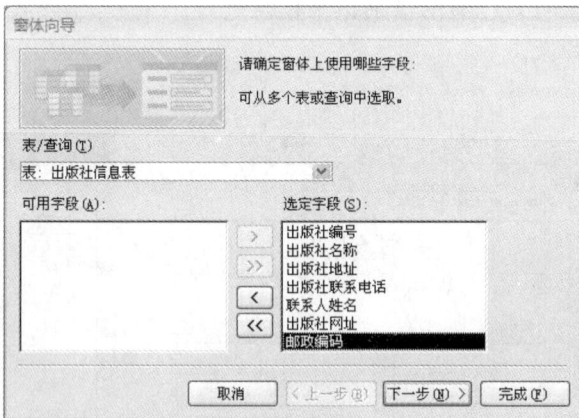

图 4.72 选定出版社信息表的字段

03 再次在"表/查询"下拉列表框中选择"表：图书信息表"，把该表中的"图书编号"、"书名"、"作者"3 个字段添加到"选定字段"列表中，单击"下一步"按钮，如图 4.73 所示。

04 在接着出现的对话框中，选择"通过出版社信息表"选项，并选中"带有子窗体的窗体"单选按钮，然后单击"下一步"按钮，如图 4.74 所示。

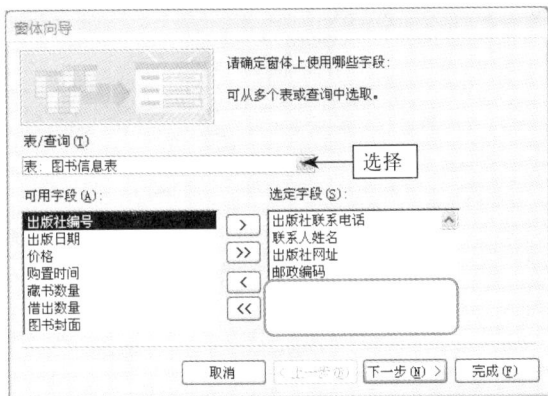

图 4.73　选取图书信息表中的字段

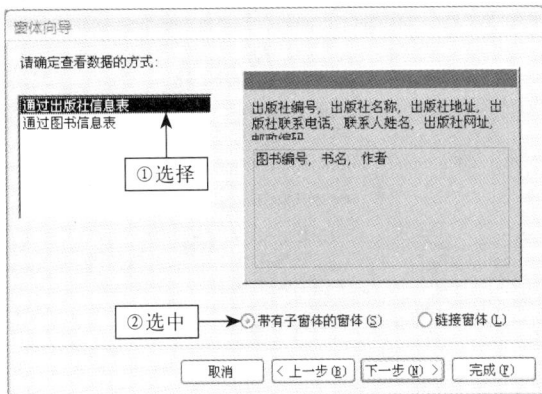

图 4.74　确定查看数据方式及窗体形式

05 进入如图 4.75 所示对话框，选中"数据表"选项，单击"下一步"按钮。

06 进入如图 4.76 所示对话框，选择"办公室"样式，然后单击"下一步"按钮。

图 4.75　确定子窗体布局

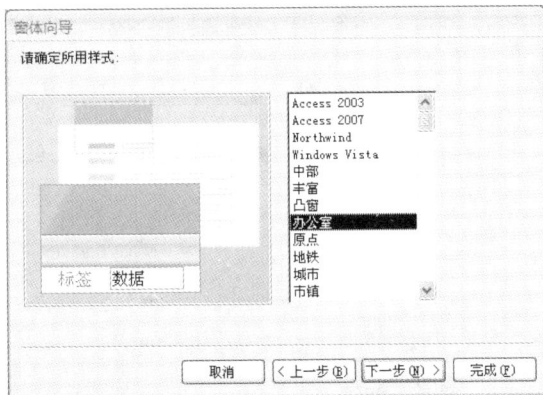

图 4.76　选择"办公室"样式

07 进入如图 4.77 所示对话框，在"窗体"和"子窗体"文本框中输入主窗体与子窗体的名称，并选中"打开窗体查看或输入信息"选项，单击"完成"按钮。

08 通过窗体向导创建的主 / 子窗体效果如图 4.78 所示。

09 切换到窗体设计视图，单击该窗体中的子窗体，子窗体左上方将出现 ⊞ 标志。按下鼠标拖动此标志，可移动整个子窗体的位置。将子窗体摆放到适当的位置，并调整好子窗体前"图书信息"标签的宽度，如图 4.79 所示。

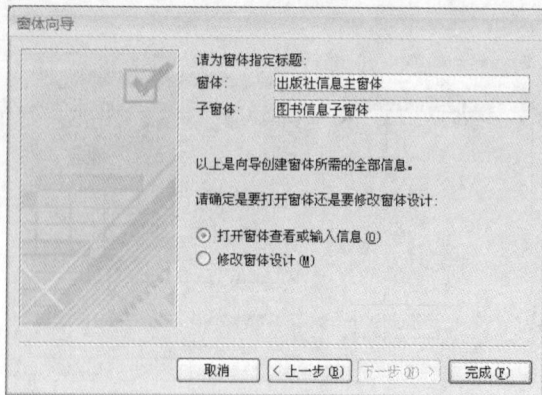

图 4.77 指定窗体标题及操作

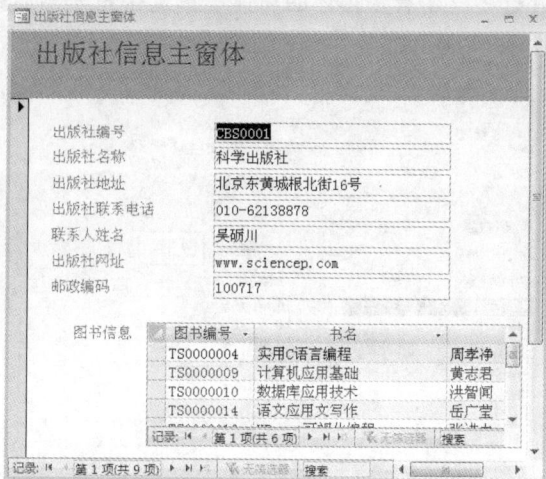

图 4.78 主 / 子窗体效果

10 在子窗体下方为窗体添加 3 个按钮，其功能分别是转到前一项记录、转到下一项记录、关闭窗体。该窗体最终效果如图 4.80 所示。

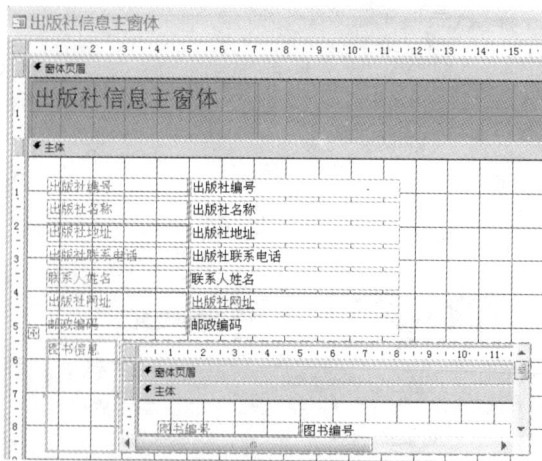

图 4.79 调整子窗体

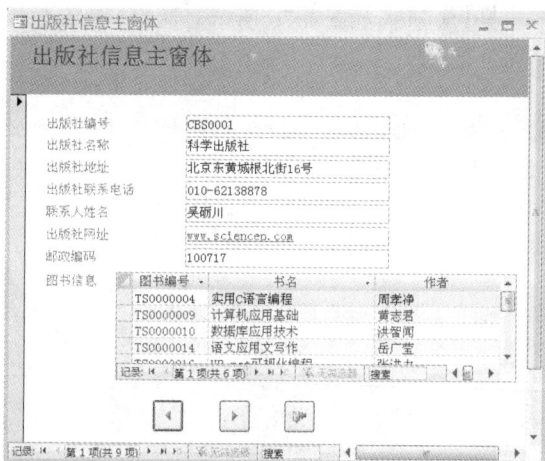

图 4.80 主 / 子窗体最终效果

小贴士

在命令按钮上除了可以显示文字外，还可以在按钮上显示与操作相关的小图标。方法是在"命令按钮向导"对话框第二步设置中，选取"图片"选项，此时即可选取要显示在按钮上的图标，如图 4.81 所示。

11 在 Access 2007 导航窗格中，打开"窗体"对象列表，在刚创建好的"出版社信息主窗体"名称上右击，在弹出的快捷菜单中选择"重命名"命令，将该窗体重命名为"按出版社浏览图书信息"，如图 4.82 所示。

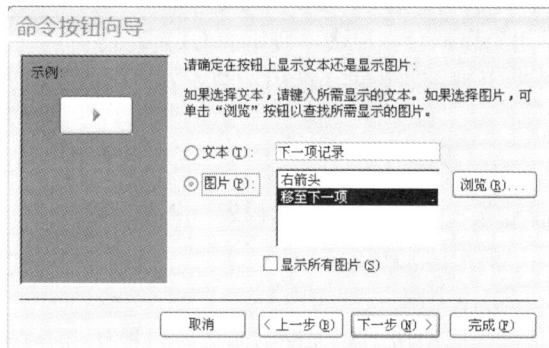

图 4.81　为按钮添加图标

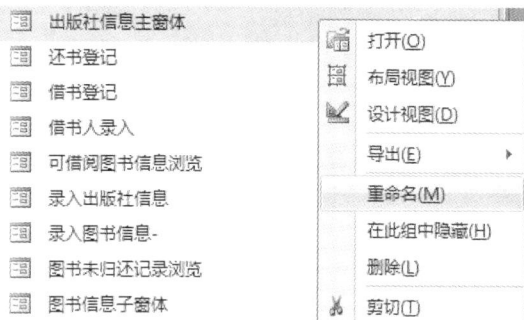

图 4.82　重命名

任务五　在窗体中运用控件以方便操作

任务目标　Access 2007 提供了丰富的窗体控件，使用这些控件，可以设计
出美观实用的窗体。本任务将应用多种控件设计"还书登记"窗
体，以方便用户操作。

知识准备

1. 认识常用控件

在 Access 中，窗体其实是由不同的控件组成的。所有可用的控件都
位于"设计"选项卡的"控件"组中，如图 4.83 所示。

图 4.83
"控件"组

常用的控件主要功能如下。

标签 *Aa* 控件：用于显示窗体上固定的文本。

文本框 abl 控件：用于显示字段数据内容，或让用户输入数据。

按钮 xxxx 控件：用于执行一项操作，控制程序流程。

单选按钮 ⊙ 控件：用于选择或表示"是 / 否"数据。

复选框 ☑ 控件：可用于对多组"是 / 否"数据进行多项选择。

组合框 控件：可以提供下拉选择列表，使用户从选择列表中选
取选项。

列表框 ▦ 控件：让用户直接从列表中选择所需选项。

绑定对象框 ▦ 控件：用于显示数据库表字段中的 OLE 对象。

未绑定对象框 ▦ 控件：未绑定对象框中的对象只存在于窗体之中，与数据表中的数据无关联。

图片 ▦ 控件：用于在窗体中存放图片。

切换按钮 ▪ 控件：与单选按钮类似，用于选择或表示"是 / 否"数据。

直线 ＼ 控件：可用于在窗体中画直线。

矩形 ▢ 控件：可用于在窗体中画方框。

选项组 ▤ 控件：可以将单选按钮、复选框、切换按钮控件组合在一起使用，让用户进行选择。

选项卡 ▭ 控件：用于制作选项卡式窗体。

页码 ▤ 控件：用于向窗体或报表中插入页码。

日期与时间 ▤ 控件：用于向窗体中插入日期与时间。

子窗体 / 子报表 ▦ 控件：利用本控件可向窗体 / 报表中插入子窗体 / 子报表。

在一般情况下，在窗体中建立其他控件时，都会自动附加创建一个标签控件，用以输入说明性信息。

在创建控件时，若按下了"设计"选项卡"控件"组中的"使用控件向导"按钮，则控件向导处于启用状态，能协助用户进行控件设置。

2．控件的操作方法

（1）选定控件

在操作控件之前，首先要选定控件。用鼠标单击某个控件，这时在该控件四周出现具有 8 个控制柄的橙色边框，表示该控件被选中。

若要同时选择多个控件，可以在按住 Shift 键的同时用鼠标单击所需控件，或用鼠标同时框选多个控件。

（2）删除控件

选中要删除的一个或多个控件，然后按 Delete 键即可。

注意，选中某个控件执行删除操作，则该控件附带的标签控件也将被一起删除。要只删除控件附带的标签，选中该标签执行删除即可。

（3）移动控件

选中要移动的控件，待出现 ✥ 图标时拖动鼠标即可，此时该控件附带的标签将一起移动。若想单独移动某一控件，只需把鼠标指向该控件左上角的控制柄，待出现 ✥ 图标后再移动；若想微调某个控件的位置，可选中该控件，按下"Ctrl + 方向键"来实现微调。

（4）调整控件大小

选中要改变大小的控件，将鼠标指针置于控件的控制柄上，若出现左右双向箭头时可调整宽度，若出现上下双向箭头时可调整高度。若需微调某个控件的大小，可按下"Shift + 方向键"来实现。

（5）设置控件格式

可以运用 Access 2007 功能区"设计"选项卡"字体"组中的功能调整选中控件的字体、字号以及对齐方式等。

可以运用 Access 2007 功能区"排列"选项卡中的功能调整多个选中控件的大小、对齐方式、水平间距和垂直间距等。

另外，可以打开选中控件的属性表，在"格式"选项卡中设置控件的背景色、字体颜色和特殊效果等。

（6）控件与字段的绑定

将控件与字段进行绑定的一种快捷有效的方法是直接将某个字段从"字段列表"窗口拖放到窗体的某个节中，系统将自动添加控件与该字段绑定。

另外，也可以打开某个控件的属性表，在"数据"或"全部"选项卡的"控件来源"下拉列表中选择某个字段，实现控件与该字段的绑定。

🔲 任务实施

在图书馆管理系统中，当借书人归还所借图书时，需要更新"借还书记录表"，将当初借书时添加的相关借书记录填写完整，例如还书日期、还书是否完好等信息。

创建"还书登记"窗体的步骤如下。

01 在设计视图中新建一个空白窗体，并为窗体添加窗体页眉与页脚。

02 单击"设计"选项卡"控件"组中的"使用控件向导"按钮，开启控件向导功能。

03 单击"组合框"控件按钮，在窗体中拖动鼠标绘制一个组合框。此时，将弹出"组合框向导"对话框。在该对话框中，选择"使用组合框查阅表或查询中的值"，并单击"下一步"按钮，如图 4.84 所示。

04 进入如图 4.85 所示对话框，在其中"视图"选择区域中选择"表"，在"请选择为组合框提供数值的表或查询"列表框中选择"表：借书人登记表"，单击"下一步"按钮。

05 进入如图 4.86 所示对话框，在其中将"学生证号"添加到"选定字段"列表中，单击"下一步"按钮。

06 进入如图 4.87 所示对话框，在第一个组合框中，选择"学生证号"作为组合框选择列表项的排序字段，单击"下一步"按钮。

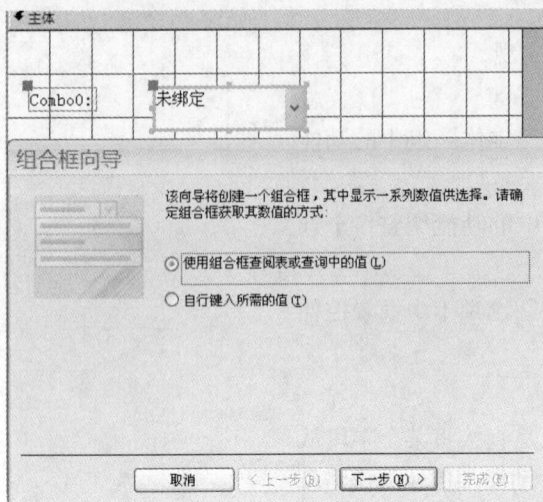

图 4.84 组合框获取数值方式的确定

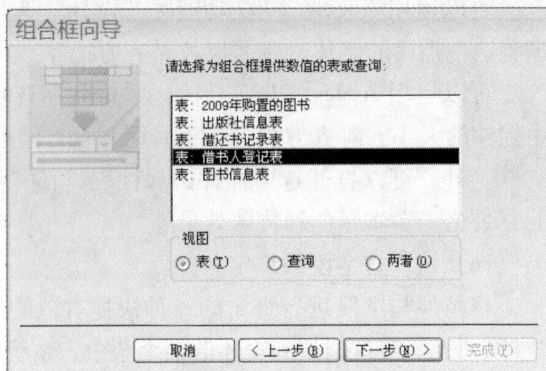

图 4.85 选择表和视图

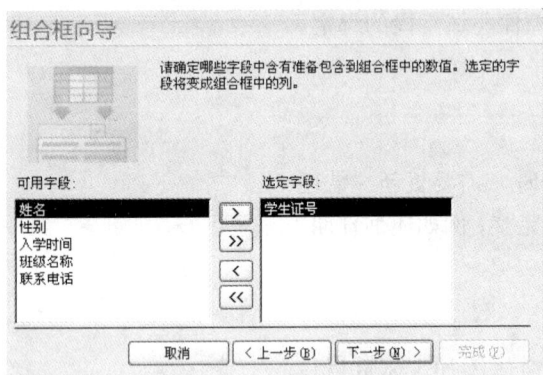

图 4.86 选定字段

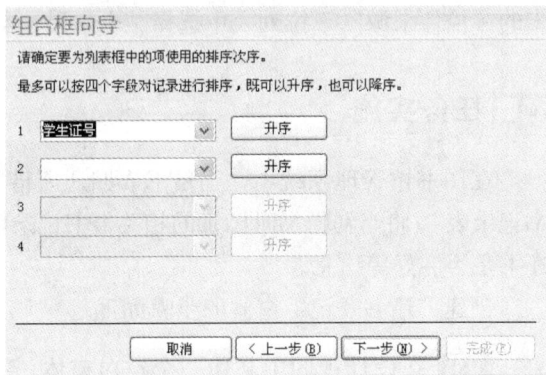

图 4.87 选择排序字段

07 进入如图 4.88 所示对话框，为组合框设定列宽度，此处可直接单击"下一步"按钮。

08 进入如图 4.89 所示对话框，为组合框指定标签内容，此处采用默认设置，单击"完成"按钮，该组合框设置完毕。

09 右击该组合框，在弹出的快捷菜单中选择"属性"命令，打开该组合框控件的属性表。在属性表"全部"选项卡中，将该组合框的"名称"属性设置为"学生证号"，如图 4.90 所示。

10 此时将窗体切换到窗体视图模式，用鼠标单击该组合框右边的"▼"按钮，展开选择列表。列表中所有的选项皆来自于"借书人登记表"中的"学生证号"字段，如图 4.91 所示。

11 用同样的方法，为窗体添加另外一个组合框。设置该组合框选择列表中的值来自"图书信息表"中的"图书编号"字段，将标签控件内容改为"图书号"。另外，将该组合框的"名称"属性设置为"图书号"，如图 4.92 所示。

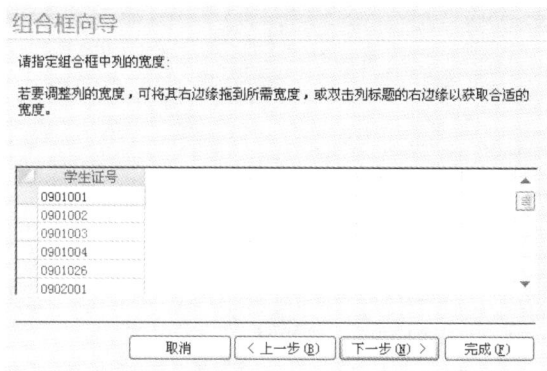

图 4.88　指定组合框列宽

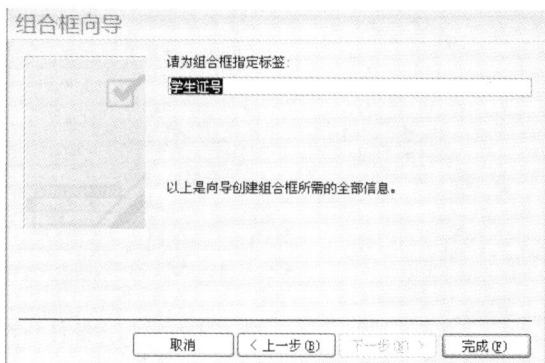

图 4.89　指定组合框标签

12　关闭控件向导功能，在窗体中添加一个文本框控件，将该文本框控件的标签内容改为"还书日期"，并设置该文本框的"名称"属性为"还书日期"。在文本框内输入"=Date()"，即在窗体运行时自动用系统当前时间填充该文本框的内容，如图 4.93 所示。

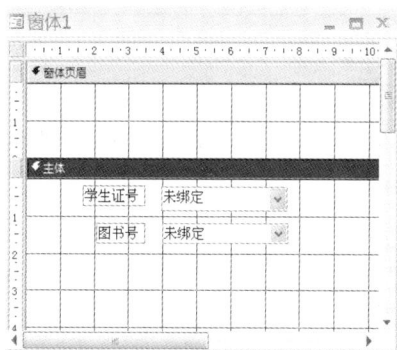

图 4.90　设置名称属性

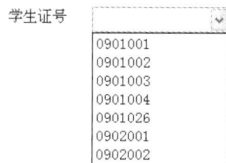

图 4.92　添加"图书号"组合框

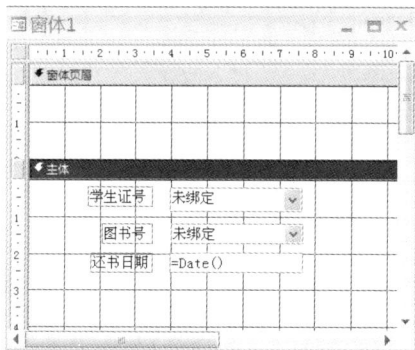

图 4.93　添加文本框控件

图 4.91
组合框选择列表效果

13　在窗体中添加一个复选框控件，将该控件的标签内容更改为"还书是否完好"，并将该控件的"名称"属性设置为"还书是否完好"。

14　在窗体中继续添加一个文本框控件，标签内容更改为"备注"，并将文本框控件的"名称"属性设置为"还书备注"。

15　在窗体页眉中为窗体添加一个标签控件作为标题，内容输入为"还书登记"，如图 4.94 所示。

16　切换到窗体布局视图，对该窗体运用"自动套用格式"功能，将窗体样式设置成"办公室"样式，并将窗体命名保存为"还书登记"，如图 4.95 所示。

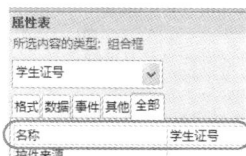

图 4.94 添加完控件的效果

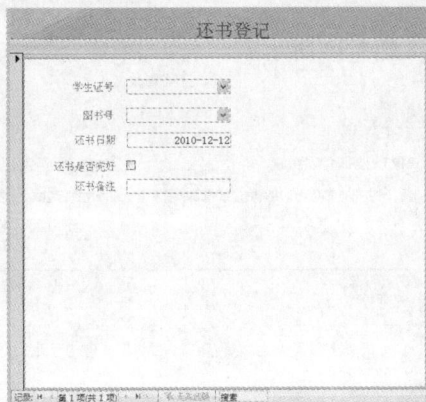

图 4.95 "还书登记"窗体

17 在查询设计视图中打开在项目三中创建的更新查询"还书记录更新查询",对该查询进行以下修改。

在"还书日期"字段的"更新到"行中输入：Date()

在"还书是否完好"字段的"更新到"行中输入：[forms]![还书登记]![还书是否完好]

在"还书备注"字段的"更新到"行中输入：[forms]![还书登记]![还书备注]

在"学生证号"字段的"条件"行中输入：[forms]![还书登记]![学生证号]

在"图书号"字段的"条件"行中输入：[forms]![还书登记]![图书号]

该查询更改后设计视图如图 4.96 所示。

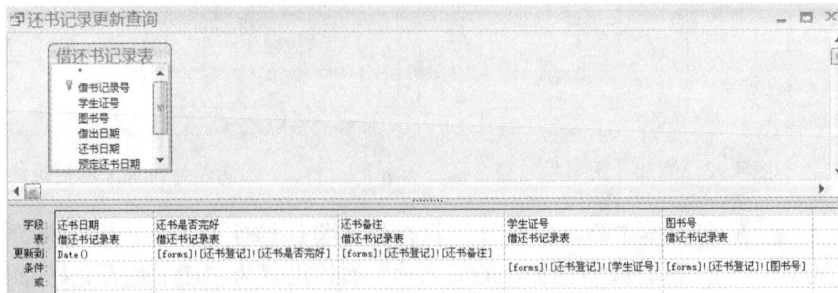

图 4.96
更改后设计视图

对该查询作出更改后，该查询就可以利用用户在窗体控件上输入的数据去更新"借还书记录表"中的数据。例如，当用户在"还书登记"窗体中勾选了"还书是否完好"复选框控件，则在更新查询中，对应的"还书是否完好"字段会被更新为"True"。

在该更新查询中，"还书是否完好"字段的"更新到"行中填写的内容"[forms]![还书登记]![还书是否完好]"，是指对"还书登记"窗体中名称为"还书是否完好"的控件的引用。该查询中其他字段的设置情况类同。

18 最后，需要在"还书登记"窗体中增加两个功能按钮，其中一个按钮用于执行"还书记录更新查询"，另一个按钮用于关闭窗体。

19 将"还书登记"窗体切换到设计视图模式，开启控件向导，在该窗体的窗体页脚中添加一个按钮，弹出"命令按钮向导"对话框。在该对话框中，选择类别为"杂项"，选择操作为"运行查询"，并单击"下一步"按钮，如图 4.97 所示。

20 在接着出现的对话框中，选择要运行的查询为"还书记录更新查询"，单击"下一步"按钮，如图 4.98 所示。

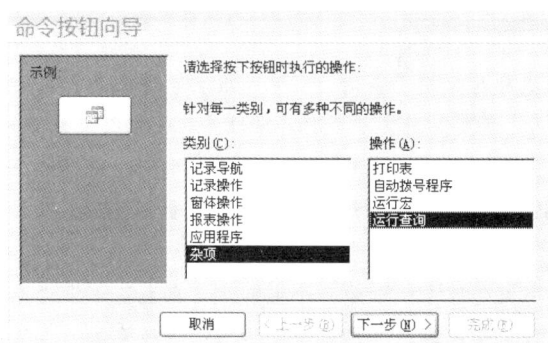

图 4.97　选择按钮的类别及操作

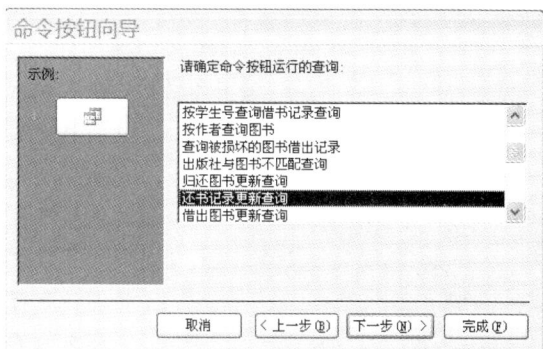

图 4.98　确定要运行的查询

21 进入如图 4.99 所示对话框，单击选择"文本"选项，并在该选项右侧的文本框中输入"登记"两个字，单击"完成"按钮。

22 继续为窗体添加另一个按钮，该按钮的作用是关闭窗体。

23 按钮添加完成后，"还书登记"窗体效果如图 4.100 所示。

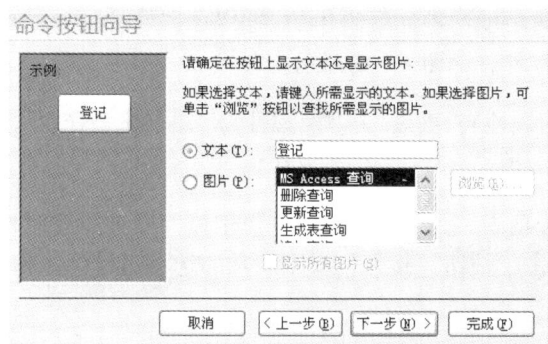

图 4.99　在按钮上显示文本

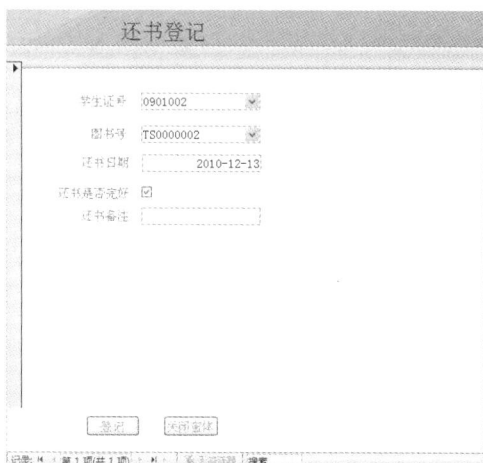

图 4.100　添加完按钮的"还书登记"窗体

由图 4.100 可见，在运用该窗体进行还书登记时，由于采用了组合框与复选框控件，大大方便了用户的输入操作。当用户输入信息后，单击"登记"按钮，会自动执行"还书记录更新查询"。该查询能引用用户在"还书登记"窗体上输入的数据来更新"借还书记录表"中的相关记录，提高了程序的自动化程度。

任务六 创建应用程序主窗体

■ 任务目标 　在 Access 的数据库对象中，查询、窗体和报表等对象具有强大的数据处理能力，能够独立完成数据库管理系统中的特定任务。在一个数据库应用系统中，必须把所有对象联系为一个统一协调工作的整体，这就需要创建一个主控窗体，集成数据库应用系统的各项功能。

本任务将为图书馆管理系统创建一个主窗体，在主窗体中设置相应的菜单项来实现东方职业技术学校图书馆管理系统的各项功能。

任务实施

创建图书馆管理系统应用程序主窗体的步骤如下。

01 在设计视图创建一个空白窗体，单击"设计"选项卡"控件"组中的"标签"控件按钮，在窗体主体节中拖动鼠标绘制标签，并在标签中输入"东方职业技术学校图书馆管理系统"。设置完成后的效果如图 4.101 所示。

02 单击"设计"选项卡"控件"组中的"选项组"按钮，在窗体中拖动鼠标绘制选项组控件，如图 4.102 所示。

03 打开该选项组的属性表，更改"标题"属性为"图书信息管理"，如图 4.103 所示。

04 单击"设计"选项卡"控件"组中的"使用控件向导"按钮，开启控件向导。然后，单击"按钮"按件，在刚添加的选项组控件内拖动鼠标绘制按钮。

05 在弹出的"命令按钮向导"对话框中，在"类别"列表框中选择"窗体操作"，在"操作"列表框中选择"打开窗体"，然后单击"下一步"按钮，如图 4.104 所示。

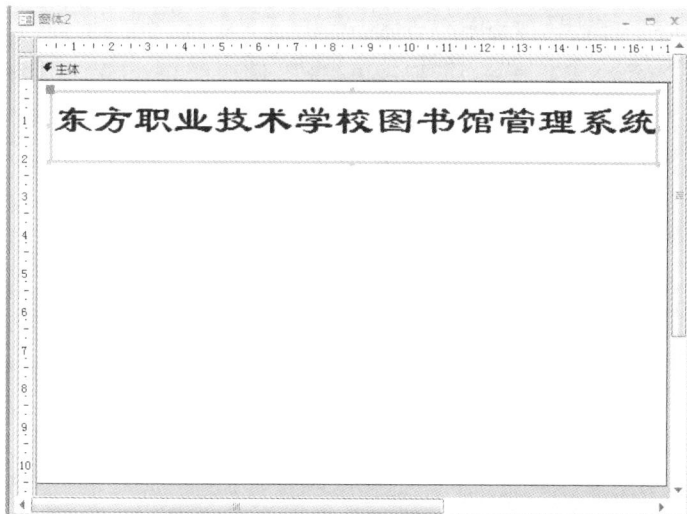

图 4.101　在空白窗体中添加标签

图 4.102　绘制选项组控件

图 4.103　更改标题

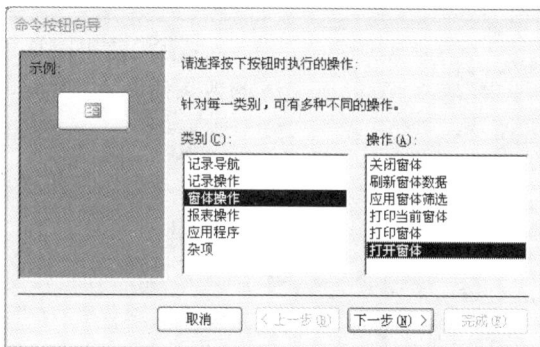

图 4.104　选择按钮的操作

06 在接着出现的对话框中，选择该命令按钮要打开的窗体为"录入图书信息"窗体，然后单击"下一步"按钮，如图 4.105 所示。

07 进入如图 4.106 所示的对话框，在其中选择"打开窗体并显示所有记录"选项，然后单击"下一步"按钮。

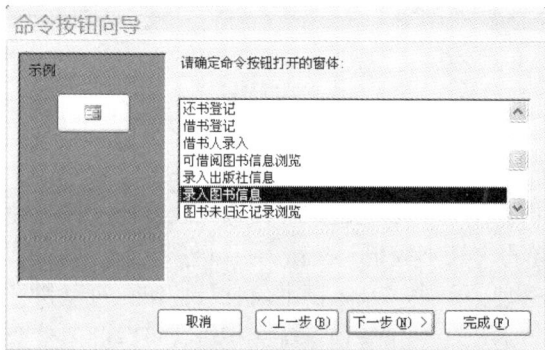

图 4.105　选择要打开的窗体

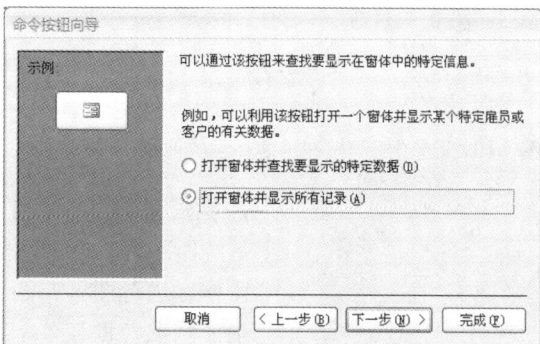

图 4.106　设置要显示的信息

08 进入如图 4.107 所示的对话框，选择"文本"选项，并在其右侧文本框中输入"录入图书信息"，然后单击"完成"按钮，如图 4.107 所示。

09 此时窗体上增加了一个按钮，其作用是打开"录入图书信息"窗体，如图 4.108 所示。

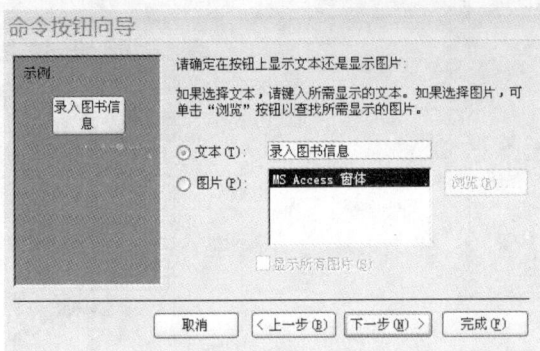

图 4.107　输入按钮上要显示的文本

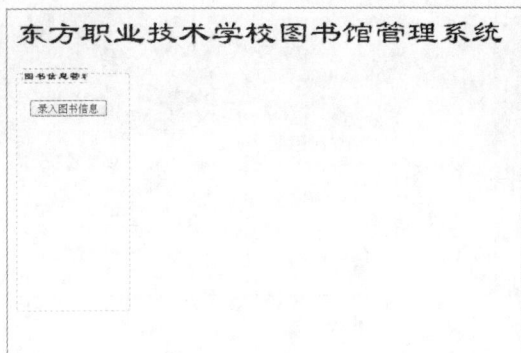

图 4.108　添加了按钮的窗体

10 使用同样的方法再次创建选项组和相关的按钮，创建完成后的效果如图 4.109 所示。

11 最后，在窗体下方添加一个"退出图书馆管理系统"按钮，其功能是退出应用程序。

12 完成后，打开属性表，将窗体主体节"背景色"属性设置为"窗体背景"，将各个选项组标签的"特殊效果"属性设置为"凸起"。最后，将窗体命名保存为"主窗体"，最终效果如图 4.110 所示。

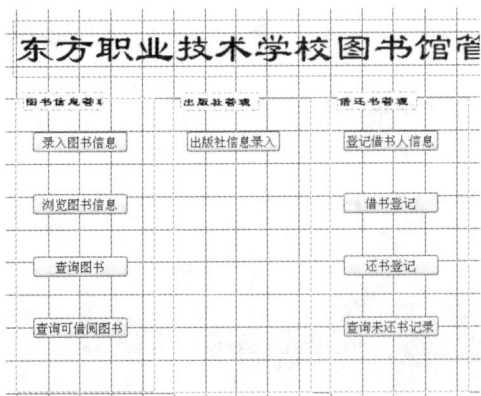

图 4.109　选项组和按钮创建完后的效果

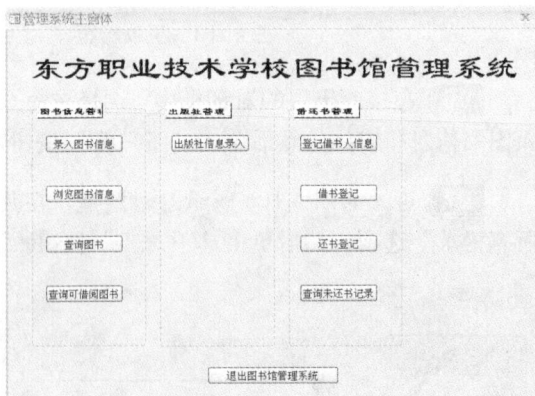

图 4.110　主窗体最终效果

在完成的"主窗体"中，用户可以通过该界面选择执行图书馆管理系统所有的功能。例如，单击"还书登记"按钮，可以打开"还书登记"窗体，进行图书归还登记管理；单击"录入图书信息"按钮，可以执行录入图书数据任务；单击"退出图书馆管理系统"按钮，可以关闭整个图书馆管理系统并退出 Access 应用环境。

项目小结

本项目主要通过 6 个任务，使读者逐步学习 Access 2007 中窗体对象的设计方法。

任务一介绍了如何快速创建窗体。

任务二介绍了如何利用向导创建窗体。

任务三讲解了如何利用窗体设计视图进行窗体设计，并在窗体设计中运用布局视图对窗体控件进行排版。

任务四介绍了在窗体设计中使用主/子窗体表现数据的一对多关系。

任务五着重介绍了窗体设计中的常用控件，以及如何合理利用不同的控件来简化窗体操作。

任务六演示了如何为应用程序设计主控窗体以集成系统的所有功能。

习　题

一、填空题

1）使用窗体向导可以创建的窗体布局有_____、_____、_____、_____等 4 种。

2）常用的窗体视图有 3 种，分别是_____视图、_____视图与_____视图。

3）常用的窗体设计方法有_____、_____、_____。

4）窗体的布局视图主要用于调整窗体的_____，在布局视图中，每个控件显示的是_____。

5）设计视图主要用于窗体的_____。在设计视图中，每个控件显示_____，但不能显示_____。

6）窗体最多可以有 5 个节，分别是：_____、_____、_____、_____、_____。

7）在使用窗体控件时，需要切换到_____视图模式。

8）创建列表框、组合框以及命令按钮都需要在功能区_____选项卡的_____组中选择所需的项。

9）使用向导创建组合框、列表框或命令按钮必须使_____按钮处于选中状态。

二、实训操作

1）在"学生成绩管理系统"中，基于在项目三实训操作中创建的"学生基本信息查询"，使用快捷窗体按钮，创建如图 4.111 所示的窗体，并命名为"学生基本信息浏览"保存。

2）使用窗体向导设计如图 4.112 所示的主/子式窗体，在主窗体中显示学生的基本信息，在子窗体中显示学生的各门课程成绩。将该窗体命名为"学生成绩浏览"保存。

3）使用窗体设计视图与布局视图设计如图 4.113 所示的窗体，该窗体用于录入学生的成绩，其中"课程名称"采用组合框控件，在录入成绩数据时，可以在组合框中选择各门课程的名称。在该窗体中录入的所有数据都将保存到"成绩表"中，另外，在该窗体中还可以浏览各个成绩记录，并且能添加、删除、更改现有的成绩记录。最后，将窗体命名为"学生成绩录入窗体"保存。

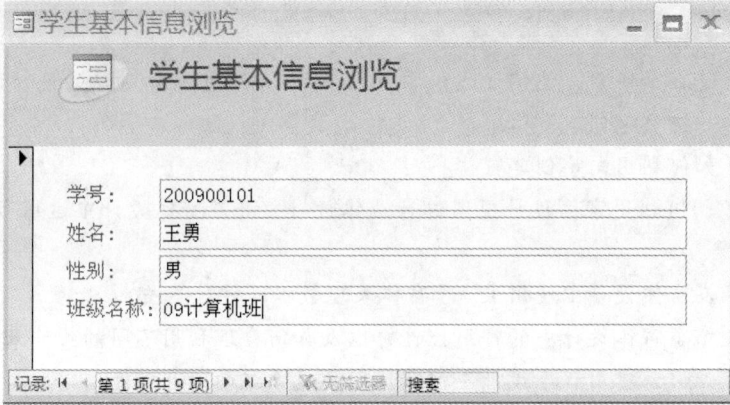

图 4.111 "学生基本信息浏览"窗体

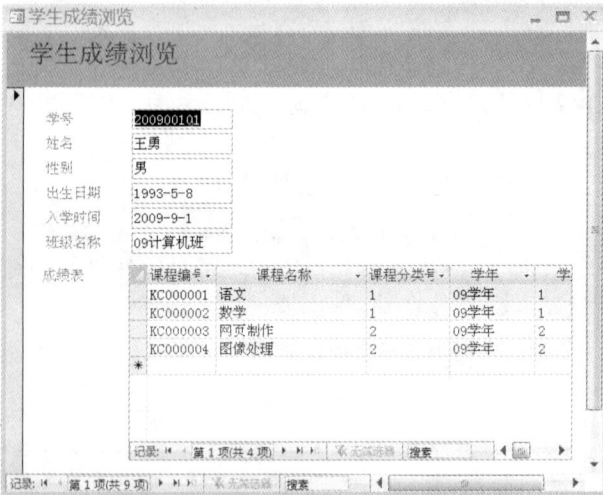

图 4.112 "学生成绩浏览"主/子式窗体

图 4.113 学生成绩录入窗体

5

项目五　图书馆管理系统报表设计

项目导读

　　在日常工作中，需要以各式各样的表格形式来显示和打印数据。使用 Access 2007 中的报表对象，可以将数据库中的数据快速生成引人注目又易于理解的报表，并按照最适合工作需要的格式显示和打印出来。本项目主要学习 Access 2007 创建报表的 3 种主要方法，并完成图书馆管理系统"图书信息报表"、"借书人借书记录报表"、"图书信息分类统计报表"等 3 个报表的设计，最后再学习如何预览和打印报表。

技能目标

● 掌握通过快捷报表按钮创建"图书信息"报表。
● 掌握通过报表向导创建"借书人借书记录"报表。
● 认识报表的"设计视图"和"布局视图"。
● 通过报表设计视图创建"图书信息分类统计"报表。
● 学会使用报表的预览和打印功能。

任务一　通过快捷报表按钮创建"图书信息"报表

任务目标　报表是数据库的主要对象之一，用于对大量数据进行分类、汇总、打印输出。通过本任务，学会用最快捷的方法生成报表以显示表或查询中的所有字段。从最简单处入手，迅速认识报表，为后续学习做知识铺垫。

知识准备

1. 报表的作用

报表用于对大量数据进行分类、汇总、打印输出。报表中的大部分数据信息来源于表或查询，只有少量信息存储在报表的设计中。

2. 报表的基本要素

报表一般要有标题、列标题、记录行、日期、页码、制表人等要素，还可以有徽标、汇总等。

任务实施

1. 创建报表的草图

通过在纸上绘制报表草图并用每个框来标明每个字段的布局及其名称，或使用 Microsoft Office Word 2007 等软件创建报表的模型，这将对创建报表大有裨益。此外，需要确保在报表中有足够的行来重复显示数据。现在用 Word 创建"图书信息"报表的草图，如图 5.1 所示。

2. 选择报表的记录源

报表中的数据由两部分组成，一部分是从表或查询获取的信息，另一部分是在设计报表时所存储的信息（如标题、图形和页码）。

提供基础数据的表或查询也称为报表的记录源。如果要包括的字段全部存在于一个表中，则使用该表作为记录源。如果字段包含在多个表中，则需要使用查询作为记录源。查询可能已经存在于数据库中，也可能需要专门针对报表的具体要求新建查询。

由图 5.1 中可知，"图书信息"报表中的字段均可从"图书信息表"中得到，因此只需选择该表作为记录源就可以了。

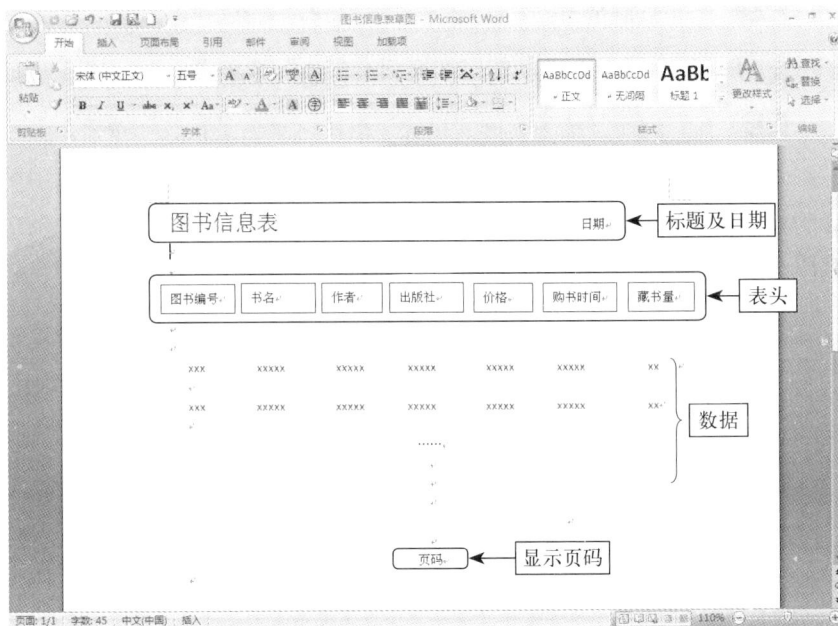

图 5.1
报表的草图

3. 通过单击"报表"按钮迅速创建"图书信息"报表

使用 Access 2007 "创建"选项卡中的"报表"按钮创建报表是最快的方法,因为它会立即生成报表,而不会提示任何信息。报表将显示表或查询中的所有字段。使用"报表"按钮可能无法创建完全满足用户需要的报表,但对于快速查看数据极其有用。

创建"图书信息"报表的操作步骤如下(如图 5.2 所示)。

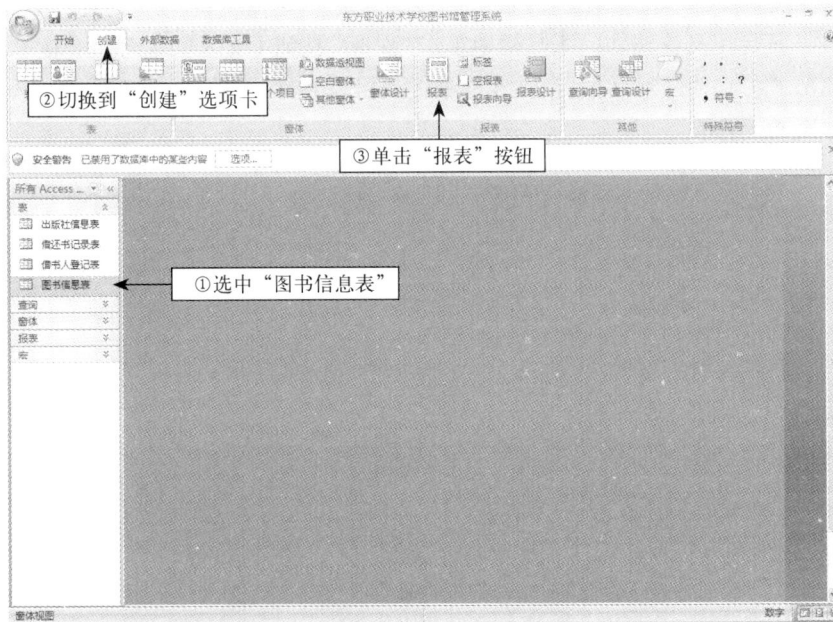

图 5.2
创建报表的步骤

01 在导航窗格中，展开"表"对象列表，单击选择"图书信息表"。

02 在 Access 2007 功能区切换到"创建"选项卡。

03 在"创建"选项卡的"报表"组中，单击"报表"按钮。

生成的"图书信息表"报表如图 5.3 所示。基本上符合在草图中设计的式样，包含标题、日期、需显示的字段及页码，还显示了报表中所有图书的总价。

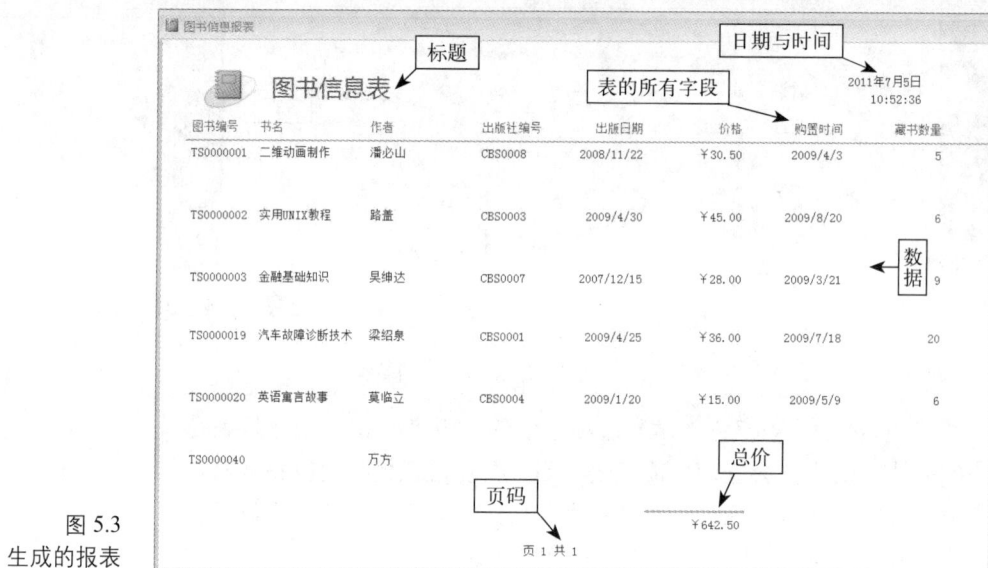

图 5.3
生成的报表

4. 保存生成的报表

在自定义快速访问工具栏中单击"保存"按钮（或按 Ctrl+S 组合键），弹出"另存为"对话框，在文本框中输入报表名称，并单击"确定"按钮，如图 5.4 所示。

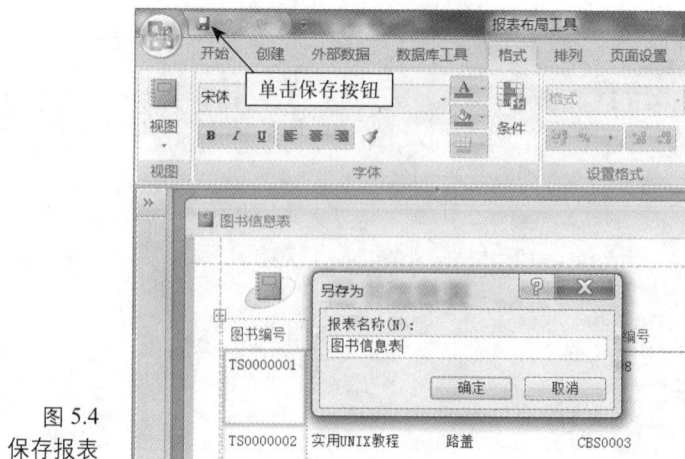

图 5.4
保存报表

任务二 通过报表向导创建"借书人借书记录"报表

任务目标 对于大量的数据，在报表中进行分组显示是非常必要的。用"报表"按钮创建报表，无法对数据进行分组、排序和计算各种汇总值。而使用报表向导创建报表则有更多的选择余地。通过本任务，学会使用报表向导创建报表，可以从多个表或查询中选取数据，并对数据进行分组、排序、计算。

知识准备

1）排序：很多时候，要对记录按特定顺序排序，例如按书名的第一个字母顺序对记录排序。

2）分组：有时仅对记录排序还不够，可能还需要将它们划分为组（Group）。例如，将借出的图书按借书人进行分组。组是记录的集合，并且包含与记录一起显示的介绍性内容和汇总信息（如组页眉），可增加报表的可读性。组由组页眉、嵌套组（可选）、明细记录和组页脚构成。在 Access 中最多可以有 10 个嵌套组。

任务实施

1. 创建报表的草图

现拟设计"借书人借书记录"报表，在该报表中按学生姓名分组，显示每个学生各自借了什么书以及借还书日期等信息。用 Word 创建"借书人借书记录"报表的草图，如图 5.5 所示。这个报表的结构特点是用学生作为分组标志，把借书记录进行分组，即同一个学生名下借过的书在同一组显示，直到将所有学生的借书记录显示完。

2. 选择记录源

从图 5.5 的表头中可以看到，该报表需要"学生证号"、"姓名"、"借书日期"、"书名"、"还书日期"、"预定还书日期"等字段的数据。所有这些字段涉及 3 个数据表，分别是"借还书记录表"、"借书人登记表"及"图书信息表"。

当所需的数据存储在多个表中，可以先用查询将数据关联在一起，然后在报表上显示这些数据。

在项目三中已经创建的"按学生号查询借书记录"查询,可以满足本报表的数据需求,因而可以使用该查询作为本报表的记录源。

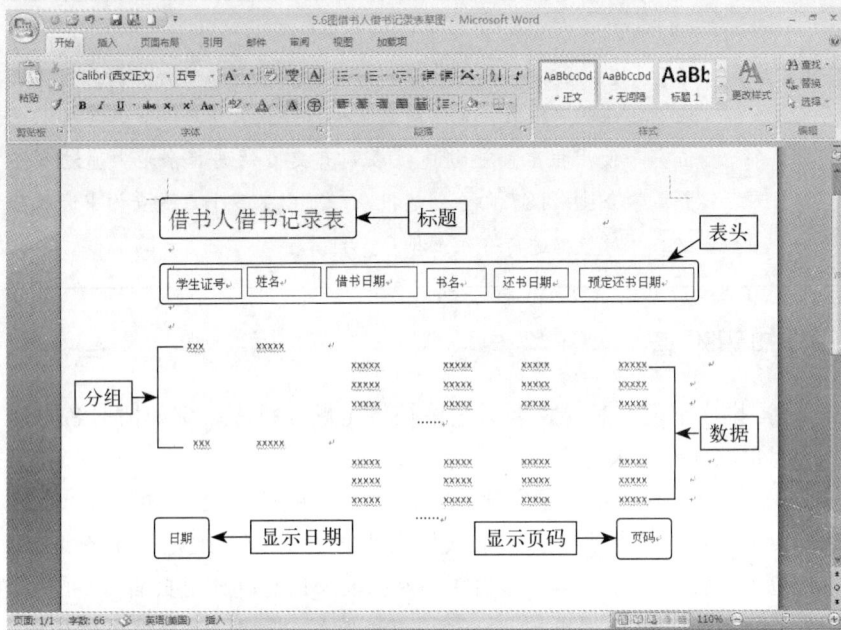

图 5.5
"借书人借书记录"报表草图

3. 通过报表向导创建"借书人借书记录"报表

该报表设计步骤如下(如图 5.6 所示)。

01 在"创建"选项卡的"报表"组中,单击"报表向导"按钮,弹出"报表向导"对话框。

02 在报表向导中通过"表 / 查询"组合框选择"按学生号查询借书记录查询"。

03 将"可用字段"中所有字段选入"选定字段"中,单击"下一步"按钮。

04 在接着出现的"报表向导"对话框中,确定查看数据的方式为"通过借书人登记表"查看,并单击"下一步"按钮,如图 5.7 所示。

05 进入如图 5.8 所示对话框,在该对话框中确定是否添加分组级别。可以使用对话框中"<"或">"按钮设定或取消分组的字段,也可以使用向上或向下的箭头按钮改变组的优先级别。在本例中,无须额外添加其他分组级别,直接单击"下一步"按钮。

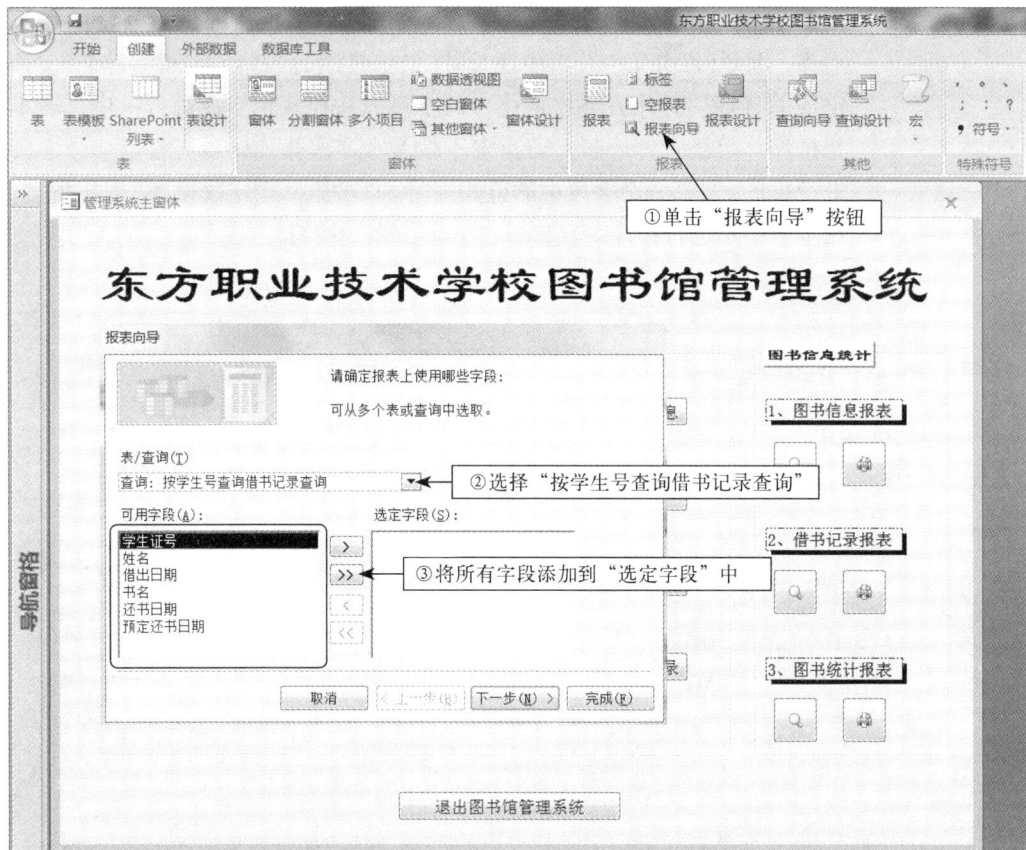

图 5.6　通过报表向导创建报表的步骤

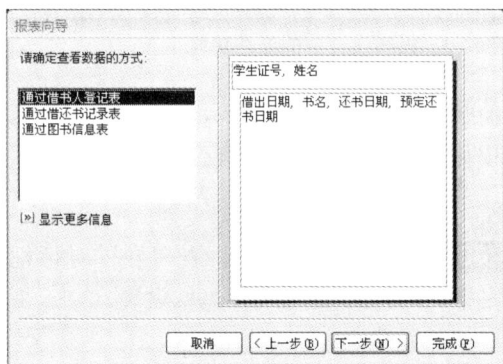

图 5.7　确定查看数据的方式

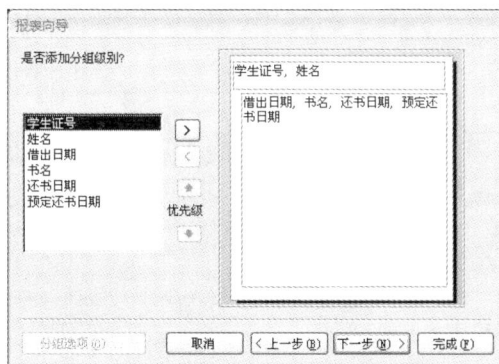

图 5.8　确定是否添加分组级别

06 进入如图 5.9 所示对话框，确定明细记录即各分组中的排序次序。例如，每个学生分组中还可按"借出日期"、"书名"、"还书日期"、"预定还书日期"升序或降序排序。最多可以按照 4 个字段进行排序。若不想排序，可跳过这一步。若指定了按多个字段排序，首先按第一个字段进行排序，当第一个字段中的值相同时，再按第二个字段排序，依此类推。在本例中不进行排序，直接单击"下一步"按钮。

> **小贴士**
>
> 本例中由于所有字段的数据类型不是这两种类型，所以在如图 5.9 所示的"报表向导"对话框中没有"汇总选项"按钮。
>
> 若报表设计中包含有数字或货币数据类型的字段，则图 5.9 所示的报表向导对话框将会多出一个"汇总按钮"，该按钮按下后显示的对话框如图 5.10 所示，在其中可按实际需要进行相应的汇总设置。

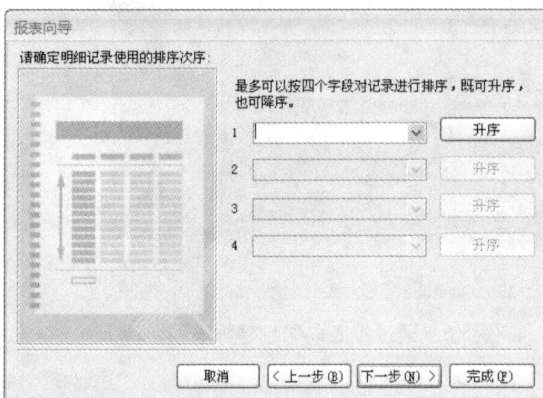

图 5.9 确定排序次序

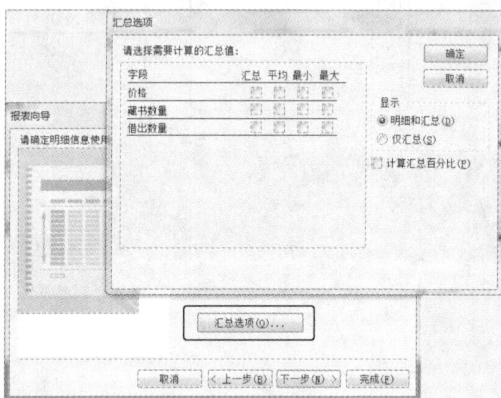

图 5.10 报表设计中的汇总功能

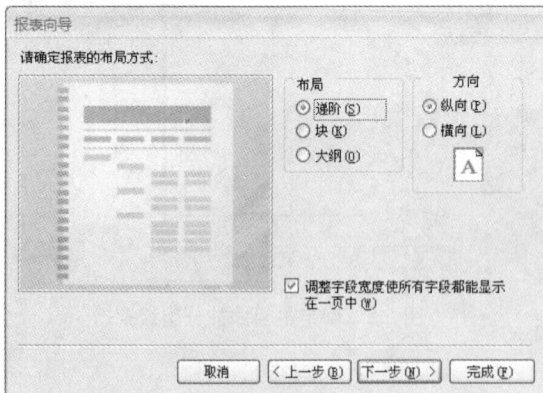

图 5.11 确定报表的布局方式

07 进入如图 5.11 所示对话框，在此对话框中确定报表的布局和方向，这里使用默认设置，单击"下一步"按钮继续。

08 在接着出现的"报表向导"对话框中确定报表的样式，这里使用默认设置，单击"下一步"按钮继续。

09 在最后的"报表向导"对话框中，为报表指定标题"借书人借书记录报表"，单击"完成"按钮。最终生成的"借书人借书记录报表"预览如图 5.12 所示。从报表中可以查看到每个同学借书的详细情况。

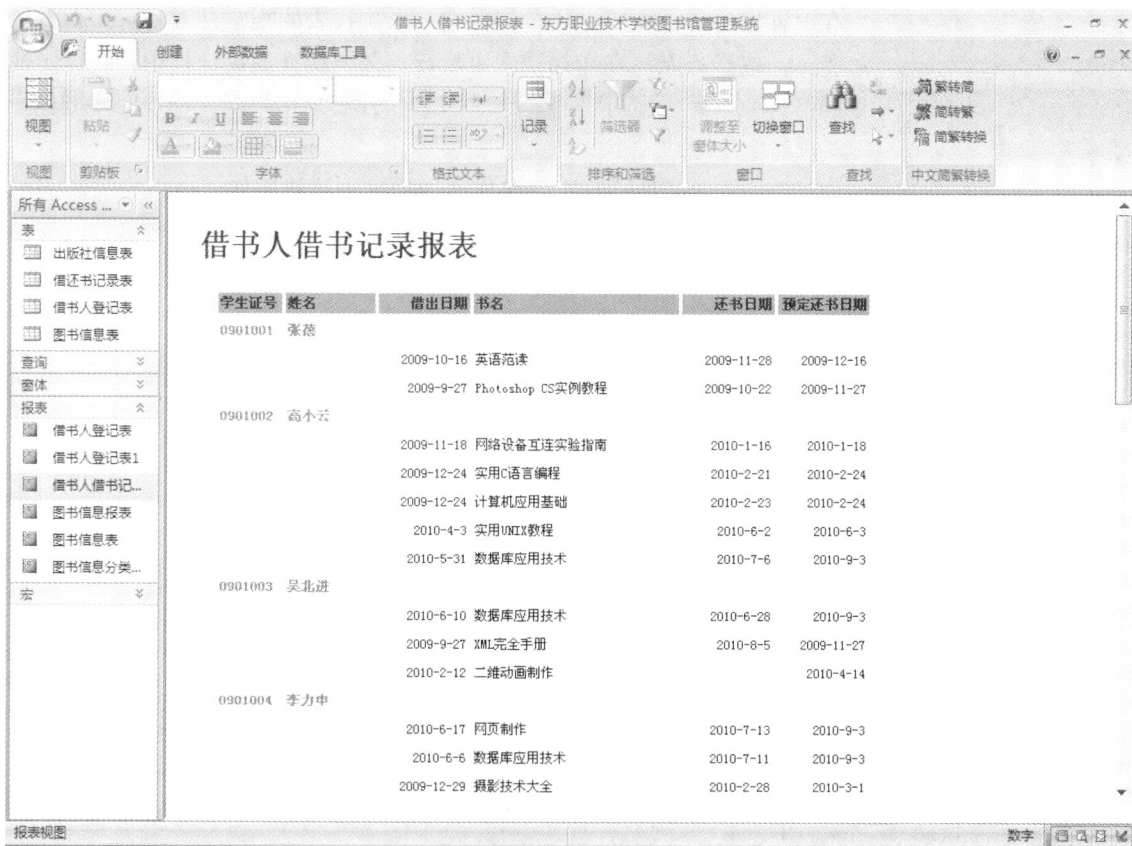

图 5.12　借书人借书记录报表

任务三　认识报表的设计视图和布局视图

任务目标　用"报表"按钮和报表向导生成的报表有时还不能完全满足报表设计的需求，这时就要通过"布局视图"或"设计视图"来修改报表。通过本任务，可以了解"设计视图"和"布局视图"的操作界面和相关操作，为进一步创建复杂的报表做准备。

知识准备

布局视图和设计视图是可以在其中对报表进行设计更改的两种视图。可以使用其中任意一个视图执行许多相同的设计和布局任务，但有些任务在其中一种视图中执行起来要更加容易些。

1）布局视图相对于设计视图而言，更易于调整报表的外观。在布局视图中查看报表时，每个控件都显示真实数据。因此，该视图非常适合设置控件的大小或者执行其他许多影响报表的视觉外观和可用性的任务。一些任务无法在布局视图中执行，需要切换到设计视图。在这类情况下，Access 会显示一条消息，告知用户必须切换到设计视图才能进行某项特定更改。

2）设计视图提供的是更加详细的报表结构视图。可以查看报表的页眉、主体和页脚等部分的结构。另外，在设计视图中进行设计时无法看到控件中的数据。

任务实施

1. 从"报表视图"切换到"设计视图"

如图 5.13 所示，双击导航窗格"报表"对象列表中的"借书人借书记录报表"，在"报表视图"下打开"借书人借书记录报表"。单击"开始"选项卡中"视图"下方的"▼"按钮，展开视图类型选择列表，选择"设计视图"选项。

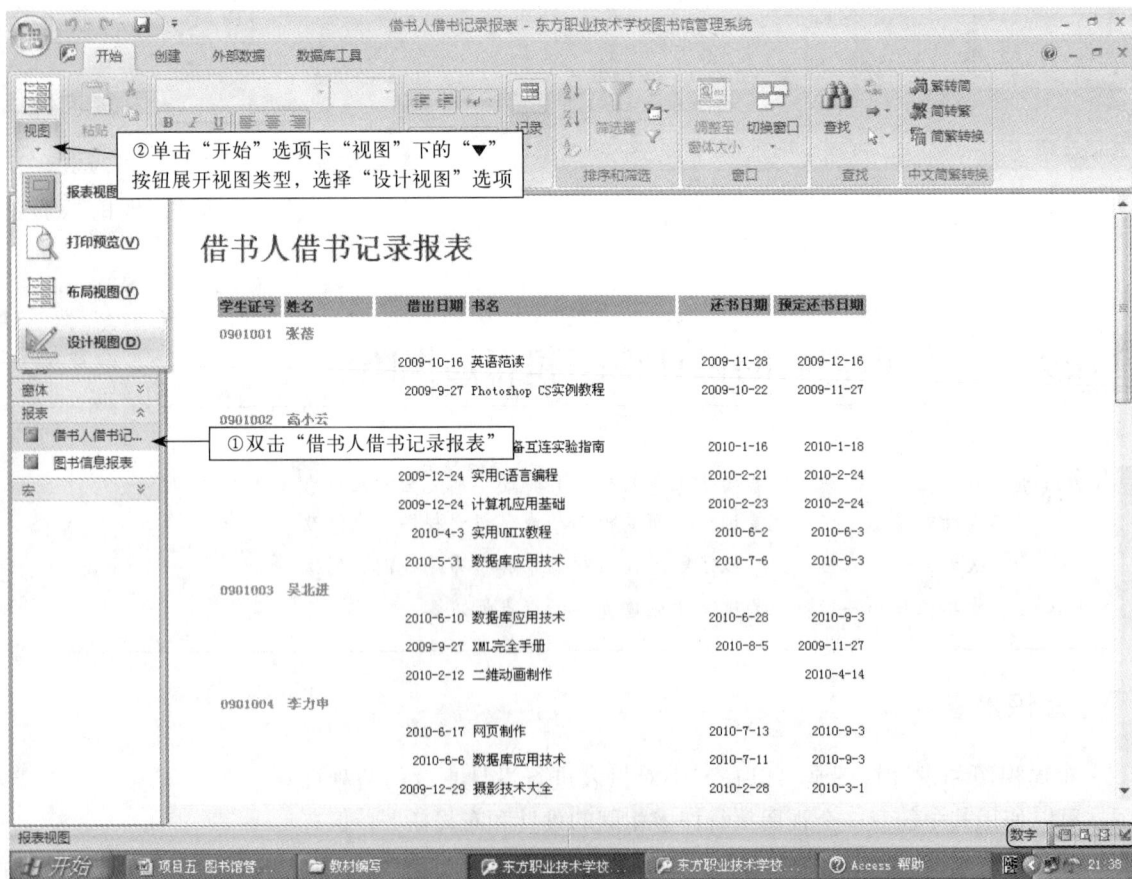

图 5.13　切换视图模式

2．了解报表节

与窗体类似，报表也是按节来设计的。在"设计视图"中可以看到各节的分布。报表中的各种信息分布在各个节中，每一个节可以包含各种控件。各个节之间用称为"节选择器"的阴影水平栏分隔开来。每个"节选择器"上的标签用于指示其正下方的节的名称。将光标停在各节的底线时光标变成上下箭头状，这时可上下拖动调节各节的高度。

每个报表都有一个或多个报表节，而"主体"节则是每个报表所共有的。对于记录源中的表或查询中的每一条记录，此节会重复显示一次。

其他节则是可选的，通常用于显示一组记录、一页报表或整个报表的通用信息。

各个报表节都有名称，包括主体节、报表页眉节、报表页脚节、页面页眉节、页面页脚节、组页眉节以及组页脚节。其中组页眉和组页脚按照分组的级别不同可以有多个。表 5.1 列出了各节的位置与用法。

小贴士

Access 2007 提供了在视图之间切换的多种方法，常用的有以下几种。

1）右键单击导航窗格中的报表，然后在弹出的快捷菜单上选择所需的视图。

2）在"开始"选项卡上的"视图"组中，单击"视图"下方的"▼"按钮在可用的视图之间切换，如图 5.13 所示。

3）单击 Access 下方状态栏右侧的小视图图标，进行视图切换，如图 5.13 所示。

表 5.1　报表节的位置和用法

节	位置	典型内容
报表页眉	只出现一次，位于报表第一页的顶部	报表标题 徽标 当前日期
页面页眉	出现在报表每个页面的顶部	列标题 页码
组页眉	出现在一组记录的最前面	作为分组依据的字段
主体	报表的中部	记录源的每一条记录
组页脚	出现在一组记录的最后面	组汇总（求和、计数、平均值等）
页面页脚	出现在报表每个页面的底部	当前日期 页码
报表页脚	出现在最后一行数据之后，且位于报表最后一页的页脚节之上	报表汇总（求和、计数、平均值等）

小贴士

在设计视图中，报表页脚显示在页面页脚的下方，但在打印或预览报表时，报表页脚显示在最后一页上，且位于页面页脚的上方，紧靠最后一个组页脚或明细行之后。

如图 5.14 所示，在"设计视图"下，"借书人借书记录报表"有 5 个节，它们分别是报表页眉、页面页眉、学生证号页眉（组页眉）、主体、页面页脚，各报表节中的内容如表 5.2 所示。

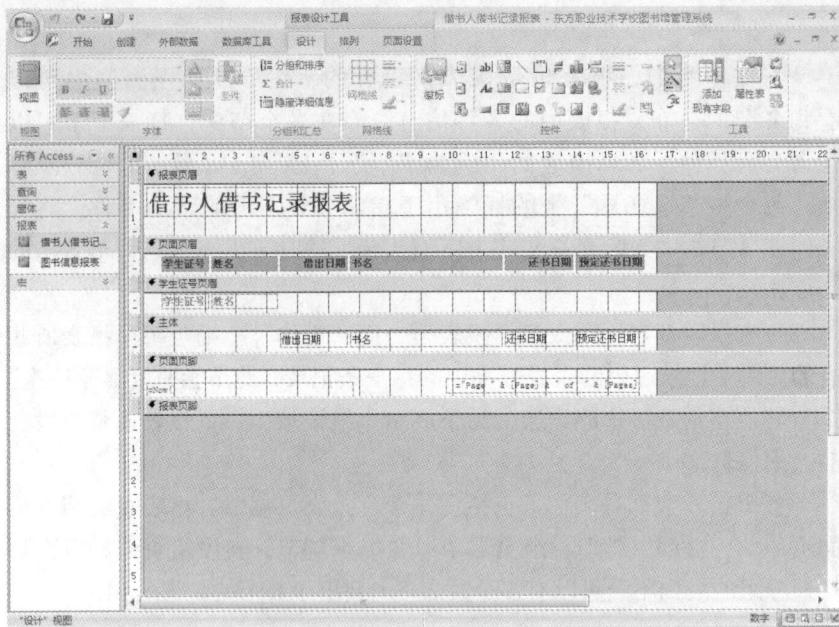

图 5.14
借书人借书记录报表节

表 5.2 "借书人借书记录报表"各报表节内容

报表页眉	在报表第一页顶部显示报表标题：借书人借书记录报表
页面页眉	在每页的顶部出现列标题即表头
组页眉	以"学生证号"、"姓名"分组
主体	显示每个学生借出的各本书的"借出日期"、"书名"、"还书日期"、"预定还书日期"
页面页脚	在每页的底部左边显示日期，右边显示页码

3．了解布局视图

布局视图中提供了微调报表所需的大多数工具。可以调整列宽，将列重新排列，添加或修改分组级别和汇总，还可以在报表上放置新的字段，并设置报表及其控件的属性。采用布局视图的好处是可以在对报表格式进行更改的同时查看数据，因而可以立即看到所作的更改对数据显示的影响。

将"借书人借书记录报表"切换到布局视图，如图 5.15 所示。

4．了解报表设计中常用的控件

报表的全部信息都包含在控件中。在报表中控件是用于显示数据与美化报表的对象。同窗体类似，用于报表的控件包括标签、文本框、直线、选项组等控件。

在"设计视图"下，这些控件位于在功能区"设计"选项卡的"控件"组中，如图 5.16 所示。

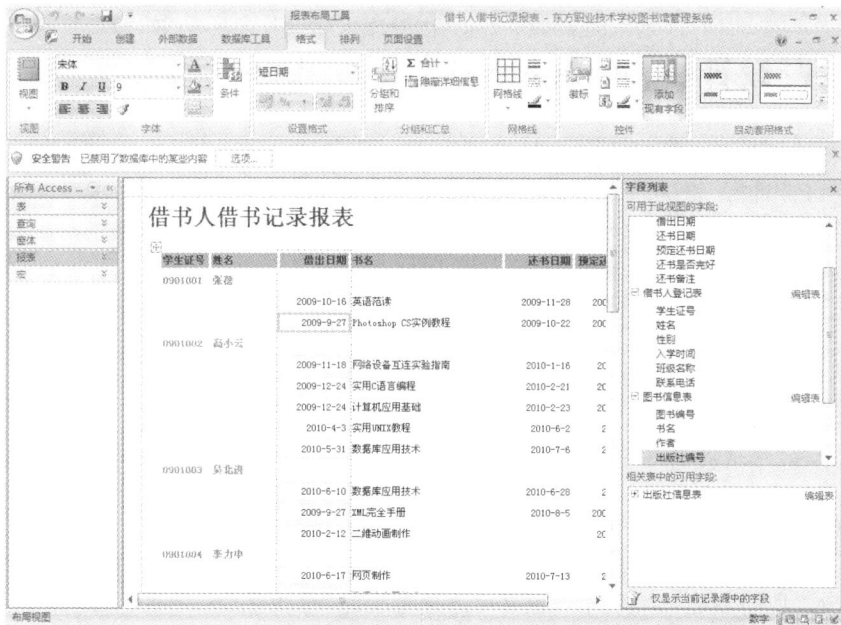

图 5.15
"借书人借书记录报表"
布局视图

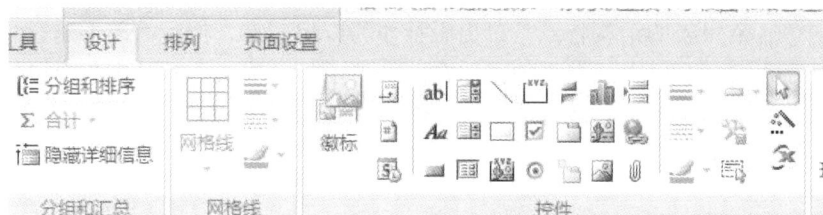

图 5.16
报表设计中的"控件"组

Access 报表支持以下 3 种控件：绑定控件、未绑定控件和计算控件。

1）绑定控件——控件来源为表或查询中的字段的控件。使用绑定控件可以显示数据库中字段的值。这些值可以是文本、日期、数字、是/否值、图片或图形。文本框是最常见的一类绑定控件。例如，报表中显示借书人姓名的文本框是从"借书人登记表"的"姓名"字段获得数据。

2）未绑定控件——无控件来源的控件。使用未绑定控件可以显示某些固定信息。例如，显示报表标题的标签控件就是未绑定控件。

3）计算控件——数据源是计算表达式而不是字段的控件，可以通过将计算表达式定义为控件的值。表达式是运算符（如 = 和 +）、控件名称、字段名称、返回单个值的函数以及常量值的组合。例如，表达式"=Sum([价格]*[藏书数量])"可计算出出版社馆藏图书总价。表达式所使用的数据可以来自表或查询中的字段，也可以来自报表上的其他控件。

任务四　通过报表设计视图与布局视图创建报表

任务目标　使用报表设计视图与布局视图创建报表是最灵活，但也是较复杂的一种方式。通过本任务，学会使用报表设计视图与布局视图创建符合要求的"图书信息分类统计表"报表。

任务实施

1. 创建报表的草图

为统计图书馆藏书中每个出版社名下都有哪些书，单价是多少，且为得到每个出版社藏书的总价，最后还要计算出所有馆藏书的总价是多少，现需创建一个名为"图书信息分类统计表"的报表。

使用 Word 创建"图书信息分类统计表"报表的草图，如图 5.17 所示。

这个报表的结构特点是以出版社作为分组标志，把所有图书进行分组，即同一个出版社名下的图书在同一组中显示出来，并且还包含各组记录书价的平均值和总计值，以及全部记录的书价的总计值，需要显示的信息较为复杂。

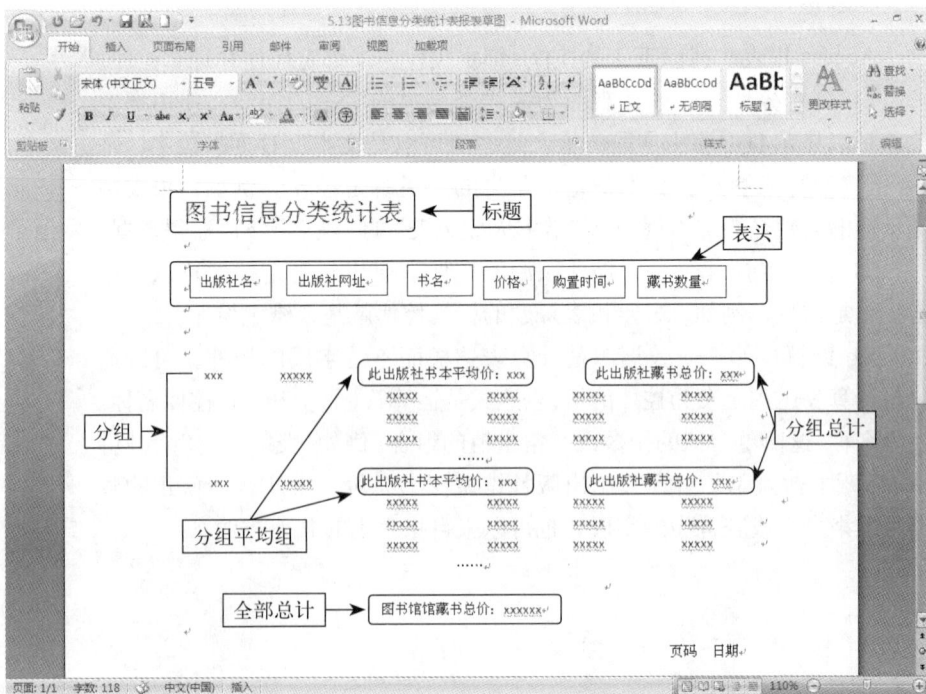

图 5.17　"图书信息分类统计表"报表草图

2. 选择记录源

从图 5.17 所示的表头中可以看到，需要"出版社名"、"出版社网址"、"书名"、"价格"、"购置时间"、"藏书数量"等字段的数据。这些字段涉及两个表，分别是"出版社信息表"及"图书信息表"。

在前面项目三中创建的"图书详细信息查询"就是基于"出版社信息表"及"图书信息表"设计的，能提供本报表所需的所有字段，因此选择该查询作为本报表的记录源。

3. 确定要置于每个报表节中的数据

参照图 5.17，确定各种数据应该放在哪个节上，如表 5.3 所示。从表中可以看出，该报表需要 6 个报表节来组织控件，以便达到显示数据的要求。

表 5.3 "图书信息分类统计表"各报表节内容

报表页眉	在报表第一页顶部显示报表标题：图书信息分类统计表
页面页眉	在每页的顶部出现列标题即表头
组页眉	以"出版社名称"、"出版社网址"分组，并显示组汇总（平均值、求和）
主体	显示每个出版社各本馆藏书的"书名"、"价格"、"购置时间"、"藏书数量"
报表页脚	显示报表汇总（求和）
页眉页脚	在每页的底部右边显示日期和页码

4. 通过报表设计视图创建报表

"图书信息分类统计表"报表的设计步骤如下。

01 在 Access 功能区"创建"选项卡的"报表"组中，单击"报表设计"按钮，进入报表设计视图，并显示一个空白报表，如图 5.18 所示。

02 设定报表的数据源。在 Access 功能区单击"设计"选项卡的"工具"组中的"属性表"按钮，如图 5.19 所示。

03 此时将弹出如图 5.20 所示的"属性表"。在该表的"数据"选项卡中，单击"记录源"属性的下三角按钮，在下拉列表框中选择"图书详细信息查询"。如此即为本报表设置了记录源。

04 添加报表页眉/页脚。默认情况下，一个空白报表只包括页面页眉、主体和页面页脚 3 个报表节。右击设计视图中任意节选择器，在弹出的快捷菜单上选择"报表页眉/页脚"选项。此时,报表中添加了"报表页眉"和"报表页脚"节，如图 5.21 所示。

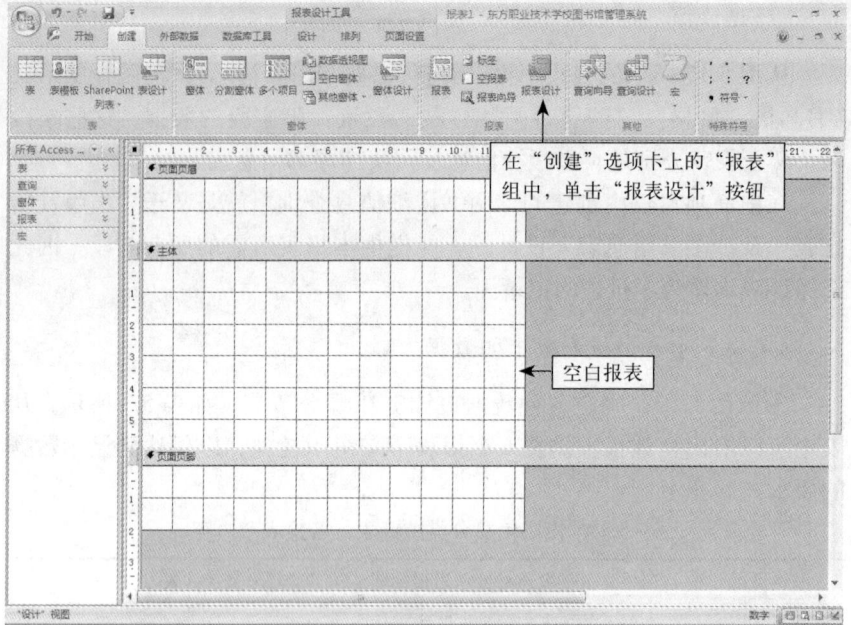

图 5.18
进入报表设计视图

在"创建"选项卡上的"报表"组中，单击"报表设计"按钮

空白报表

图 5.19
单击"属性表"按钮

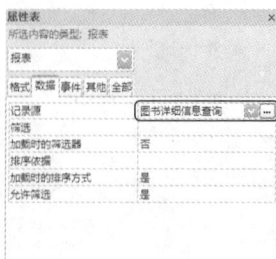

①右击任意节选择器

②单击"报表页眉/页脚"选项

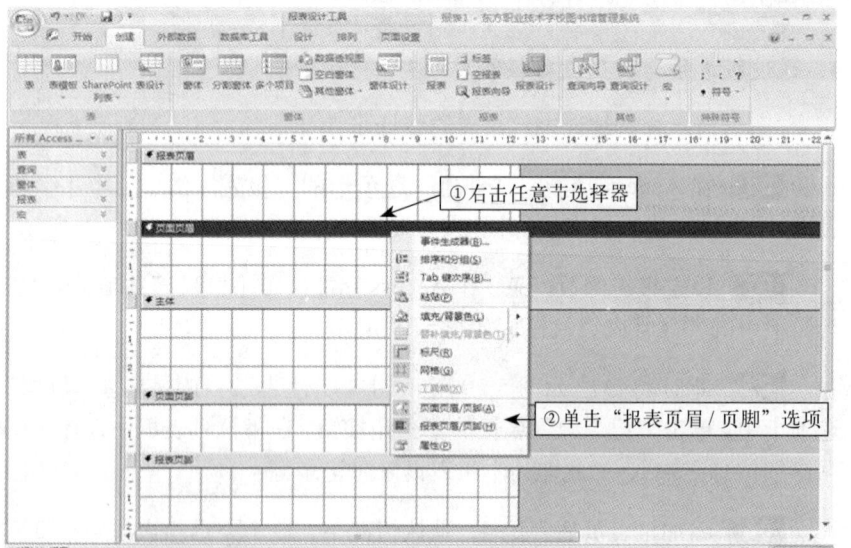

图 5.20 设定数据源　　图 5.21 "添加报表页眉/页脚"

小贴士

　　右击任意节选择器，在弹出的快捷菜单上选择"页面页眉/页脚"选项或"报表页眉/页脚"选项，即可删除对应的报表节。

　　删除页眉和页脚节时，如果这些节中含有控件，Office Access 2007 将发出警告，指出删除节的同时也将删除这些控件，并且该操作不可撤销。如果单击"是"按钮，则删除节和控件，单击"否"按钮则取消操作。

05 在"设计"选项卡上的"工具"组中，单击"添加现有字段"按钮，调出"字段列表"，如图 5.22 所示。

由于本报表的记录源为"图书详细信息查询"，而该查询又是基于"出版社信息表"与"图书信息表"两个表而创建的，此时在"字段列表"中，将可见到这两个数据表的字段。

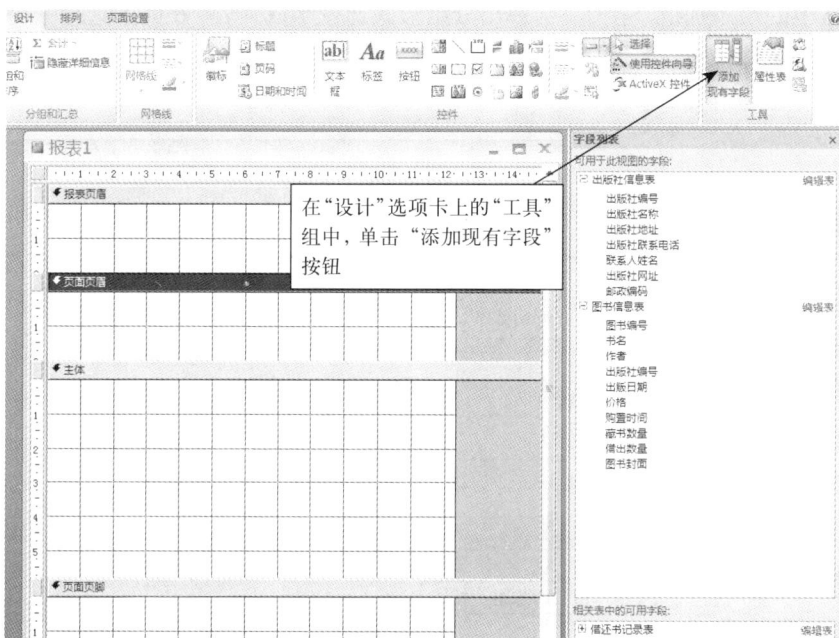

图 5.22
调出"字段列表"

小贴士

在布局视图下，通过"格式"选项卡上的"控件"组中的"添加现有字段"按钮也能展开"字段列表"窗格。

06 向报表的主体节中添加字段。在"字段列表"中双击"出版社信息表"中的"出版社名称"，Access 会在报表主体节自动创建一个名为"出版社名称"的绑定文本框，如图 5.23 所示。

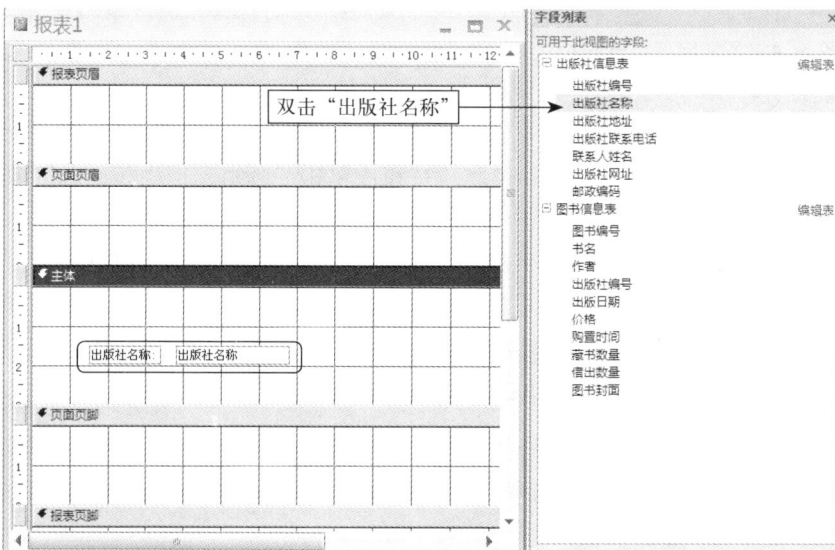

图 5.23　创建绑定文本框

小贴士

向报表添加的字段，可采用以下几种方式：
1）双击该字段。
2）将该字段从"字段列表"拖放到报表上。
3）若在选择字段的同时按住 Shift 键就可以选择连续的多个字段，按住 Ctrl 键可以选择不连续的多个字段。

此方法仅适用于"字段列表"上"可用于此视图的字段"中的字段。

此时"字段列表"窗格发生变化,分成"可用于此视图的字段"、"相关表中的可用字段"及"其他表中的可用字段"3个区。只有"可用于此视图的字段"区中的字段允许被同时多选。

07 添加组页眉节。单击"设计"选项卡上的"分组和汇总"组中的"分组和排序"按钮,显示"分组、排序和汇总"窗格。单击该窗格中的"添加组"按钮,会弹出分组形式选择字段列表,在其中选择"出版社名称"字段,如图5.24所示。此时在设计视图中增加了一个"出版社名称"组页眉节。

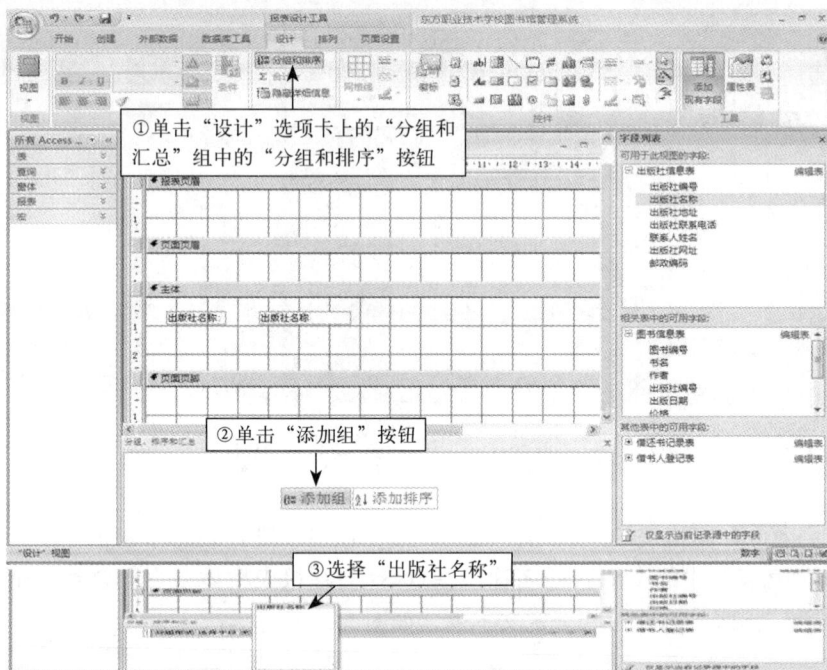

图5.24 添加组页眉节

要关闭"分组、排序和汇总"窗格,再次单击"设计"选项卡上的"分组和汇总"组中的"分组和排序"按钮或单击"分组、排序和汇总"窗格右上角的"关闭"按钮。

如图5.25所示,单击"更多"按钮,展开选项菜单,可以选择"有页眉节"或"无页眉节","有页脚节"或"无页脚节"选项来删除/添加组页眉/页脚节。

要隐藏选项菜单,可单击"更少"按钮。

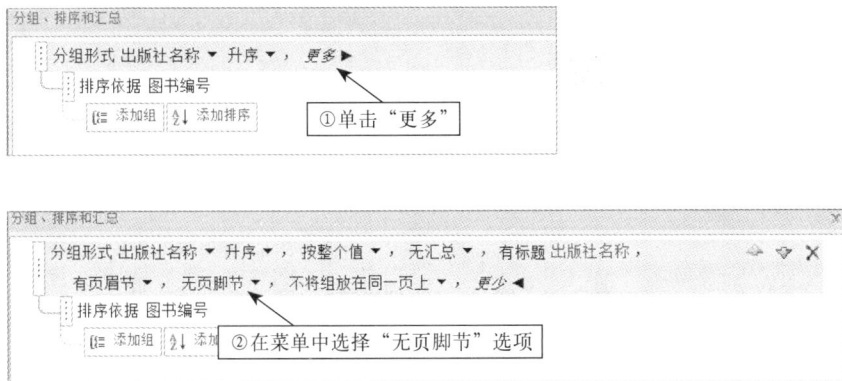

图 5.25
添加 / 删除组页眉 / 页脚节

08 使用"控件布局"对齐绑定文本框。选择主体节中的"出版社名称"绑定文本框及其标签控件，将之拖动到新添加的"出版社名称"组页眉节上。

如果需将"出版社名称"标签控件放在页面页眉节上，而文本框控件留在组页眉节上，且能上下相互对齐，可采用表格式控件布局来实现。

同时选中"出版社名称"文本框与标签控件，然后在"排列"选项卡上的"控件布局"组中单击"表格"按钮。此时，标签控件将自动被放置到页面页眉上，且与文本框控件上下对齐。

新的表格式控件布局出现后，可以拖动整个控件布局到需要的位置，如图 5.26 所示。

在报表设计过程中，切换到布局视图，可以看到数据显示的效果。因为"出版社网址"字段与"出版社名称"字段都要放到组页眉中，所以可在"布局视图"下操作，对"出版社网址"字段进行添加。

切换到布局视图，在"格式"选项卡上的"控件"组中单击"添加现有字段"按钮，调出"字段列表"，选中"出版社网址"字段拖动到报表"出版社名称页眉"节中，如图 5.27 所示。

09 添加其他字段。切换回"设计视图"，从"字段列表"将"图书信息表"中的"图书编号"、"书名"、"价格"、"购置时间"、"藏书数量"等字段拖入主体节中，采用表格式控件布局将这些字段对应的控件组跨节分布。切换到"布局视图"，拖动控件与前两个控件对齐，完成布局，如图 5.30 所示。

10 为报表添加未绑定控件。

将报表切换到设计视图，使用"设计"选项卡上的"控件"组中的工具，继续为报表添加以下控件。

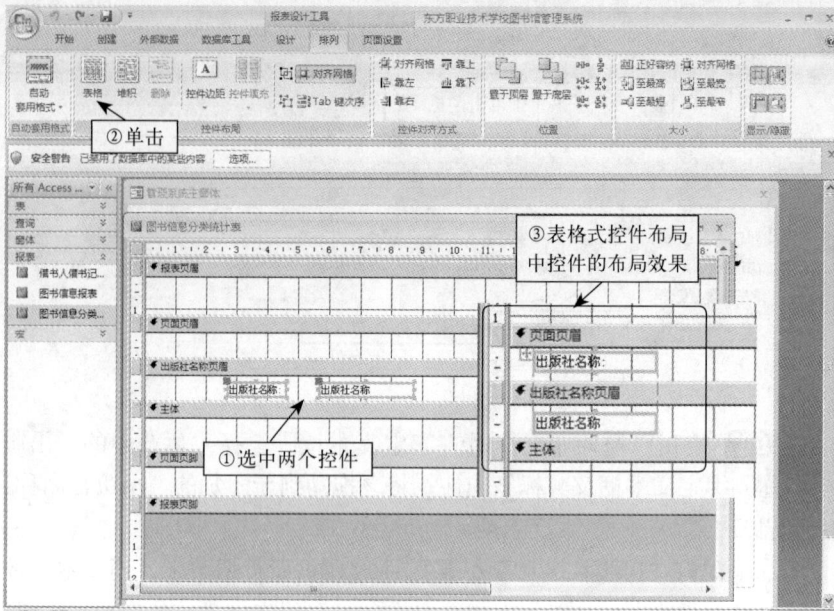

图 5.26
用表格式控件布局排列字段

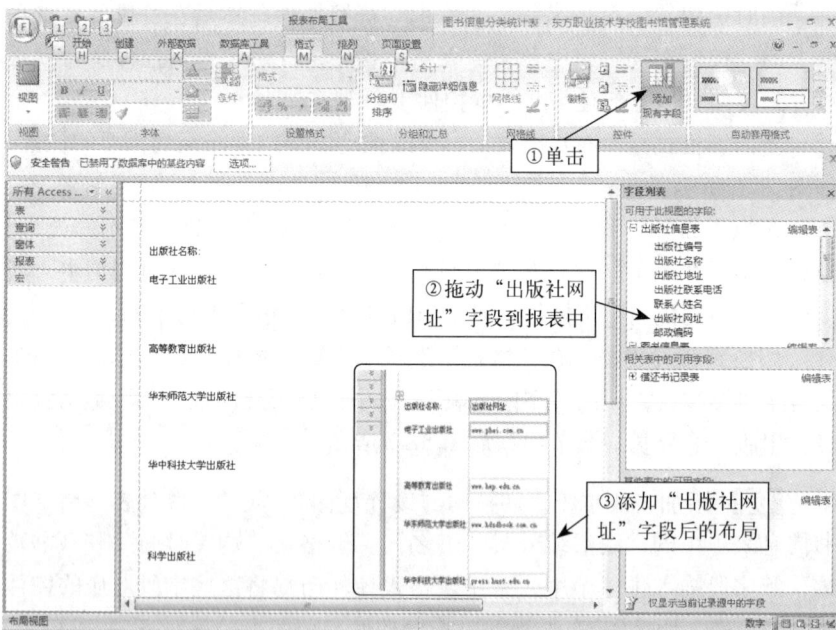

图 5.27
添加"出版社网址"字段

小贴士

控件布局用来将控件水平和垂直对齐，以使报表有一个统一外观。可以将控件布局视为一个表，表的每个单元格都包含一个控件。

控件布局有两种方式：表格式和堆叠式（或叫纵栏式）。

1）在表格式控件布局中，控件是以行和列的形式排列，就像电子表格一样，且标签控件横向排列于绑定数据控件的顶部。无论数据控件在哪个节中，标签都位于页面页眉节中，如图 5.28 所示。

2）在堆叠式控件布局中，控件沿垂直方向排列，标签位于每个控件的左侧。堆叠式控件布局通常包含在单个报表节中，如图5.29所示（在布局视图中）。下列情况下，Access自动创建纵栏式控件布局。

① 通过单击"创建"选项卡的"报表"组中的"报表"按钮来创建一个新报表。

② 通过单击"创建"选项卡的"报表"组中的"空白报表"按钮，然后从"字段列表"拖动字段来创建报表。

图书编号	书名	作者	出版社编号	出版日
TS0000001	二维动画制作	潘必山	CBS0008	2008-11-
TS0000002	实用UNIX教程	路盖	CBS0003	2009-4-
TS0000003	金融基础知识	吴绅达	CBS0007	2007-12-
TS0000004	实用C语言编程	周孝净	CBS0001	2009-2-
TS0000005	Photoshop CS实例教程	曾庆稳	CBS0002	2008-3-

图书信息表

图书编号	TS0000001
书名	二维动画制作
作者	潘必山
出版社编号	CBS0008
出版日期	2008-11-22
价格	￥30.50
购置时间	2009-4-3

图 5.28　表格式控件布局　　图 5.29　堆叠式控件布局

出版社名称	出版社网址	图书编号	书名	价格	购置时间	藏书数量
电子工业出版社	www.phei.com.cn					
		TS0000013	摄影技术大全	￥56.00	2009-4-30	7
		TS0000005	Photoshop CS实例教	￥40.00	2009-7-28	10
高等教育出版社	www.hep.edu.cn					
		TS0000008	网络设备互连实验指	￥38.00	2009-4-30	14
华东师范大学出版社	www.hdzdbook.com					
		TS0000001	二维动画制作	￥30.50	2009-4-3	5
		TS0000011	英语范读	￥25.00	2009-4-6	13
华中科技大学出版社	press.hust.edu.c					
		TS0000018	汽车构造与原理	￥35.00	2009-5-11	20
		TS0000015	汽车维修技术	￥36.00	2008-4-1	15
		TS0000007	XML完全手册	￥18.00	2009-5-27	12
科学出版社	www.sciencep.com					
		TS0000009	计算机应用基础	￥33.00	2009-3-15	10
		TS0000010	数据库应用技术	￥42.00	2009-6-14	25

图 5.30
控件布局完成的效果

1) 在报表页眉添加1个"标签"控件,输入"图书信息分类统计表"。

2)在组页眉添加1个"标签"控件,输入"该出版社书本价格平均值:"。

3) 在组页眉添加1个"文本框"控件,输入"=Avg([价格])",并与第 2 步添加的标签控件水平对齐。

4) 在组页眉添加1个"标签"控件,输入"该出版社馆藏图书总值:"。

5) 在组页眉添加1个"文本框"控件,输入"=Sum([价格]*[藏书数量])",并与第 4 步添加的标签控件水平对齐。

6) 在报表页脚添加1个"标签"控件,输入"图书馆藏书总价值:"。

7) 在报表页脚添加1个"文本框"控件,输入"=Sum([价格]*[藏书数量])",并与第 6 步添加的标签控件水平对齐。

8) 在设计视图中单击页面页脚的节选择器,选中页面页脚节。然后,单击"设计"选项卡"控件"组中的"页码"与"日期和时间"按钮,在弹出的对话框中分别进行设置,为报表的页面页脚节添加页码与日期和时间,如图 5.31、图 5.32 和图 5.33 所示。

11 美化报表。选中报表中的各个控件或节,在"属性表"中可以改变它们的背景色、字体颜色等属性,使报表更加美观。经过美化后的"图书信息分类统计表"报表如图 5.34 所示。

图 5.31 单击"页码"与"日期和时间"按钮

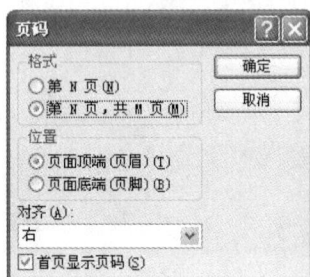

图 5.32 设置页码

图 5.33 设置日期和时间

图 5.34
美化后的报表

任务五 报表的预览与打印

任务目标 通过本任务，学会预览报表，对报表进行页面设置，并打印报表。

任务实施

1. 报表的预览

无论采用何种方法创建的报表，若希望知道报表是否符合要求，必须借助于报表的预览功能，在屏幕上查看报表设计效果后，再使用打印功能进行报表打印。

01 实现报表"打印预览"功能的方法有下列几种，如图 5.35 所示。

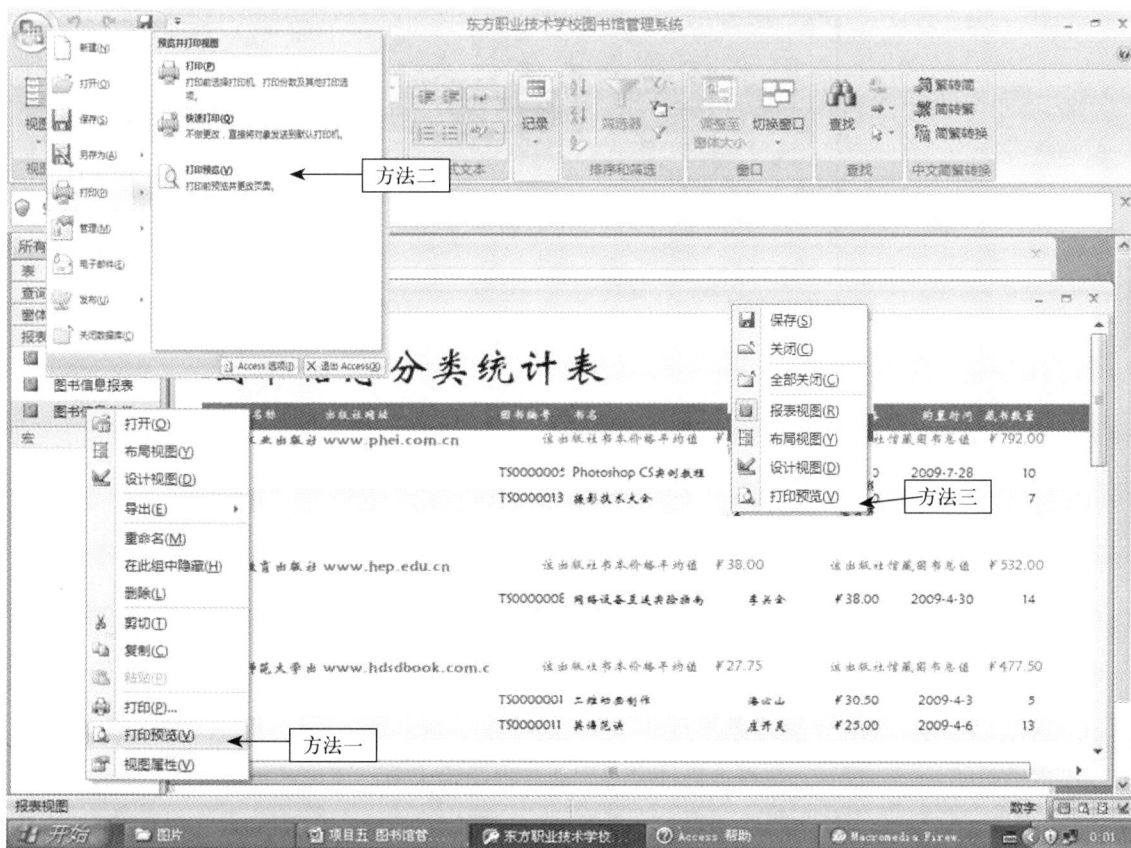

图 5.35 打印预览报表的方法

方法一：在导航窗格中，右击要预览的报表，然后在弹出的快捷菜单上单击"打印预览"命令。

方法二：单击"Office 按钮"，指向"打印"旁的箭头，然后单击"打印预览"命令。

方法三：如果该报表已打开，右击该报表的标题栏，然后单击快捷菜单中的"打印预览"命令。

02 浏览各报表页。如图 5.36 所示，单击打印预览视图中的"记录导航"按钮可以在该报表的各页之间浏览。

03 取消打印预览。在"打印预览"选项卡上的"关闭预览"组中，单击"关闭打印预览"按钮即可退出报表的打印预览，如图 5.36 所示。

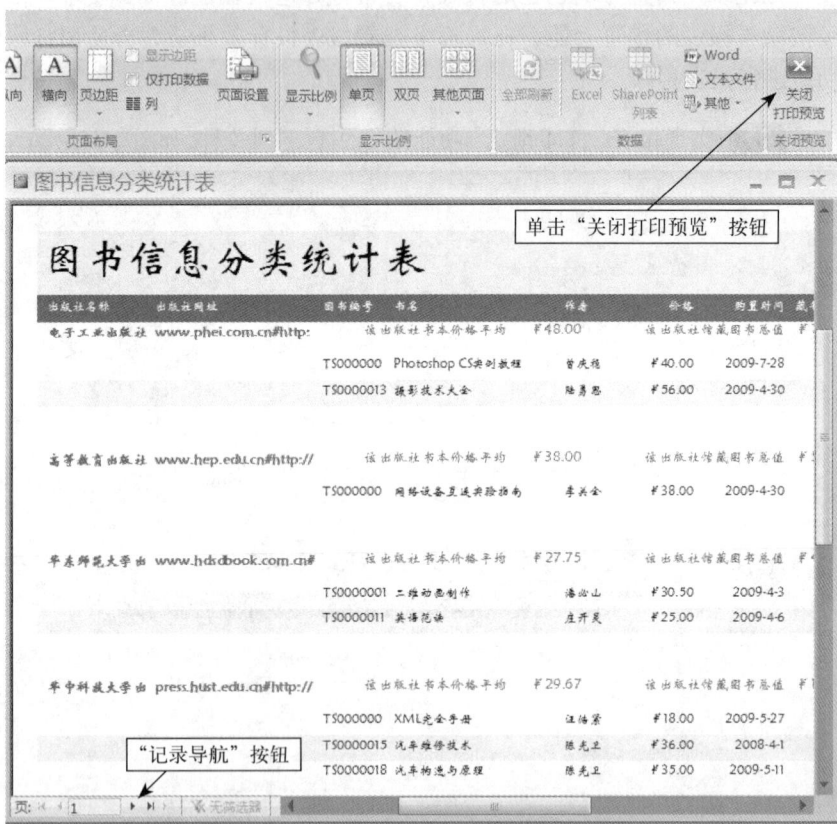

图 5.36
浏览报表页及关闭
打印预览的方法

2. 报表页面设置

在报表设计完成，准备打印输出前，还应对报表进行页面设置，具体步骤如下。

01 在打印预览视图下，单击"打印预览"选项卡的"页面设置"按钮，打开"页面设置"对话框，如图 5.37 所示。

图 5.37 报表页面设置

02 在"页面设置"对话框中进行"打印选项"、"页"和"列"的设置。

03 单击"确定"按钮,完成对报表的页面设置。

3.打印报表

打印报表的操作步骤如下。

01 在导航窗格中,选择要打印的报表。

02 单击"Office 按钮",然后单击"打印"命令,出现"打印"对话框,如图 5.38 所示。

03 根据需要在对话框中进行相应设置,然后单击"确定"按钮打印报表。

小贴士

快速打印不能更改报表的任何属性，操作方法有如下 3 种。

1）在导航窗格中，右击报表，然后单击"打印"命令。

2）在快速访问工具栏上，单击"快速打印"按钮。

3）单击"Office按钮"，指向"打印"旁边的箭头，然后单击"快速打印"命令。

图 5.38 "打印"对话框

项目小结

本项目主要通过 5 个任务，讲述了在 Access 中如何进行报表设计。

任务一讲解了用"报表"按钮迅速创建基于一个表或查询所有字段的报表。

任务二讲解了用报表向导创建基于多个表或查询，并可对数据进行分组、排序、计算的报表。

任务三介绍了报表"设计视图"及"布局视图"的作用与使用方法。

任务四介绍了使用报表设计视图与布局视图如何创建符合用户要求的报表，在这两种视图中完成对报表各种控件的布局，以及对数据的分组、统计等工作。

任务五介绍了报表的预览、页面设置以及打印的操作方法。

习 题

一、填空题

1）报表是数据库的主要对象之一，用于对数据进行_____、_____、_____。

2）使用 Access 2007"创建"选项卡中的_____按钮创建报表是最快捷的方法，会立即生成报表并不会提示任何信息。

3）为报表提供数据的表或查询也称为报表的_____。

4）一般报表的结构主要包括_____、_____、_____、_____、_____、_____、_____7 个部分。

5）在设计报表时，有时需将数据分组显示，组由_____、_____、_____和_____构成。在 Access 中最多可以有_____个嵌套组。

6）在打印或预览报表时，_____显示在最后一页上，且位于页面页脚的上方，紧靠最后一个组页脚或明细行之后。

7）Access 报表支持以下 3 种控件：_____、_____、_____。

8）在报表中添加页码与日期时间，所添加的控件属于_____。

9）在报表的分组页眉或分组页脚中添加控件以对分组中的数据进行各种统计，所添加的控件属于_____。

二、实训操作

1) 在"学生成绩管理系统"数据库中，基于"学生基本信息查询"，使用"报表"快捷按钮创建名为"学生基本信息表"的报表，如图 5.39 所示。

2) 使用报表向导创建一个报表，命名为"课程成绩分类表"。该报表能按课程名称分组显示所有学生的成绩，如图 5.40 所示。

3) 使用设计视图与布局视图创建一个报表，命名为"班级成绩分组报表"保存。该报表是一个二级分组报表，按"班级名称"与"学号"分组显示所有学生的成绩，并且在"班级名称"分组页眉中显示该班级所有的成绩记录数量，在"学号"分组页眉中显示每个学生所有课程成绩的平均分，如图 5.41 所示。

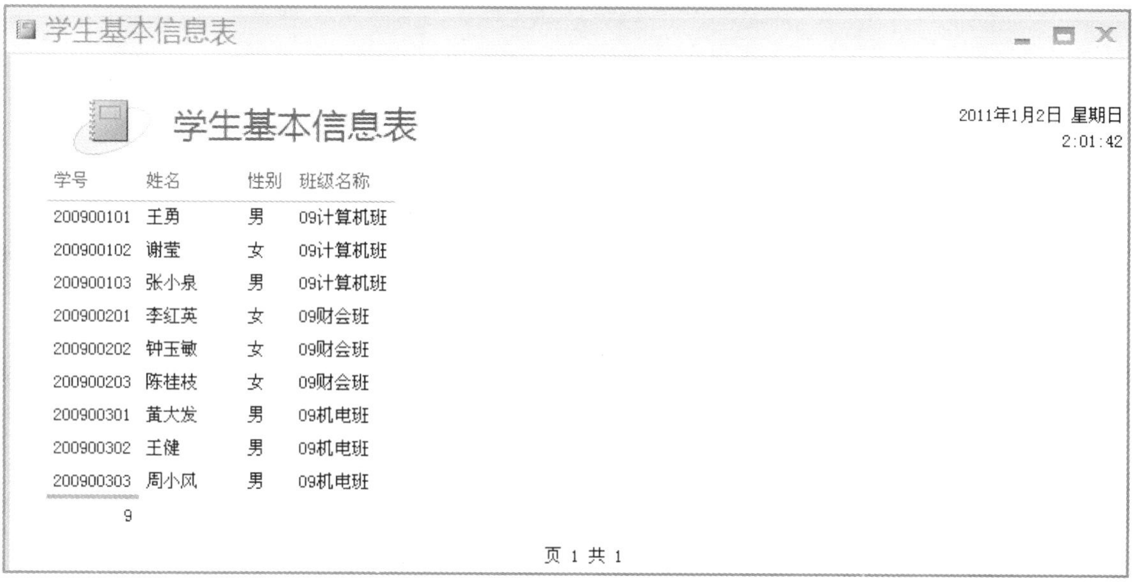

图 5.39 "学生基本信息表"报表

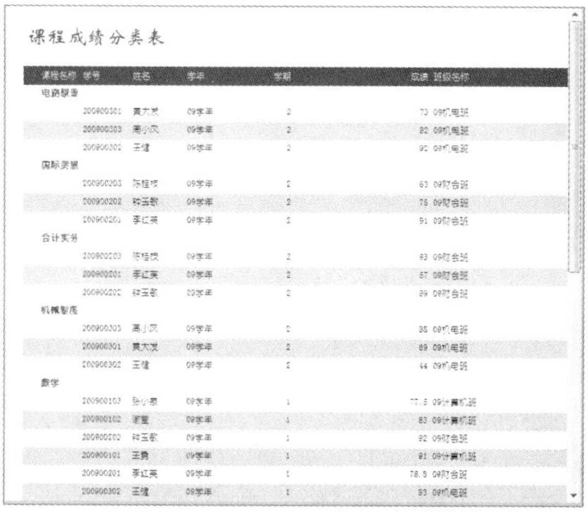

图 5.40 "课程成绩分类表"报表

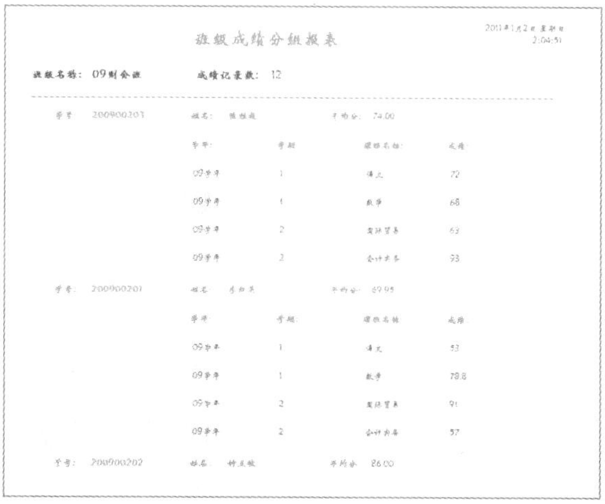

图 5.41 班级成绩分组报表

读书笔记

6

项目六 图书馆管理系统宏的设计

项目导读

　　宏是Access数据库中的一种对象，也是一种操作工具。通过宏可以将数据库中的对象（表、查询、窗体、报表等）组织起来，自动地执行某些工作。本项目将创建图书馆管理系统所需的宏，通过建立这些宏，可以将图书馆管理中一些重要的、重复的工作步骤作自动化处理。

技能目标

- 认识宏，了解宏的概念与类型。
- 学会创建宏的基本方法并能设计简单的应用实例。
- 学会调试宏的方法，使宏能完整运行。

任务一 创建一个简单的宏

任务目标 Access提供了功能强大却容易使用的宏，通过宏可以轻松完成许多在其他软件中必须编写大量程序代码才能做到的事情。本任务将介绍建立宏的基本方法，并创建一个简单的宏，用于打开"图书信息表"。

知识准备

1. 宏的基本知识

1）Access 共有 50 多种宏指令，它们和内置函数一样，可为应用程序的设计提供各种基本功能。使用宏非常方便，不需要记住语法，也不需要编程，只需利用几个简单的宏操作就可以对数据库完成一系列的操作。宏实现的中间过程是自动的。

2）宏是一个或多个操作的集合，其中的每个操作都能够实现特定的功能。在 Access 中，可以为宏定义各种类型的动作，如打开和关闭窗体、显示及隐藏工具栏、预览或打印报表等。通过运行宏，Access 能够有次序地自动完成一连串的操作。

3）事件是一种特定的操作，在某个对象上发生或对某个对象发生。Microsoft Access 可以响应多种类型的事件，如：单击、数据更改、窗体打开或关闭等。事件的发生通常是用户操作的结果。

4）事件过程是为响应由用户或程序代码引发的事件或由系统触发的事件而运行的过程。事件（Event）是指对象所能辨识或检测的动作，当此动作发生于某一个对象上，其相对的事件便会被触发。如果预先为此事件编写了宏或事件程序，则该宏或事件程序便会被执行。例如，用鼠标单击窗体上的按钮，该按钮的单击（Click）事件便会被触发，指派给单击事件的宏或事件程序也就跟着被执行。

5）在 Access 中，宏可以包含一组操作序列指令，也可以是由若干个宏构成的宏组。在宏中还可以使用条件表达式来决定在什么情况下运行宏，以及在运行宏时是否进行某项操作。

2. 常用的宏命令

在 Access 中提供了各种不同类型的宏命令，可以用于自动执行应用程序，这些宏命令几乎涵盖了数据库管理的全部细节。可以将 Access 中的宏命令看作是具有一定功能的代码，宏是通过执行一系列代码（宏命令）来完成操作的。表 6.1 中列出了经常会使用到的一些宏命令，要进一步认识更多的宏命令，请参阅附录 A。

表 6.1　常用宏命令及其操作

宏命令	执行操作
OpenTable	打开数据表
OpenForm	打开窗体
OpenReport	打开报表
OpenQuery	执行查询
Quti	关闭数据库
Close	关闭指定窗口
CloseDatabase	关闭当前数据库
Maximize	将当前作用窗口最大化
Minimize	将当前作用窗口最小化
Restore	恢复当前作用窗口原来大小
Save	存储指定对象
RunSQL	执行指定的操作查询
Hourglass	执行宏时，设置鼠标为沙漏图标
OnError	指定宏发生错误时的处理方式
RunApp	执行应用程序，如 Word、Excel 等
RunCommand	执行 Access 内置命令
RunMacro	执行其他宏
CandelEvent	取消当前宏执行的事件
StopMacro	停止当前正在执行的宏
StopAllMacros	停止所有的宏
SetValue	设置字段、控件或属性的值
GoToControl	将焦点移到指定的控件
GoToRecord	移动到指定记录
FindRecord	查找符合查询条件的第一条记录
FindNext	寻找符合条件的下一条记录
Beep	通过计算机扬声器发出声音
MsgBox	显示消息对话框

任务实施

宏的创建方法和 Access 其他对象的创建方法不同，其他对象都可以通过向导与设计视图进行创建，但是宏只能通过设计视图进行创建。

01 打开东方职业技术学校图书馆管理系统，在 Access 2007 功能区单击"创建"选项卡的"其他"组中的"宏"按钮，此时将打开一个空白的宏设计视图，如图 6.1 和图 6.2 所示。

02 单击自定义快速访问工具栏上的 ![icon] 按钮（或按 Ctrl+S 组合键），将新建的空白宏命名为"简单的宏"保存。

由图 6.2 可以看到，宏的设计视图分为上下两个部分，上面的部分是设计网格，用于设置宏命令，下面的操作参数栏用于设置每个宏命令运行时所需的操作参数。

图 6.1
单击"宏"按钮

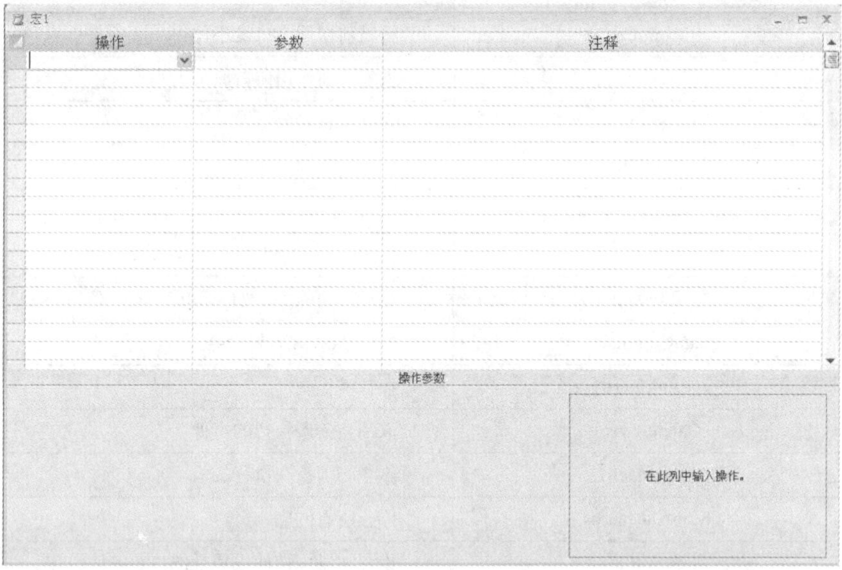

图 6.2
空白的宏设计视图

在设计网格中有 3 列：操作、参数、注释，这 3 列的作用如下。

● "操作"列：在"操作"列中可以输入或选择要使用的宏命令。

● "参数"列："参数"列用于显示用户为宏命令设置的操作参数，参数之间以逗号分隔。用户在下方操作参数栏中为宏命令设置的任何参数，在设置完后都将显示在"参数"列中。"参数"列不允许用户直接向其中输入任何内容。

● "注释"列：在"注释"列中用户可输入一些说明性的文字，可以使用该列对同行的宏命令进行注释，以方便宏的维护。

下面，开始为"简单的宏"添加各行宏命令。

03 在宏设计视图第 1 行的"操作"列中，选择宏命令 Hourglass，该命令用于在宏运行期间显示一个沙漏图标，如图 6.3 所示。

选择完成后，在设计视图的下方设置操作参数，将"显示沙漏"设置为"是"，如图 6.4 所示。

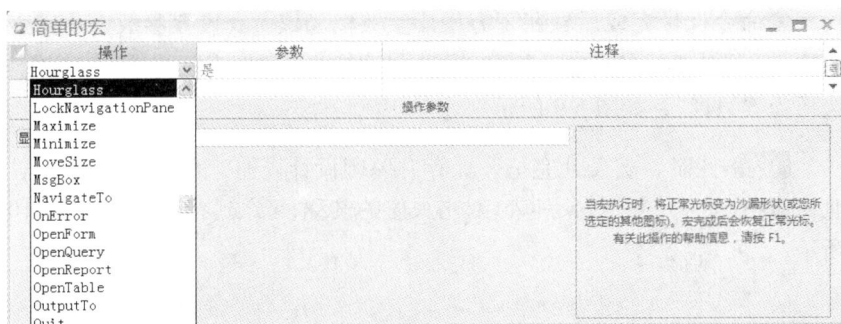

图 6.3
选择 Hourglass 宏命令

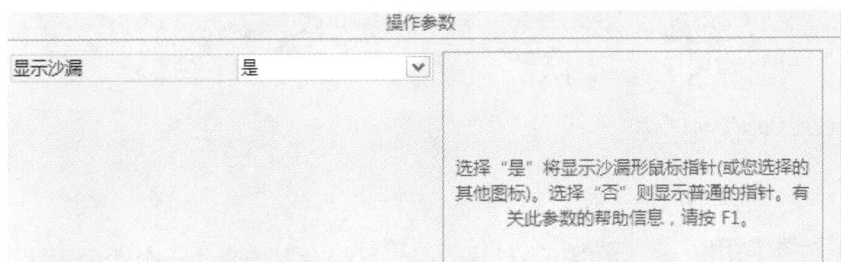

图 6.4
"显示沙漏"设置

04 在宏设计视图第 2 行的"操作"列中，选择宏命令 Beep，该命令能通过计算机的扬声器发出嘟嘟声，且该命令无须设置操作参数，如图 6.5 所示。

05 继续在宏设计视图第 3 行的"操作"列中，选择宏命令 MsgBox，该命令将弹出一个消息对话框，如图 6.6 所示。

在宏命令选择好后，在下方为该宏命令设置操作参数。在"消息"文本框中输入"您正在打开图书信息表"，将"发嘟嘟声"选择为"是"，将"类型"选择为"无"，如图 6.7 所示。

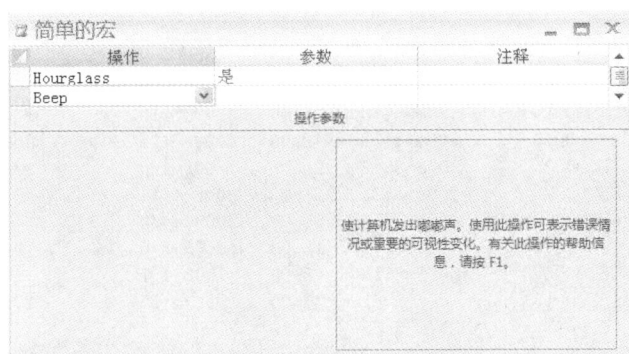

图 6.5　选择 Beep 宏命令

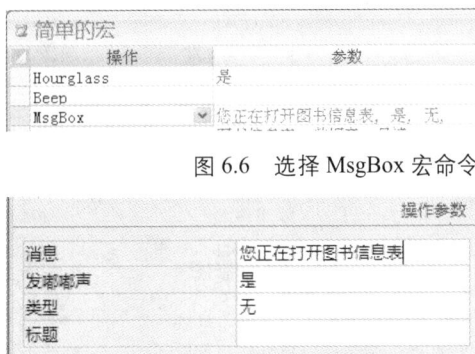

图 6.6　选择 MsgBox 宏命令

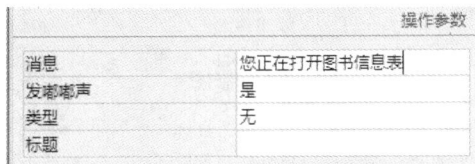

图 6.7　设置操作参数

06 继续在宏设计视图第 4 行的"操作"列中，选择宏命令 OpenTable，该命令用于打开一个数据表，如图 6.8 所示。

宏命令选择完成后，在下方操作参数栏为该命令设置参数，将"表名称"选择为"图书信息表"，将"视图"选择为"数据表"，将"数据模式"选择为"只读"，如图6.9所示。

07 此时，宏设计完毕，保存并关闭设计视图。在 Access 左侧导航窗格中，展开"宏"对象列表，双击该宏的名称，可以运行该宏，如图6.10所示。

图 6.8　选择 OpenTable 宏命令

图 6.9　设置 OpenTable 参数

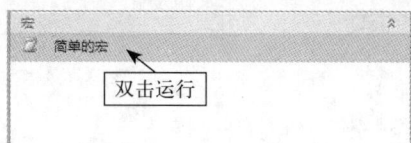

图 6.10　运行宏

08 运行该宏时，鼠标会首先变为一个沙漏形状，接着计算机会发出嘟的一声，然后弹出如图6.11所示的消息对话框。

在该对话框中单击"确定"按钮后，将以只读方式打开"图书信息表"，如图6.12所示。

图 6.11　运行宏时的提示框

图书编号	书名	作者	出版社编号	出版日期	价格	购置时间	藏书数量
TS0000001	二维动画制作	潘必山	CBS0008	2008-11-22	￥30.50	2009-4-3	5
TS0000002	实用UNIX教程	路盖	CBS0003	2009-4-30	￥45.00	2009-8-20	6
TS0000003	金融基础知识	吴绅达	CBS0007	2007-12-15	￥28.00	2009-3-21	9
TS0000004	实用C语言编程	周孝净	CBS0001	2009-2-11	￥32.00	2009-8-12	6
TS0000005	Photoshop CS实例教程	曾庆稳	CBS0002	2008-3-9	￥40.00	2009-7-28	10
TS0000006	国际金融	李家澄	CBS0004	2009-1-12	￥27.00	2009-5-6	8
TS0000007	XML完全手册	汪浩紧	CBS0006	2009-3-21	￥18.00	2009-5-27	12
TS0000008	网络设备互连实验指南	李关全	CBS0005	2009-2-17	￥38.00	2009-4-30	14
TS0000009	计算机应用基础	黄志君	CBS0001	2009-3-8	￥33.00	2009-3-15	10
TS0000010	数据库应用技术	洪智闻	CBS0001	2009-4-23	￥42.00	2009-6-14	25
TS0000011	英语范读	庄开灵	CBS0008	2009-3-12	￥25.00	2009-4-6	13
TS0000012	网页制作	刘枢详	CBS0007	2008-3-21	￥31.00	2008-4-14	9
TS0000013	摄影技术大全	陆勇思	CBS0002	2009-2-28	￥56.00	2009-4-30	7
TS0000014	语文应用文写作	岳广莹	CBS0001	2009-2-7	￥18.00	2009-3-6	10
TS0000015	汽车维修技术	陈光卫	CBS0006	2008-3-16	￥36.00	2008-4-1	15
TS0000016	VB.net可视化编程	张进力	CBS0001	2009-3-21	￥33.00	2009-5-25	10
TS0000017	电子商务基础	苏毅	CBS0003	2008-3-28	￥24.00	2009-1-28	6
TS0000018	汽车构造与原理	陈光卫	CBS0006	2009-2-3	￥35.00	2009-5-11	20
TS0000019	汽车故障诊断技术	梁绍泉	CBS0001	2009-4-25	￥36.00	2009-7-18	20
TS0000020	英语寓言故事	莫临立	CBS0004	2009-1-20	￥15.00	2009-5-9	6

图 6.12　以只读方式打开的"图书信息表"

由本例可见，一个宏中可包含一系列的操作指令（宏命令）。最简单的情况下，宏中的各条宏命令是按顺序自动执行的。

图 6.13　打开宏的设计视图

任务二　创建条件宏

任务目标　简单宏是最基本的宏，只有操作指令、操作参数和注释可以定义。如果需要对执行的操作指令设置一些必要条件，那么就应该使用条件宏。本任务将创建一个条件宏，该宏用于检查在"录入图书信息"窗体中，用户是否有输入必要的数据。

任务实施

在项目四中创建的"录入图书信息"窗体用于数据库中输入图书信息数据，通过该窗体输入的数据将保存到"图书信息表"中。对于"图书信息表"中的每一条记录，其中"图书编号"、"书名"、"出版社编号"等字段应该必须填写。

为此，建立一个名为"检查图书信息输入宏"的条件宏，以检查用户在"录入图书信息"窗体中是否有输入必要的数据。按如下步骤设计该宏。

01　在 Access 2007 功能区单击"创建"选项卡的"其他"组中的"宏"按钮，打开一个空白的宏设计视图。

02　切换到"设计"选项卡，在"显示/隐藏"组中，单击"条件"按钮，此时宏设计视图如图 6.14 所示。

如图 6.14 所示，在宏的设计视图中，多出了一个"条件"列。"条件"列用于设置执行宏操作时需要的条件，只有当条件满足时才执行同一行"操作"列所指定的宏命令，否则跳过该行的宏命令，直接执行下一行宏命令。

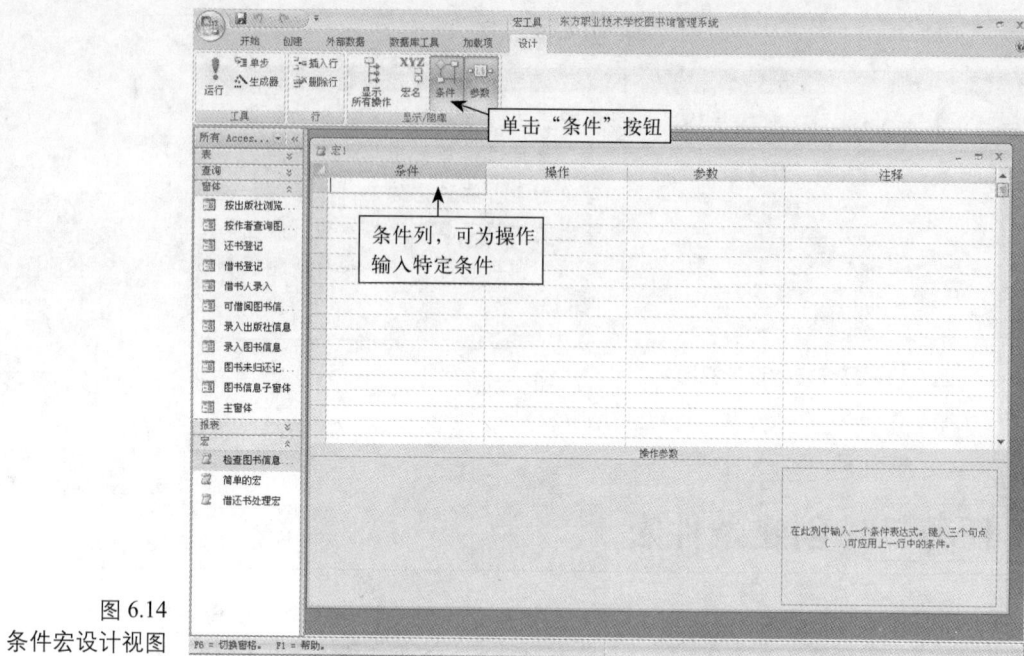

图 6.14
条件宏设计视图

03 在设计网格中输入如图 6.15 所示的宏命令，并对各宏命令作相关的操作参数设置。

该宏的设计要点如下。

1）在图 6.15 所示设计网格第 1 行"条件"列中，输入了"IsNull([Forms]![录入图书信息]！[图书编号])"这一条表达式。其中"[Forms]![录入图书信息]！[图书编号]"是引用窗体控件的语法，意指引用"录入图书信息"窗体中名称为"图书编号"的控件。

IsNull（）是 Access 的内置函数，用于判定数据是否为空。

因此，条件表达式"IsNull([Forms]![录入图书信息]！[图书编号])"能判断出，用户在"录入图书信息"窗体中，在"图书编号"文本框内，是否有输入数据，若没有，则会显示一个消息框，提示用户输入。

条件	操作	参数
IsNull([Forms]![录入图书信息]![图书编号])	MsgBox	图书编号不能为空！，是，警告！，
...	CancelEvent	
...	GoToControl	[图书编号]
...	StopMacro	
IsNull([Forms]![录入图书信息]![书名])	MsgBox	书名不能为空！，是，警告！，
...	CancelEvent	
...	GoToControl	[书名]
...	StopMacro	
IsNull([Forms]![录入图书信息]![出版社编号])	MsgBox	出版社编号不能为空！，是，警告！，
...	CancelEvent	
...	GoToControl	[出版社编号码]
...	StopMacro	
	OnError	下一个，
	RunCommand	SaveRecord
[MarcoError]<>0	MsgBox	=[MacroError].[Description]，

图 6.15
设计网格中输入的宏命令
及其参数

2）在图 6.15 所示宏设计网格中，第 2 行"条件"列中，输入了 3 个西文句点"…"，用于表示与上一行条件表达式相同。在此行的"操作"列中设置了 CancelEvent 宏命令，即当用户未输入图书编号时，取消窗体的更新数据事件。

3）在图 6.15 所示宏设计网格中，第 3 行与第 4 行的"条件"列中也输入了 3 个西文句点"…"，表示与前一行条件表达式相同，此两行的"操作"列中设置了"GoToControl"与"StopMacro"宏命令，作用分别是将输入焦点返回到"录入图书信息"窗体中的"图书编号"文本框内，以及停止当前宏的运行。

4）在图 6.15 所示宏设计网格的第 5 行到第 12 行，设置了类似的条件，用于检查用户有否输入书名与出版社编号两个数据。

5）在图 6.15 所示的设计网格中，第 13 行宏命令没有设置条件，该行设置了一个 OnError 宏命令。此命令指定了当宏发生错误时的处理方式，此处参数设置为"下一个"是表示当错误发生时不停止宏，而是继续运行，产生的错误会记录于 MacroError 对象。

6）该宏的第 14 行宏命令是设置为 RunCommand，执行的具体命令是 SaveRecord，即保存被更改的记录。

7）该宏的最后一行，"条件"列中表达式为"[MacroError]>0"。该表达式用于判定在宏执行过程中有否发生错误，若发生的错误数目大于 0，则执行该行"操作"列中设置的宏命令 MsgBox，显示一个消息框，该消息框内显示的内容就是系统对所发生的错误的描述信息。

04　宏设计完成后，将其命名为"检查图书信息输入宏"保存。此时，这个宏还不能产生作用，还需要对窗体"录入图书信息"作进一步修改，通过按钮调用该宏。

05　将"录入图书信息"窗体在设计视图中打开，打开控件向导，为窗体添加两个按钮，一个是"新增"按钮，作用是新增一条记录，一个是"关闭"按钮，作用是关闭窗体。

06　关闭控件向导，为窗体添加另外一个按钮，按钮标题设置为"保存"，如图 6.16 所示。

07　在设计视图中选择"保存"按钮，打开其属性表，在"事件"选项卡中，设置其"单击"事件。在"单击"右侧的组合框中，选择事件响应为"检查图书信息输入宏"，如图 6.17 所示。

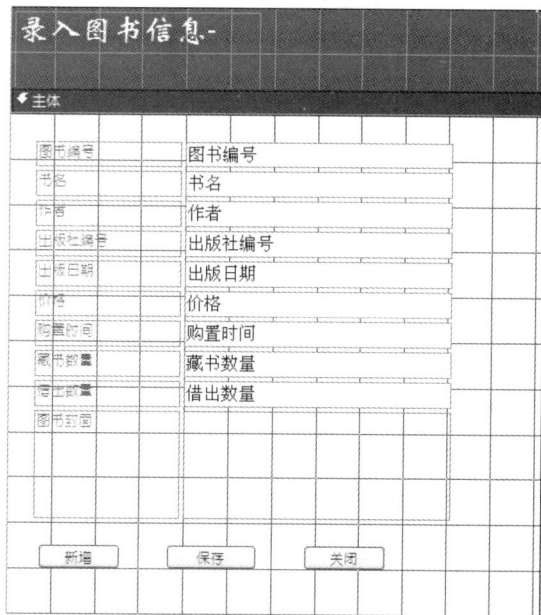

图 6.16　为"录入图书信息"窗体添加按钮

设置完成后，当用户在该窗体上新增记录，或修改了已有数据，单击"保存"按钮时，"检查图书信息输入宏"将自动执行，对用户输入的数据作检查。若未输入指定数据项，则发出警告信息，并停止更新数据，如图 6.18 所示。

图 6.17 设置"单击"事件

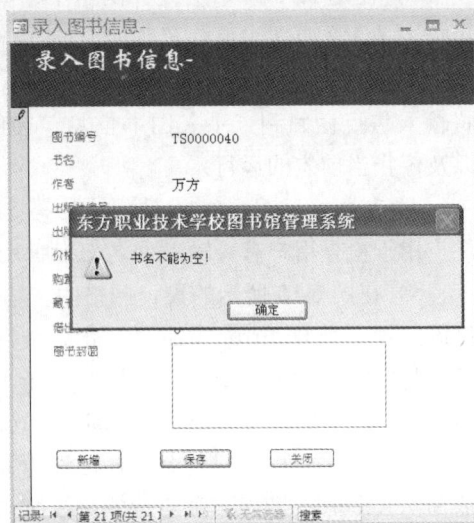

图 6.18 警告信息

任务三 创建"借还书处理宏组"

任务目标 宏是操作的集合，而如果将多个宏组织起来就得到了宏组。建立宏组后，宏组中的每一个宏都应有一个唯一的宏名，以便可根据宏组名和宏名来运行宏组中不同的宏。本任务将创建一个宏组，该宏组中包含有两个宏，用于执行图书馆管理系统在图书借出与归还时进行的关联数据更新操作。

任务实施

在图书馆管理系统应用中，每当借出图书时，应该在"借还书记录表"中添加一条借书记录，记录图书的借出情况，如借书人是谁、图书号是什么、借出日期是何时等信息，同时，在"图书信息表"中，还应更新该借出图书的相关记录，将该图书的借出数量作加一处理，以记录该图书总共借出多少本。

当图书归还时，管理系统应能更新当初借出时在"借还书记录表"中添加的相应记录，填写好还书日期以及还书是否完好等信息。此外，还应再次更新"图书信息表"，更新该图书在表中的相应记录，将借出数量作减一处理。

由于无论是借出还是归还，都需要涉及到两个数据表的更新，工作较为繁琐。即使是设置了相应的更新查询，如果依靠管理员手工运行更新查询，也难免会保证不出错。

为此，可考虑为图书借出与归还管理设置一个宏组，宏组中包含有两个宏，分别对应借书与还书过程，自动化地执行相关的更新查询操作，以保证数据库数据的完整性。

在创建宏组之前，应在查询视计视图中打开在项目三中创建的"借出图书更新查询"和"归还图书更新查询"，并按图 6.19 和图 6.20 所示进行修改。

由图 6.19 与图 6.20 可见，两个更新查询分别引用了"借书登记"与"还书登记"窗体中的"图书号"控件，以此更新"图书信息表"中对应图书编号的图书的借出数量。当借出时，"借出数量"字段是加一；当还书时，"借出数量"字段是减一。

将相关更新查询修改、保存后，按以下步骤创建宏组。

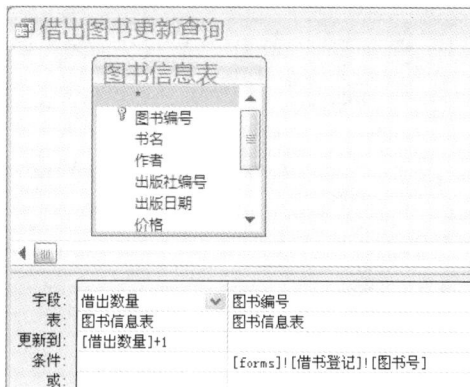

图 6.19　修改"借出图书更新查询"

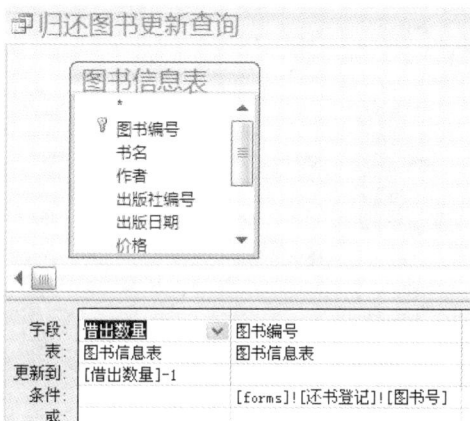

图 6.20　修改"归还图书更新查询"

01 在宏设计视图中创建一个空白宏，如图 6.21 所示，在"设计"选项卡中，单击"宏名"、"条件"、"参数"、"显示所有操作"等按钮。

从图 6.21 可见，现在宏的设计窗口中一共有 5 列：宏名、条件、操作、参数、注释。

由于在宏组中包含有不同的宏，每一个宏组中的宏都有各自的名称，因此在创建宏组时，必须将"宏名"列显示出来。

02 接下来，根据任务要求，在空白表格中输入宏名、条件、以及相应的宏命令，设计"借还书处理宏组"。

1）首先定义第一个宏名"归还图书宏"，然后在该宏内定义两个操作，分别是打开"归还图书更新查询"和"还书记录更新查询"。

2）定义第二个宏名"借出图书宏"，在该宏内定义 4 个操作，分别是打开"借出图书更新查询"、定义错误处理行为、保存记录、显示宏运行错误消息框。

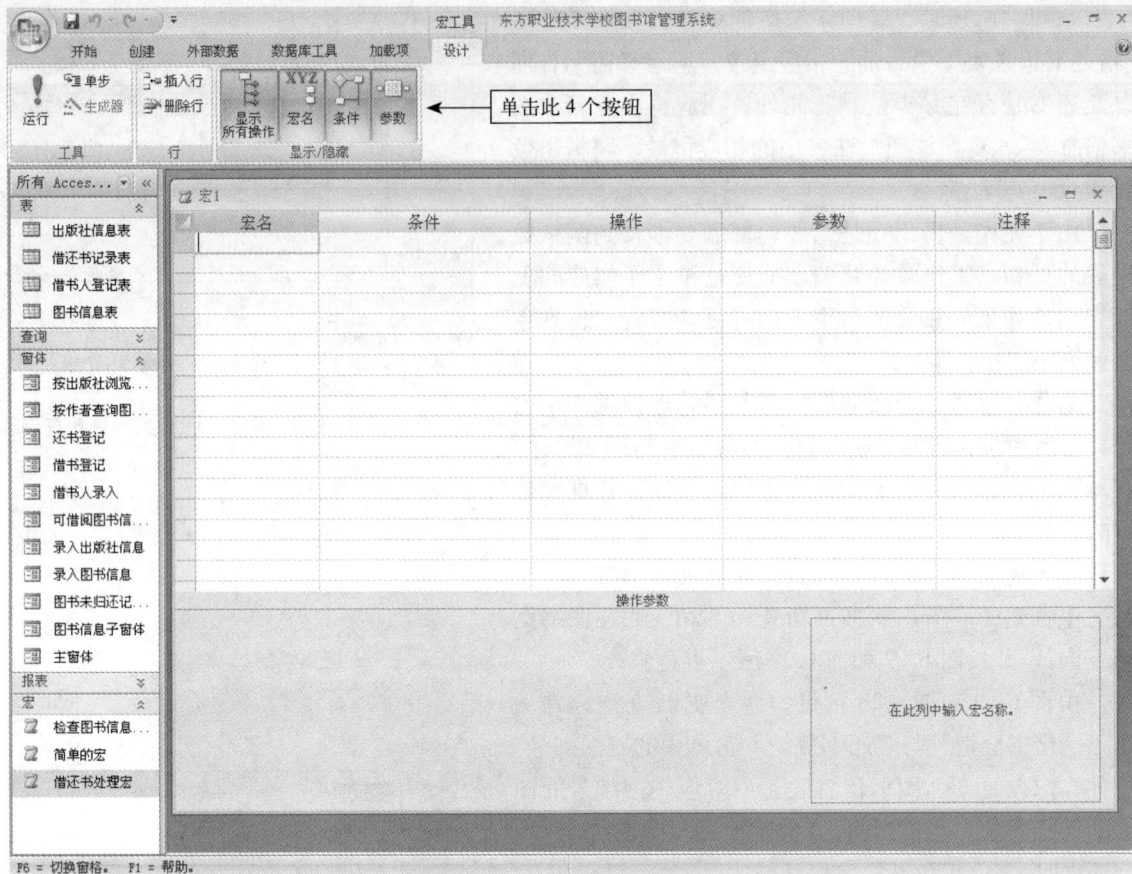

图 6.21　单击 4 个按钮

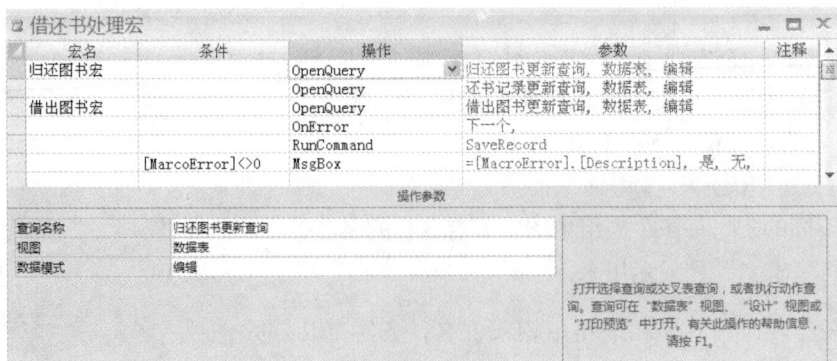

图 6.22　宏组

3）最后，将宏组命名保存为"借还书处理宏"，并关闭设计视图。

该宏组的设计如图 6.22 所示。

宏组设计完成后，需要将宏组应用到"还书登记"与"借书登记"两个窗体上。

03 在窗体设计视图中打开"还书登记"窗体，选择窗体上的"登记"按钮，打开其属性表，在"事件"选项卡中，设置其"单击"事件的响应动作为"借还书处理宏.归还图书宏"，如图 6.23 所示。

04 在窗体设计视图中打开"借书登记"窗体，选择窗体上的"保存记录"按钮，打开其属性表，在"事件"选项卡中，设置其"单击"事件的响应动作为"借还书处理宏.借出图书宏"，如图 6.24 所示。

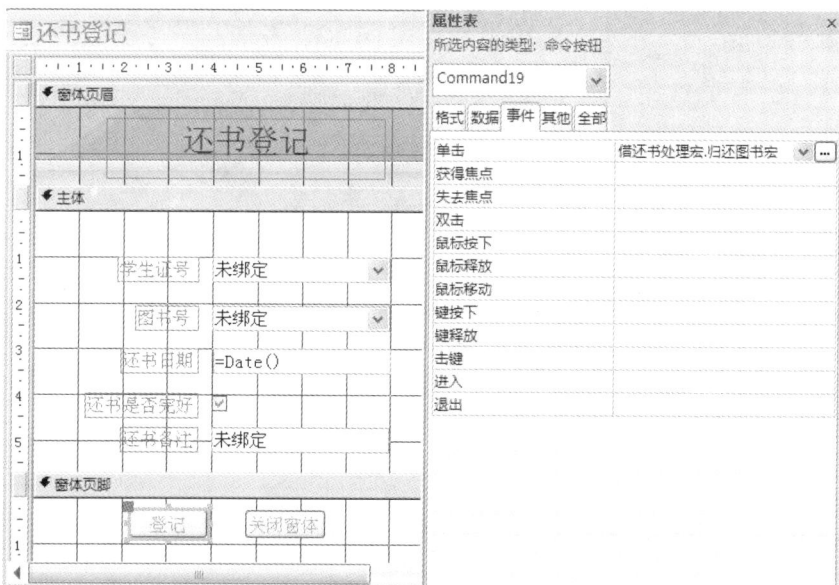

图 6.23
设置"登记"按钮的"单击"事件

图 6.24
设置"保存记录"按钮的"单击"事件

设置完毕后，保存窗体。切换到窗体视图，当每次在"借书登记"窗体中添加新的借书记录，并单击"保存记录"按钮，或在"还书登记"窗体中登记还书信息，并单击"登记"按钮时，"借还书处理宏"就会自动调用其宏组内对应的宏，自动运行更新查询更新相关的数据，如图 6.25 和图 6.26 所示。

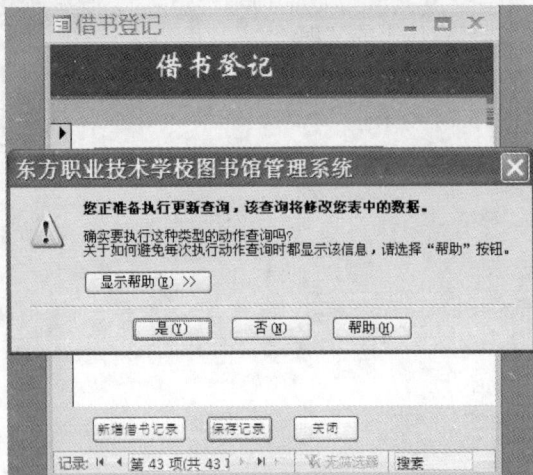

图 6.25　更新借书登记

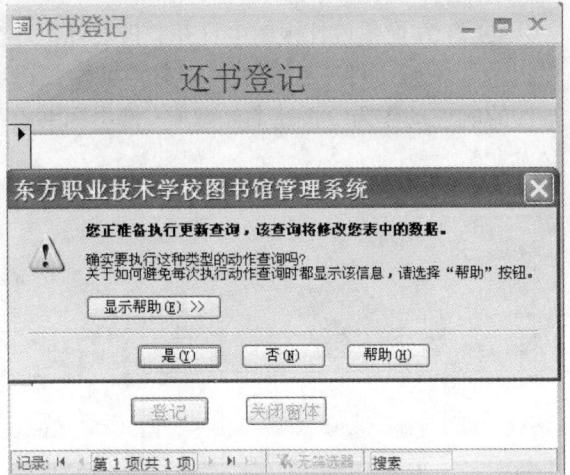

图 6.26　更新还书登记

任务四　调试宏

任务目标　在宏设计完成之后，应该对宏进行调试。宏调试的目的，就是要找出有可能导致宏失效的错误原因和出错位置，以便使宏能达到预期的设计效果。本任务将简要介绍宏的调试方法。

📖 知识准备

1. 宏的错误类型

1）语法错误。宏的语法错误主要在创建宏时发生，当语法错误发生时，系统会给出错误提示，如图 6.27 所示。

2）运行错误。运行错误主要是指宏的某一行宏命令操作失败。此时，系统会给出错误提示，如图 6.28 所示。

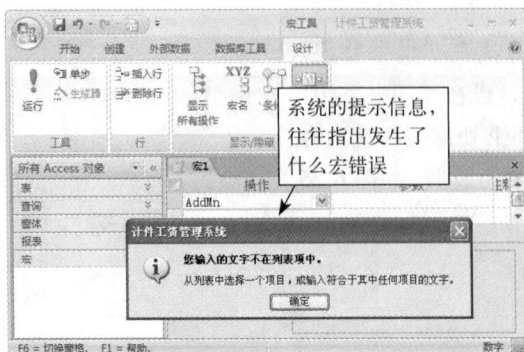

图 6.27　语法错误提示

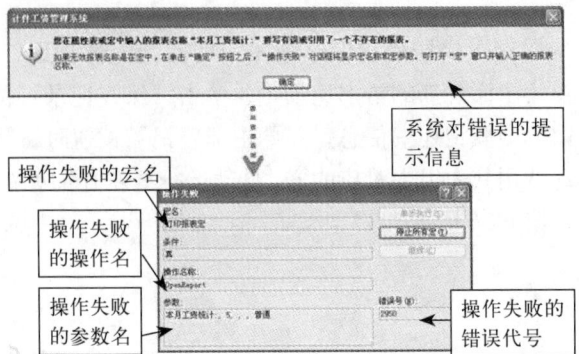

图 6.28　运行错误提示

2．宏的调试

Access 2007 提供了单步运行宏的方法来进行宏的调试。

1）启动单步运行宏模式。在宏的设计视图中，选择"设计"选项卡，单击"工具"组中的"单步"按钮，然后再单击"运行"按钮，此时即进入单步运行宏模式，如图 6.29 所示。

2）在宏单步运行过程查找可能的错误。进入单步运行方式后，每执行一条操作，都将弹出如图 6.30 所示的对话框。在该对话框中，单击"单步执行"按钮，会一步一步地执行每一条宏命令，其中每一条宏命令的"条件"、"操作名称"、"参数"等都会显示在该对话框中。

单击"停止所有宏"按钮，将会停止宏中所有宏命令的执行；单击"继续"按钮会将宏继续执行完毕。

另外，当对话框中"错误号"为 0 时，表示执行的宏命令无错误，如图 6.30 所示。

图 6.29　单步运行宏

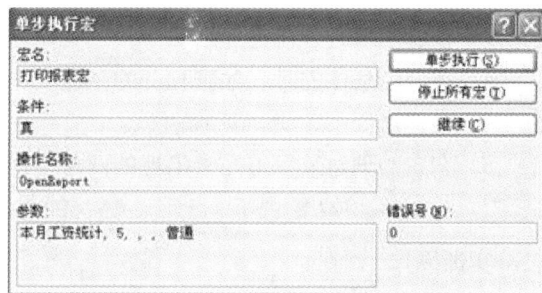

图 6.30　"单步执行宏"对话框

任务实施

打开在任务三中创建的"借还书处理宏"，按照图 6.29 和图 6.30 所介绍的方法，对其进行单步运行调试，使该宏组的所有操作都能顺利执行。

项目小结

　　宏对象是 Access 2007 中的一种操作工具，它可以让应用程序自动化地执行某些任务与操作，使数据库的使用过程得以简化。

　　本项目主要通过 4 个任务使读者学习与掌握宏对象的使用方法。

　　任务一介绍了如何使用宏的设计视图创建宏。

　　任务二与任务三介绍了条件宏与宏组的创建方法，并讲解了如何通过宏将查询、窗体等数据对象联系起来协调工作。

　　任务四主要介绍了宏的调试技术，通过单步运行模式排除宏中可能存在的错误。

习　题

一、填空题

　　1）宏是_____的集合。

　　2）事件过程是为响应由_____的事件而运行的过程。

　　3）创建宏组时，在设计视图中一定要显示_____列。

　　4）在创建条件宏时，如果相邻的条件表达式相同，则条件可以用_____代替。

　　5）在宏命令中，OpenForm 代表_____操作，而 OpenQuery 代表_____操作。

　　6）在宏的创建过程中经常出现的两种错误是_____和_____。

　　7）Access 2007 提供了_____的方法来进行宏的调试。

二、实训操作

　　1）在"学生成绩管理系统"数据库中设计一个宏，该宏运行时能弹出一个消息对话框，提示正在打开"学生成绩浏览"窗体，消息对话框经用户确定关闭后，能自动打开"学生成绩浏览"窗体，并将该窗体最大化显示。

　　2）在"学生成绩管理系统"数据库中设计一个宏，该宏能检查用户在"学生成绩录入窗体"的各个控件中是否有输入内容，如有任一项数据未输入，则会弹出一个对话框提示用户，并取消对数据的保存操作。

7

项目七　数据的导入、导出与应用程序管理

项目导读

　　Access 2007 提供的导入／导出功能可以实现 Access 数据对象与各类不同数据格式的文档之间的转换，使 Access 可以快速地获取其他应用程序的数据（例如，FoxPro、Excel、SQL Server、文本文件等），也可以将 Access 中的数据转换成其他类型的文件，以实现数据资源的共享。

　　另外，Access 2007 可以为用户自己设计的数据库应用程序提供不同的运行选项，以方便用户的应用管理。

　　本项目将学习如何使用 Access 2007 的导入、导出功能，并对图书馆管理系统应用程序的运行选项进行设置，以方便用户使用。最后，将设置好的图书馆管理系统生成 ACCDE 格式文件，以提高系统的安全性。

技能目标

- 学会使用 Access 2007 的导出／导入功能。
- 学会在 Access 2007 中启动 Word 的邮件合并功能批量生成信函文档。
- 学会设置 Access 2007 应用程序的运行选项。
- 学会生成 ACCDE 文件以增强系统安全性。

任务一 将图书信息表导出到 Excel 数据表中

■ 任务目标 Microsoft Office Excel 2007 具有强大的数据运算和分析处理功能，在实际应用中，可以将数据库对象导出到 Excel 中，在 Excel 中进行分析处理以后，再将处理过的数据导入到数据库中。通过本任务，将学习如何将数据库中的数据表导出到 Excel 工作表中。

知识准备

Access 提供了能够存取多种数据格式的功能，能与其他应用程序共享数据。Access 能够存取的外部数据格式有 Excel、FoxPro、SQL Server、文本文件、ODBC 数据库、XML 文件等。导出数据就是将 Access 中的数据转换为其他格式的数据或其他的数据库文件。

任务实施

01 进入"东方职业技术学校图书馆管理系统.accdb"，在导航窗格中展开"表"对象列表，双击打开要导出的"图书信息表"数据表，然后单击"外部数据"标签。

02 在"外部数据"选项卡的"导出"组中，单击 Excel 按钮，如图 7.1 所示。

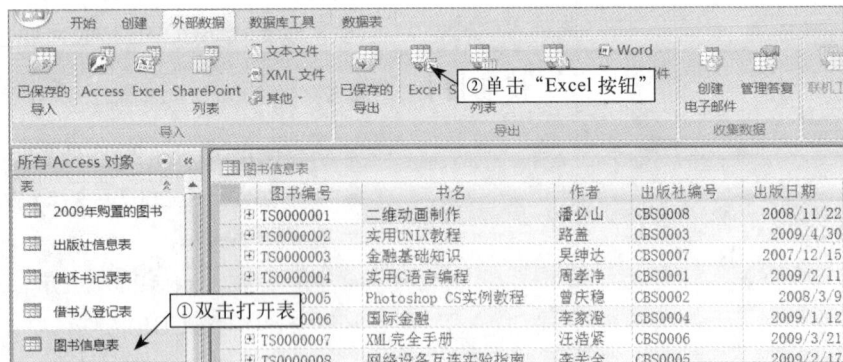

图 7.1
打开表并单击 Excel 按钮

03 单击 Excel 按钮后，打开如图 7.2 所示的对话框。在该对话框内指定导出的目标文件和文件格式：单击对话框中的"浏览"按钮选择导出文件的存储地址，在"文件格式"下拉列表框中选择需要导出的文件格式，如 Excel 工作簿。

另外，在如图 7.2 所示对话框中，也允许只导出数据表的一部分数据。要完成此操作，只需在数据表打开的情况下，将需要导出的记录选中，然后在图 7.2 所示对话框中，勾选导出选项中的第三项即可。

"导出"对话框设置好后，最后单击"确定"按钮，即可完成导出操作。

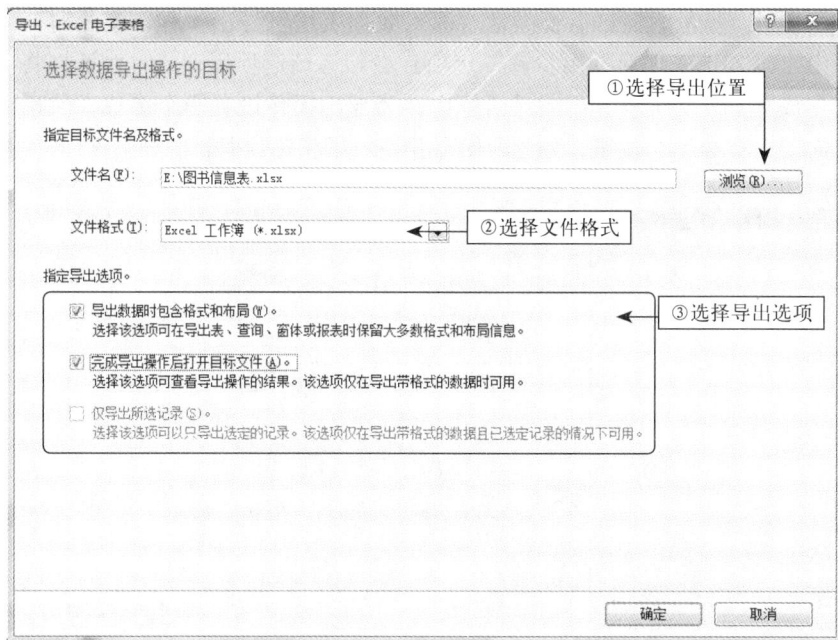

图 7.2
指定导出的目标文件及格式

04 导出完成后，Access 2007 会在用户指定的位置生成一个 Excel 工作簿。由于上述操作中选择了导出选项的第二项，Access 2007 将自动打开该 Excel 工作簿显示导出的数据，如图 7.3 所示。

图 7.3
Excel 工作簿中导出的数据

05 回到 Access 2007 工作环境，此时将弹出询问是否保存导出的对话框，如图 7.4 所示。

06 若考虑到日后要经常对同一数据表进行导出操作，在此对话框中可以勾选"保存导出步骤"选项。当勾选该选项后，此时对话框将变化成如图 7.5 所示。在该对话框中，为导出操作设置一个名称，然后单击"保存导出"按钮。如此即保存并完成了相关数据表的导出操作。

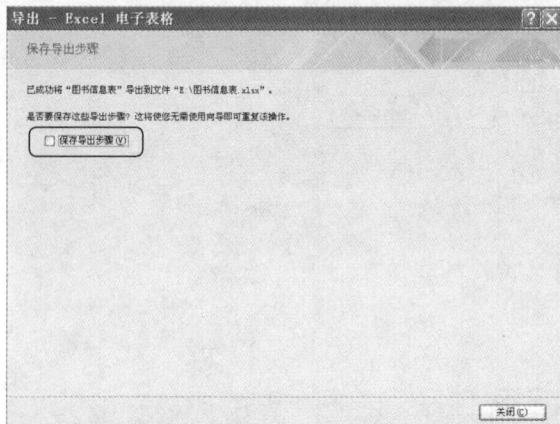

图 7.4 询问是否保存

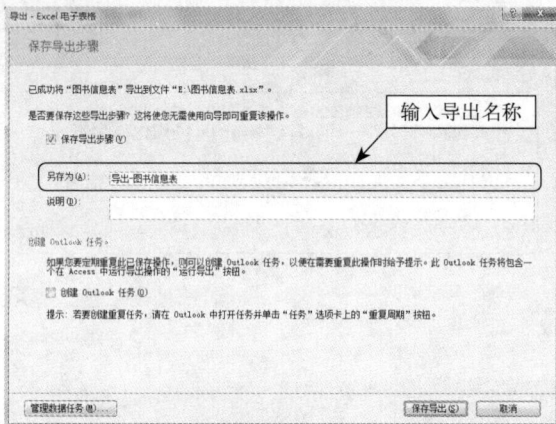

图 7.5 保存导出步骤

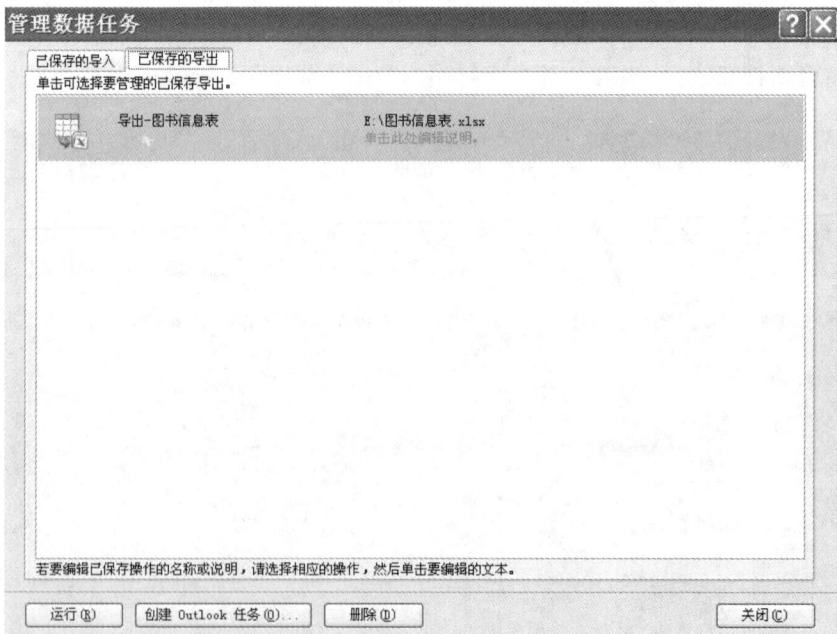

小贴士

如果要再次对同一数据表进行导出，可以在"外部数据"选项卡的"导出"组中，单击"已保存的导出"按钮。此时将弹出一个"管理数据任务"对话框，如图 7.6 所示。

图 7.6 "管理数据任务"对话框

在该对话框中，选择已保存的导出操作名称，然后单击左下方的"运行"按钮，即可将同样的导出任务再次运行。

任务二 将 Excel 数据表导入到图书馆管理系统中

任务目标 Excel 具有强大的数据运算和分析处理功能。在使用过程中，可以将数据库的数据导出到 Excel 中。在 Excel 中进行处理以后，再将处理过的数据导入到数据库中。通过本任务，将学习如何操作 Excel 工作表的导入。

知识准备

1）向数据库添加数据的方式主要有两种：一种是在数据表或者窗体中手工输入数据，另一种是利用 Access 的数据导入功能，将外部数据导入到当前数据库中。

2）对于 Access 2007 而言，可以导入多种不同格式的数据，包括导入其他 Access 数据库的数据、Microsoft office Excel 和 Microsoft office Outlook 的数据、文本文件（*.txt、*.csv、*.tab、*.asc 等）以及 XML 文件。所有导入到 Access 中的数据，在导入后都将转换为 Access 的数据库文件格式。

任务实施

01 如图 7.7 所示，进入"东方职业技术学校图书馆管理系统 .accdb"后，单击"外部数据"选项卡的"导入"组中的 Excel 按钮。

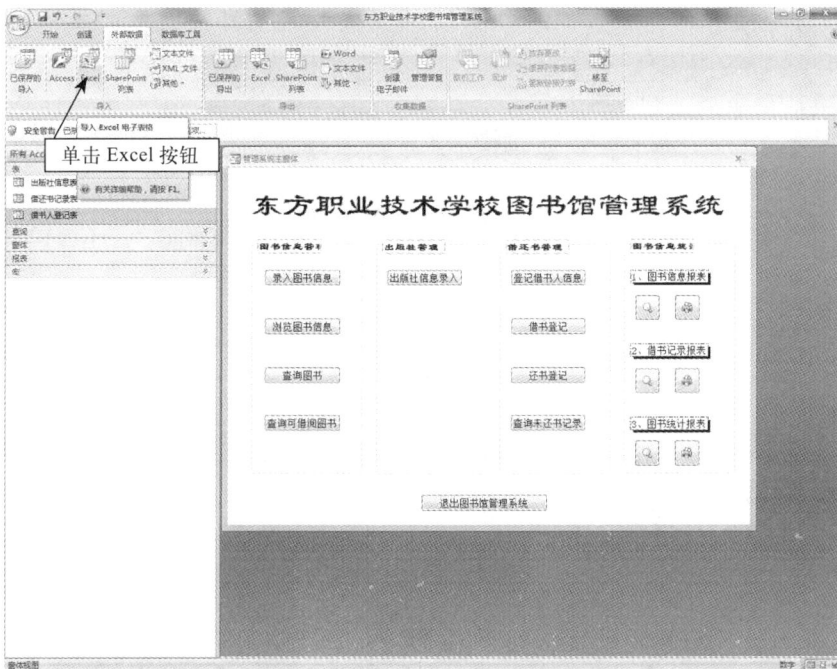

图 7.7
导入 Excel

02 单击 Excel 按钮后，打开如图 7.8 所示的对话框。在此对话框中可以选择将数据导入到数据库的新表，或者在数据库已存在的表中添加记录。在该对话框的"文件名"文本框中，指定要导入的 Excel 文件的文件名，并单击"确定"按钮。

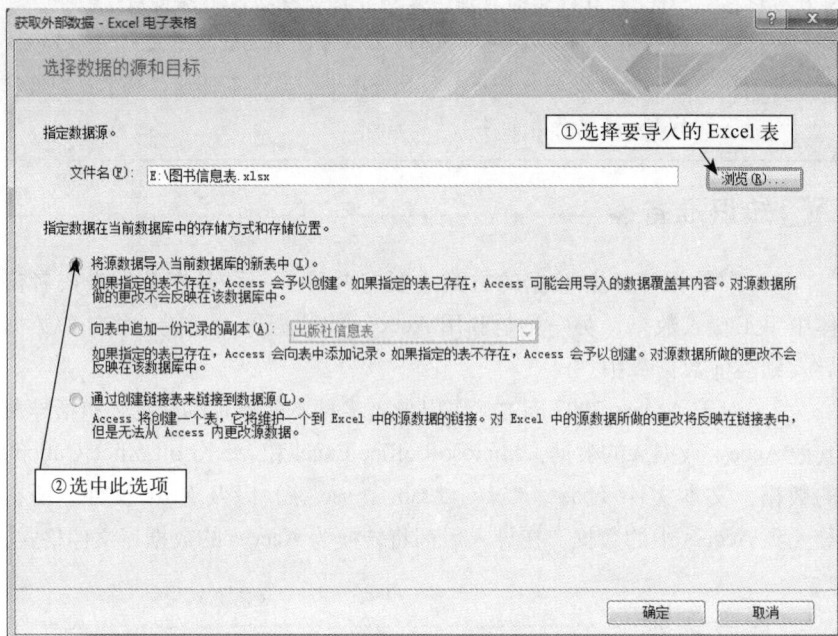

图 7.8
指定数据源

03 此时将进入如图 7.9 所示的"导入数据表向导"对话框，在其中选择"显示工作表"选项，选择要导入的 Excel 工作表，然后单击"下一步"按钮。

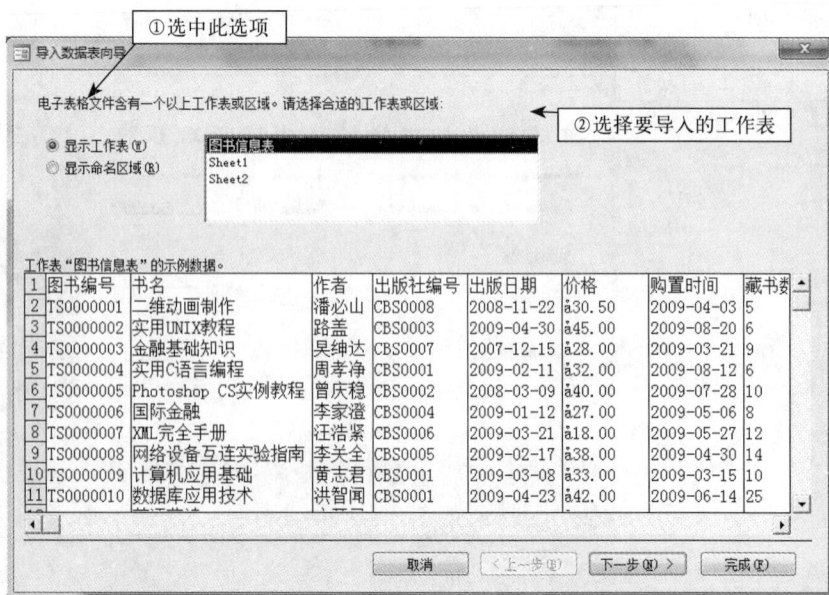

图 7.9
选择工作表

04 进入如图 7.10 所示的对话框。在该对话框中勾选"第一行包含列标题"选项，将 Excel 工作表中的第一行指定为列标题，不作为数据导入，然后单击"下一步"按钮。

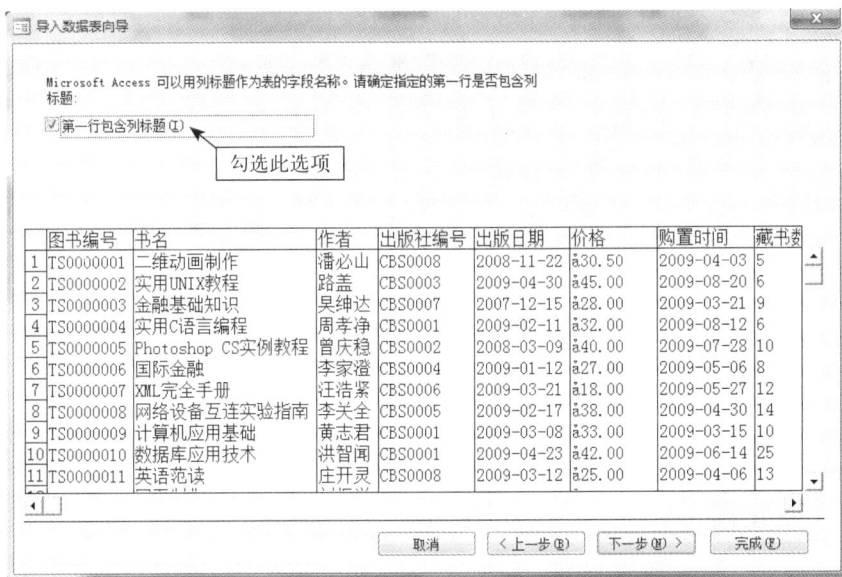

图 7.10
指第一行指定为列标题

05 进入如图 7.11 所示对话框，为 Excel 表中的各个列指定字段。在该对话框中，单击下方预览窗口中的各个列，在上方"字段选项"区域中可以设置对应的字段名称、数据类型、是否设置索引以及是否跳过字段不导入等选项。将 Excel 表的每个列都设置好后，单击"下一步"按钮。

图 7.11
设置字段信息

06 进入如图 7.12 所示对话框，在该对话框中有 3 个选项：让 Access 自行添加主键、让用户自己选择主键或者是不要主键。在本例中，选择"我自己选择主键"选项，并在该选项右方的组合框中选择"图书编号"字段作为主键。

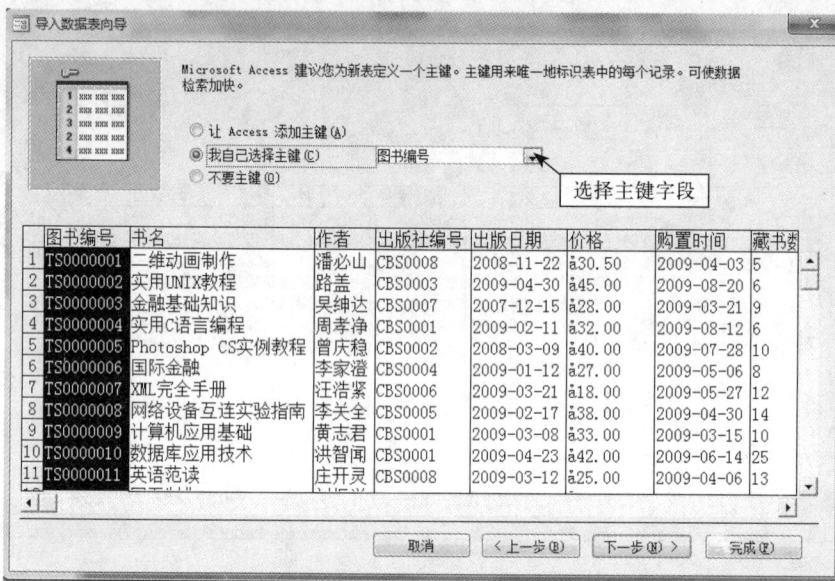

图 7.12
选择主键

07 进入如图 7.13 所示对话框，此对话框中可以设置导入后新生成的数据表的名称，在"导入到表"文本框中输入数据表名称为"图书信息表 1"，然后单击"完成"按钮。

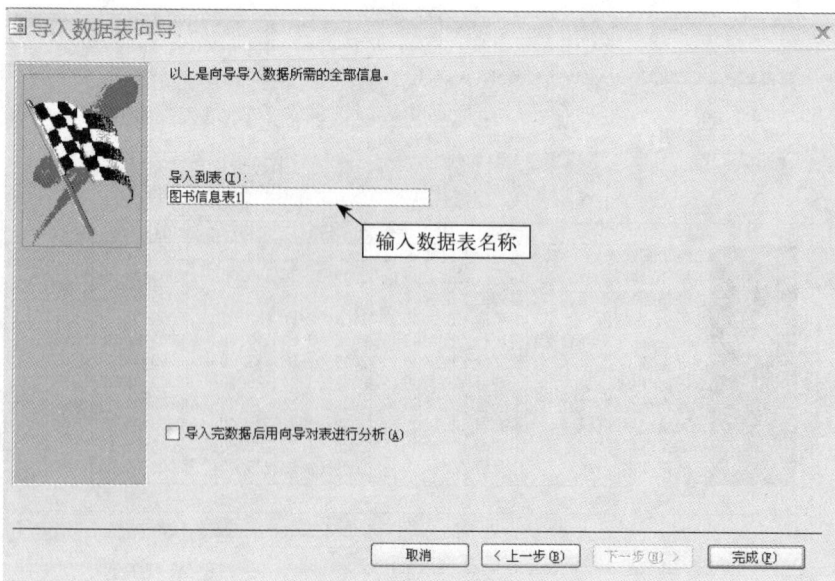

图 7.13
设置导入后新生成的表名称

08 最后，Access 会提示是否保存本次的导入操作，如图 7.14 所示。在此对话框中，勾选"保存导入步骤"选项，然后在下方"另存为"文本框中输入导入操作的保存名称，并单击"保存导入"按钮。

至此，数据的导入操作完成，在导航窗体"表"对象列表中，将会看到多出了一个数据表，名称为"图书信息表 1"。

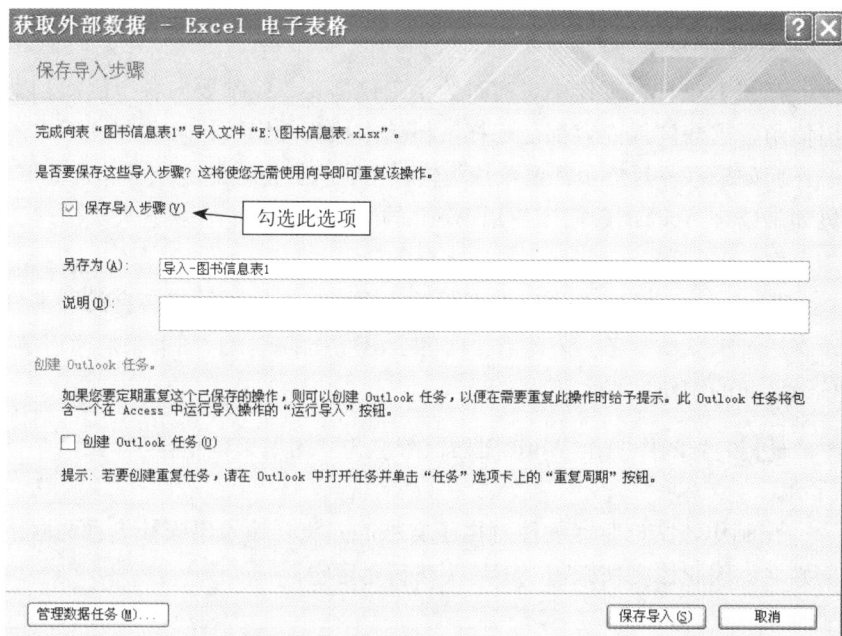

图 7.14
保存导入操作

任务三 | 创建邮件合并文档

任务目标 如果想批量地创建邮件，可以使用 Word 中的邮件合并来创建邮件，除此之外，也可以直接从 Access 2007 中使用该向导。邮件合并使用户可以建立一个邮件合并过程。该过程使用 Access 数据库中的表或查询作为套用信函、电子邮件、邮件标签、信封或目录的数据源。

本任务将从 Access 中启动邮件合并向导，并建立与 Microsoft Office Word 2007 文档之间的直接链接。

知识准备

1）"邮件合并"这个名称最初是在批量处理"邮件文档"时提出的，

具体来说，就是在邮件文档的固定内容中，合并与发送信息相关的一组通信资料（如 Excel 表、Access 数据表等），从而批量地生成需要的邮件文档，因而能大大提高工作的效率。

2）"邮件合并"功能除了可以批量地处理信函、信封等与信件相关的文档外，还可以批量地制作标签、工资条、成绩单等。

任务实施

在图书馆日常工作中，有时为了工作需要，经常要向各个出版社寄出信函，这些信函内容都是一样，但信函抬头的出版社名称与联系人不一样。如果每一封信函都要单独编辑，无疑将会使得工作效率非常低下。但如果结合 Access 数据库使用 Word 的邮件合并功能，将会大大减轻工作负担。

例如，现在为了要进行图书采购，需要各个出版社将各自的图书目录寄送过来以作参考。为此需要向各个出版社邮寄一封图书采购邀请函。该邀请函的制作过程如下。

01 先制作一个 Word 文档，命名为"图书采购信函"，如图 7.15 所示。

在制作该文档时，要注意由于文档的开头要输入出版社名称与联系人姓名，因此该文档标题以下的头两行要留空。

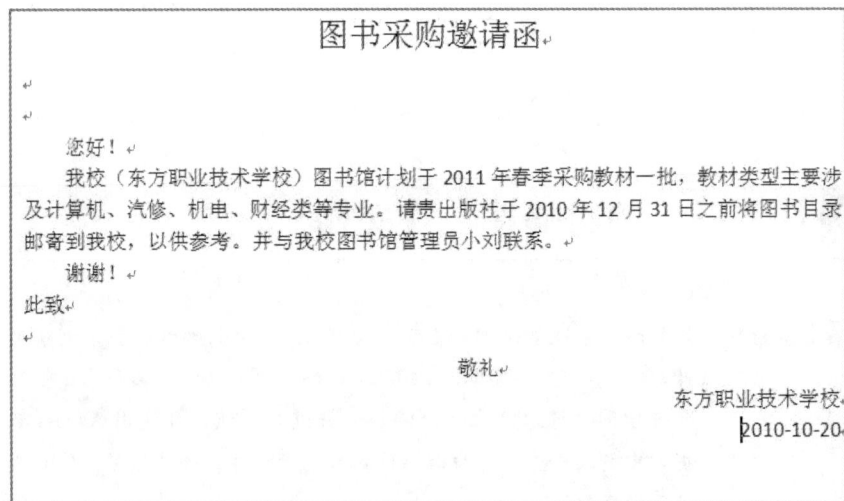

图 7.15
Word 文档

02 回到 Access 2007 工作环境中，在导航窗格"表"对象列表中选择"出版社信息表"，然后在"外部数据"选项卡的"导出"组中，单击"其他"按钮，在展开的选择列表中选择"用 Microsoft Office Word 合并"选项，如图 7.16 所示。

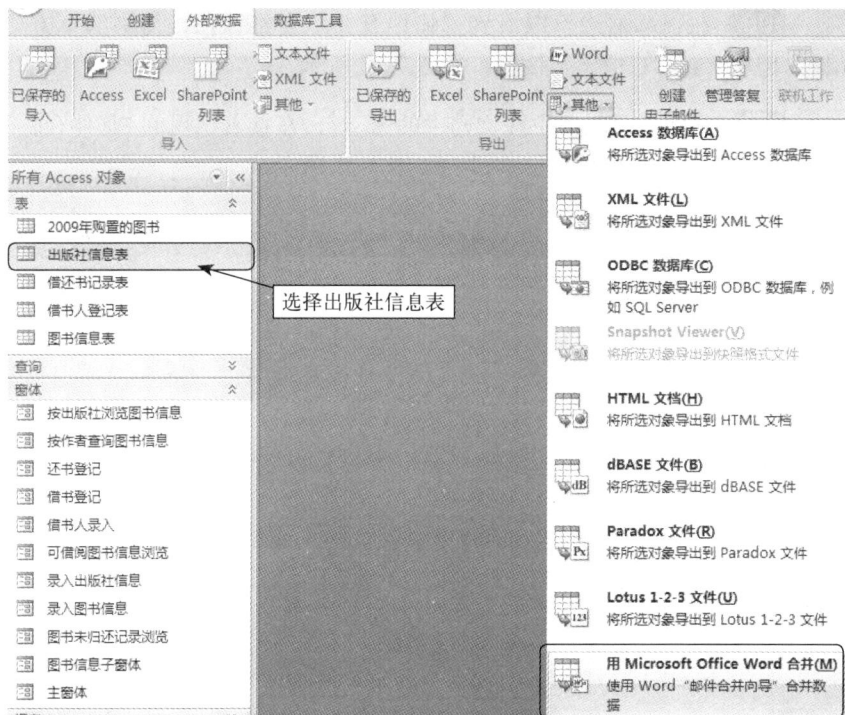

图 7.16
选择"用 Microsoft Office
Word 合并"选项

03 此时将弹出如图 7.17 所示对话框，在该对话框中选择第一个选项"将数据链接到现有的 Microsoft Word 文档"，然后单击"确定"按钮。

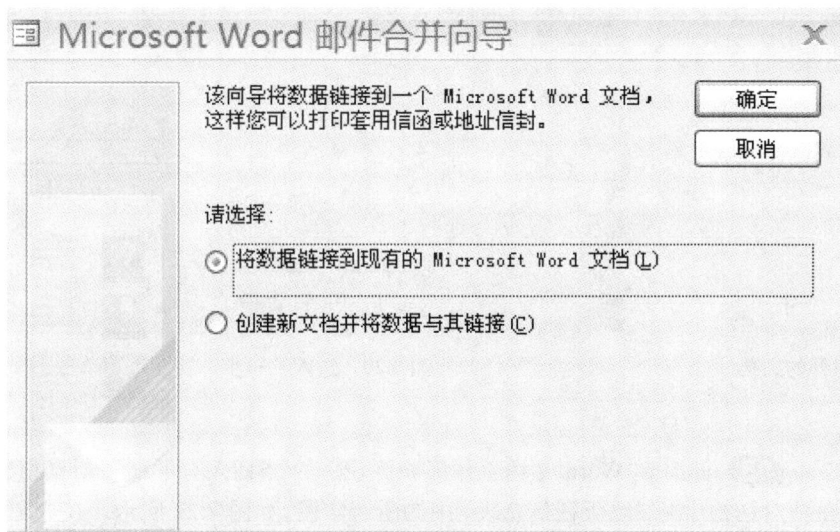

图 7.17
邮件合并向导

04 此时将弹出一个选择文件的对话框，在其中选择创建好的"图书采购信函"文档，并单击"打开"按钮，如图 7.18 所示。

05 上述操作后，将自动打开该 Word 文档，界面如图 7.19 所示。

06 在屏幕右边可以看到"邮件合并"窗格，在该窗格的下方单击"下一步：撰写信函"按钮，如图7.20所示。

07 将输入光标定位在文档中的第2行，在接着出现的"邮件合并"窗格中，单击"其他项目"按钮，如图7.21所示。

图 7.18
选择文档

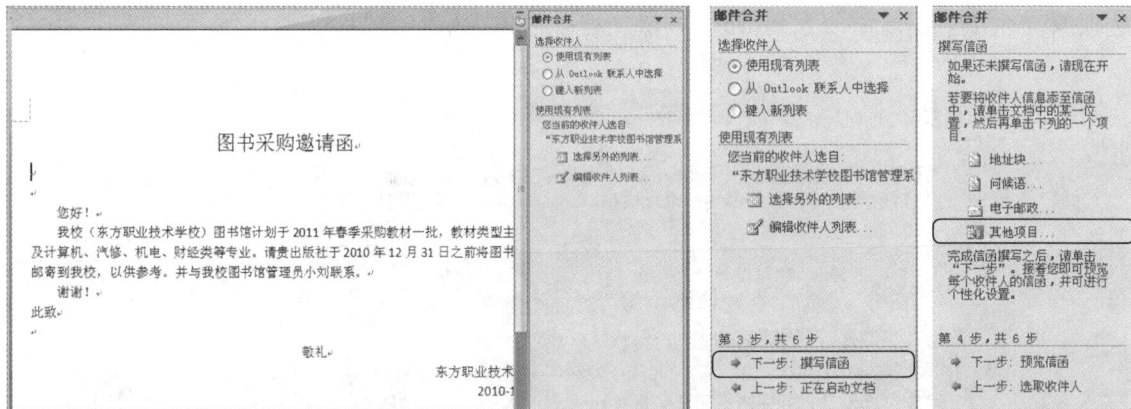

图 7.19　通过邮件合并向导打开的文档　　　　图 7.20　进入下一步　图 7.21　单击"其他项目"按钮

08 此时在Word文档工作区将弹出一个"插入合并域"对话框，在该对话框中是"出版社信息表"中的所有字段，如图7.22所示。在"域"选择列表中，选择"出版社名称"字段，并单击"插入"按钮。

09 将"出版社名称"字段插入后，单击图7.22所示对话框中的"取消"按钮。回到文档编辑区，将输入光标定位在文档中的第3行，然后再次单击"邮件合并"窗格中的"其他项目"按钮，并按第8步的方法插入"联系人姓名"字段，结果如图7.23所示。

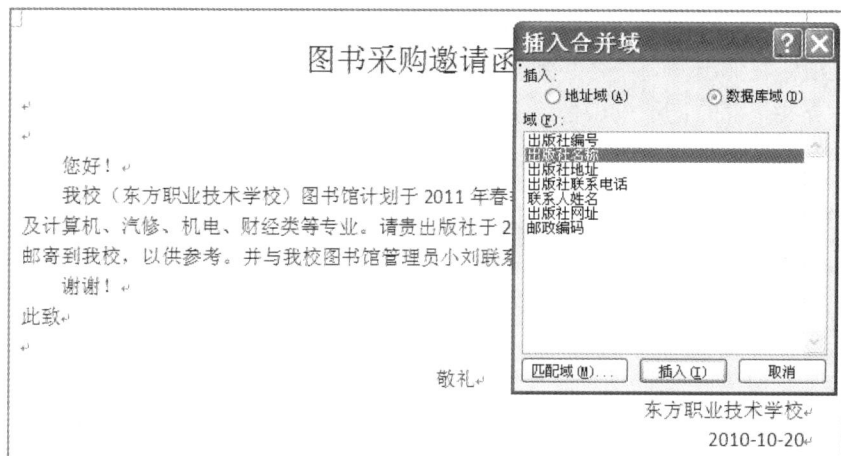

图 7.22
弹出"插入合并域"对话框

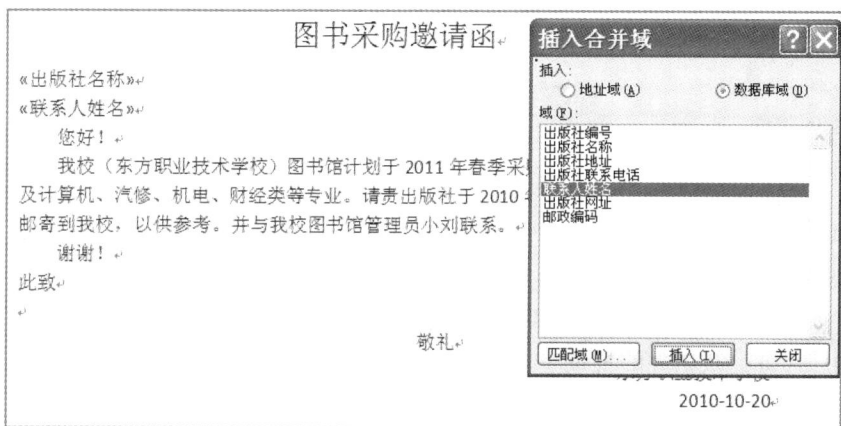

图 7.23
插入字段后效果

10 插入所需字段后,单击"关闭"按钮关闭"插入合并域"对话框,并在"邮件合并"窗格中,单击"下一步:预览信函"按钮,如图 7.24 所示。

11 此时"邮件合并"窗格变成如图 7.25 所示,在该窗格中单击"<<"或">>"按钮可以浏览各个合并完成的文档。单击"下一步:完成合并"按钮,进入邮件合并的最后一步。

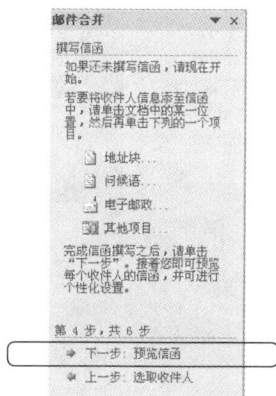

图 7.24 预览信函

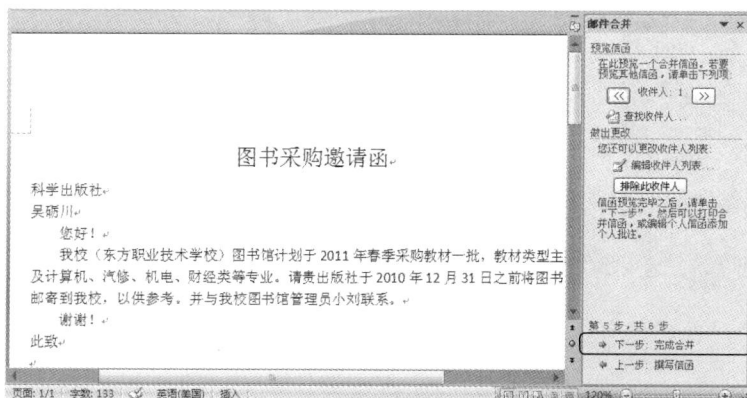

图 7.25 进入邮件合并的最后一步

12 在最后一步中，单击"邮件合并"窗格中的"编辑单个信函"选项，将弹出一个"合并到新文档"对话框。在该对话框中，可以选择是合并全部的记录或仅是当前记录，又或者是指定合并记录的范围。在本例中，选择"全部"选项，然后单击"确定"按钮，如图 7.26 所示。

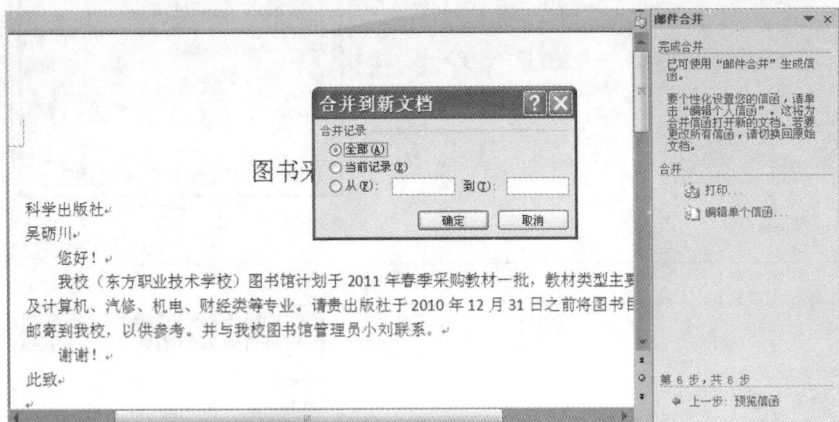

图 7.26
选择合并全部记录

13 至此，运用邮件合并向导建立信函的操作全部完成。合并完成后，Word 会自动生成一个名为"信函 1"的文档，该文档中包含了要寄给所有出版社的信函，如图 7.27 所示。

运用邮件合并就是用 Access 数据库表中的数据作为数据源数据，利用 Word 完成信件的批量生成。

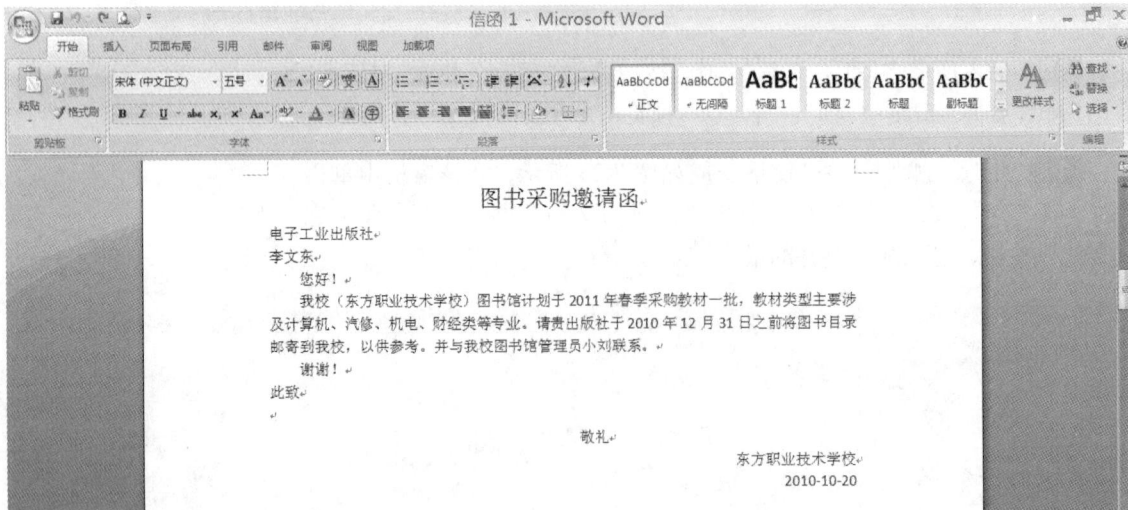

图 7.27 运用邮件合并向导建立信函的效果

任务四 设置图书馆管理系统的应用程序选项

任务目标 在 Access 2007 中，可以设置数据库系统的应用程序选项，以便用户在启动与关闭应用程序时可以实施或屏蔽某些功能，针对不同的应用程序进行不同的配置。本任务将完成图书馆管理系统的应用程序选项设置。

任务实施

01 单击 Access 2007 屏幕左上角的"Office 按钮"，在弹出的对话框中单击"Access 选项"按钮，如图 7.28 所示。

02 系统将弹出"Access 选项"对话框。在对话框左侧窗格选择"当前数据库"选项，此时，对话框右侧窗格将显示所有可以用于当前数据库的选项，如图 7.29 所示。

03 如图 7.29 所示，在这个对话框中可以对图书馆管理系统的各个选项进行设置。

1）设置应用程序标题为：东方职业技术学校图书馆管理系统。

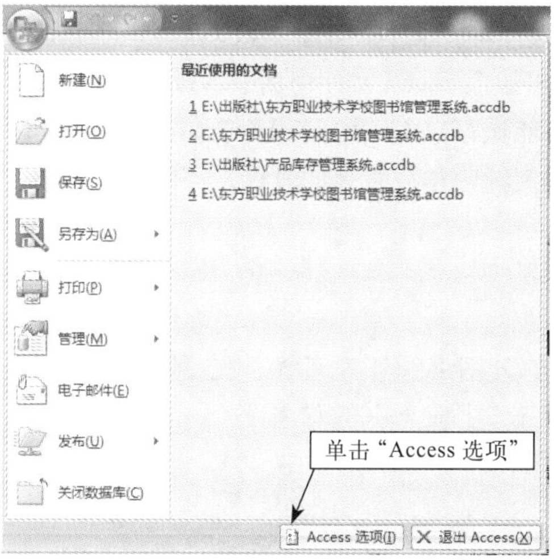

图 7.28　单击"Access 选项"按钮

图 7.29　"Access 选项"对话框

2）设置启动时显示的窗体为：图书馆管理系统的主窗体。

3）设置文档窗口为：重叠窗口模式。设置此模式后，所有打开的窗口都将在 Access 2007 工作环境中重叠显示。

4）设置在关闭时压缩：有时当从数据库中删除了一些字段或表后，数据库空间并没有减少，这是因为在文件内部产生了不可用空间碎片。

设置了在关闭时压缩数据库，可使被删除对象所占据的空间得以释放。

5）设置在图书馆管理系统启动时不显示导航窗格。如此设置后，用户对图书馆管理系统的所有功能调用只能通过图书馆管理系统的主窗体进行，一定程度上可防止某些用户直接打开数据表等对象进行数据修改，从而造成系统的完整性遭受破坏。

6）数据库的其他选项保留默认设置。

任务五 生成ACCDE文件以增强系统安全性

任务目标 Access 2007 能让用户将数据库转换成 ACCDE 版本格式，用户在 ACCDE 版本数据库中只能操作某些特定的功能。在该版本的数据库中，某些数据库的设计用户无法更改，因此一定程度上可提高系统的安全性。本任务介绍如何将图书馆管理系统生成 ACCDE 版本文件。

知识准备

以 .accde 为扩展名的文件，继承了以 .mde 为扩展名的文件特征（Access 2007 之前的版本为 *.mde 文件），成为 Access 2007 版本中"仅执行"模式的文件。它删除了 .accdb 文件中所有 Visual Basic for Applications（VBA）源代码，只能执行 VBA 代码，而不能修改这些代码。并且，.accde 文件用户没有权限更改窗体或报表的设计。

任务实施

01 在 Access 2007 中，打开图书馆管理系统。在"数据库工具"选项卡的"数据库工具"组中，单击"生成 ACCDE"按钮，如图 7.30 所示。

图 7.30
单击"生成 ACCDE"按钮

02 在"保存为"对话框中，通过浏览找到要在其中保存该文件的文件夹。在"文件名"文本框中输入该 ACCDE 文件的名称，然后单击"保存"按钮，如图 7.31 所示。

图 7.31
保存文件

项目小结

本项目通过 5 个任务，使读者掌握 Access 2007 的数据导入、导出与数据库应用程序的管理、生成 ACCDE 版本等功能。

任务一介绍如何把数据库中各表的数据导出为 Excel 文件。

任务二介绍如何把 Excel 文件中的数据导入到数据库中。

任务三介绍如何从 Access 中启动邮件合并向导，并建立与 Microsoft Office Word 2007 文档之间的直接链接。

任务四介绍如何设置有关数据库中启动和关闭的一些选项，以及这些选项的具体作用。

任务五介绍如何生成 ACCDE 文件以增强数据库的安全性。

习　题

一、填空题

1）_____ 操作就是将 Access 中的数据转换为其他格式的数据或其他的数据库文件。

2）向数据库添加数据的方式主要有两种：一种是在数据表或者窗体中手工输入数据，另一种将外部数据 _____ 到当前数据库中。

3）设置 _____ 操作，可使 Access 数据库被删除对象所占据的空间得以释放。

4）ACCDE 版本文件用户不能更改 VBA 代码，也没有权限更改 _____ 或 _____ 的设计。

二、实训操作

1）将"学生成绩管理系统"中的"学生表"、"成绩表"导出为 Excel 2007 文件。

2）将题目 1 导出生成的"成绩"Excel 2007 文件导入到"学生成绩管理系统"中，生成一个新的数据表"成绩表 2"。

3）在 Word 中设计一个成绩通知单模板，然后通过 Access 启动邮件合并功能，生成数据库中 09 机电班的所有学生的 09 学年的成绩通知单文档。

4）设置"学生成绩管理系统"的应用程序选项，将应用程序标题设置为"学生成绩管理系统"，设置系统启动时显示窗体为"学生成绩录入窗体"，并设置数据库在关闭时进行压缩操作。

5）生成"学生成绩管理系统"的 ACCDE 版本文件，以增强系统安全性。

8

项目八 综合实例——"考勤管理系统"的开发

项目导读

　　建立考勤管理系统是为了满足学校日常考勤管理的需要，使考勤管理工作能更加方便、快捷。将考勤管理数据存放在 **Access** 数据库中，能很方便地实现考勤记录的登记、查询、统计、分析与打印等功能。考勤管理系统的建立，既能规范每位教职员工的出勤行为，也能为人事、财务等部门的工资发放计算、绩效考核等工作提供有力的依据。

技能目标

- 学会需求分析，确定"考勤管理系统"的功能结构。
- 学会数据库的逻辑设计，设计好系统所需的数据表，并确立表间关系。
- 完成数据库各种对象如表、查询、窗体、报表、宏的创建。
- 掌握数据库应用系统集成的方法，设置好启动、关闭选项，做好数据库系统的安全设置。

任务一 系统分析与设计

■ **任务目标** 在本任务中，首先应做好本案例的需求分析，即分析学校考勤管理系统应该实现的主要功能，做好系统功能结构设计。在此基础上，构建系统数据库，并完成相关的数据表设计。最后，设置好数据表间的关系。

任务实施

1. 系统功能分析与描述

考勤管理系统的重点在于对学校教职员工出勤数据的管理。该系统可以很方便地实现考勤记录的录入，可以快捷地为学校提供月度考勤记录报表，自动完成诸如考勤记录的分析、计算、汇总等功能。

考勤管理系统主要应具有以下几个功能。

1）基本信息维护与管理：可以对学校各个部门，各个员工的信息进行设定与维护。

2）考勤信息管理：可以添加或修改出勤、加班、请假等考勤记录。

3）考勤汇总功能：可以按月度对全校员工的出勤、加班、请假等数据进行汇总计算。

4）报表查阅与输出：可以将指定的考勤记录以报表的形式进行查阅或打印出来，供相关部门使用。

2. 系统功能结构设计

根据对系统的需求分析，可以将系统的主要功能分成几个模块，基本设计结构如图 8.1 所示。

在图 8.1 中给出了考勤管理系统的功能结构。考勤管理系统后续的设计过程，都将按照这个结构进行。

3. 建立考勤管理系统数据库与数据表

启动 Access 2007，创建一个名为"东方职业技术学校考勤管理系统.accdb"的数据库。

在数据库创建好后，可以进一步着手进行数据表的设计。在本数据库中，

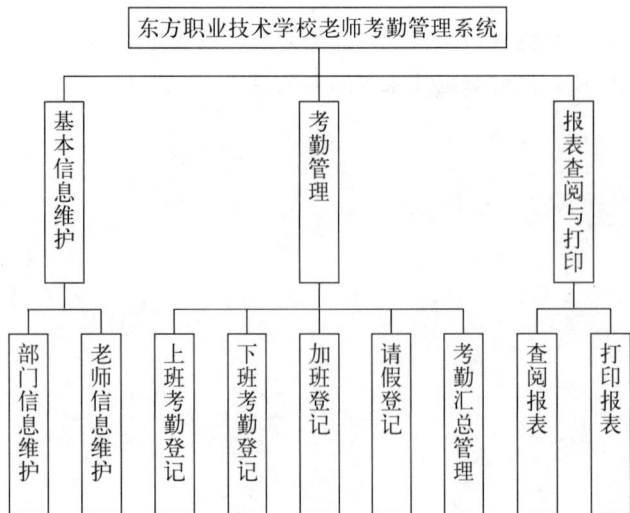

图 8.1 考勤管理系统的功能结构

计划设置 7 个数据表，以存放考勤管理系统运行所需的数据，它们分别是：部门信息表、教师信息表、上下班时间表、日常考勤表、加班记录表、请假记录表、考勤汇总表。

关于这些数据表的创建方法，可以参照本书前面项目所介绍的方法进行，这里不再详细描述。

（1）部门信息表

一般而言，在每个学校都有多个部门，如教务科、教研室、学生科等。学校的教职员工分属于这些不同的部门。当进行考勤汇总统计时，一般是按部门进行分组统计，因此，需要建立一张部门信息表。部门信息表的结构如表 8.1 所示。

表 8.1 "部门信息表"逻辑结构

字段名称	数据类型	字段大小	索引	说明
部门编号	自动编号	长整型	有	主键
部门名称	文本	10	有（无重复）	部门名称不能重复
部门领导人	文本	10	无	
部门联系电话	文本	12	无	
部门职能概述	备注		无	

（2）教师信息表

教师信息表中包括作为考勤对象的所有教职工的具体信息，该表逻辑结构如表 8.2 所示。

表 8.2 "教师信息表"逻辑结构

字段名称	数据类型	字段大小	索引	说明
教师编号	自动编号	长整型	有	主键
姓名	文本	10	无	
性别	文本	2	无	
联系电话	文本	12	无	
所属部门编号	数字	长整型	无	
职务	文本	10	无	
职称	文本	10	无	
个人简历	备注		无	

（3）上下班时间表

在上下班时间表中，保存有学校规定的上下班标准时间，在进行考勤记录登记时，与此表内记录的时间进行对比，系统可自动判定是否迟到、早退等。该表逻辑结构如表 8.3 所示。

表8.3 "上下班时间表"逻辑结构

字段名称	数据类型	字段大小	索引	说明
ID	自动编号	长整型	有	主键
上班时间	日期/时间		无	记录标准上班时间
下班时间	日期/时间		无	记录标准下班时间
备注	备注		无	

上下班时间表

ID	上班时间	下班时间	备注
1	8:30:00	17:00:00	
(新建)			

图8.2 上下班时间表

一般情况下,在上下班时间表中只保存有一条记录,如无特殊情况,该记录无需改。该表创建好后,可在表中输入标准上下班时间,如图8.2所示。

(4)日常考勤表

日常考勤表中记录了每一位教职员工每一天的出勤数据,也是考勤系统进行考勤汇总统计的基础,是考勤管理系统的核心数据表之一。该表逻辑结构如表8.4所示。

表8.4 "日常考勤表"逻辑结构

字段名称	数据类型	字段大小	索引	说明
考勤记录号	自动编号	长整型	有	主键
教师编号	数字	长整型	无	被考勤教师编号
日期	日期/时间		无	记录考勤日期
上班时间	日期/时间		无	记录教师实际上班时间
下班时间	日期/时间		无	记录教师实际下班时间
迟到	是/否		无	记录教师是否迟到
早退	是/否		无	记录教师是否早退
备注	备注		无	迟到、早退原因

(5)加班记录表

加班记录表用于记录教职工的加班情况,是考勤管理系统的核心数据表之一,该表逻辑结构如表8.5所示。

表8.5 "加班记录表"逻辑结构

字段名称	数据类型	字段大小	索引	说明
加班记录号	自动编号	长整型	有	主键
教师编号	数字	长整型	无	加班教师编号
加班日期	日期/时间		无	记录加班日期
加班时长	数字	单精度型,2位小数	无	加班时长,单位:小时
加班事由	备注		无	记录教师加班原因

上表中，"加班时长"字段设置为单精度数据类型，保留 2 位小数，以记录教师的加班小时数，如 1.5 小时、2.5 小时等。

（6）请假记录表

请假记录表中记录的是教职工的请假情况，诸如请假日期、请假天数等数据，也是考勤管理系统的核心数据表之一。该表逻辑结构如表 8.6 所示。

表 8.6　"请假记录表"逻辑结构

字段名称	数据类型	字段大小	索引	说明
请假记录号	自动编号	长整型	有	主键
教师编号	数字	长整型	无	请假教师编号
开始日期	日期/时间		无	记录请假开始日期
结束日期	日期/时间		无	记录请假结束日期
请假天数	数字	单精度型，2 位小数	无	请假时长，单位：天
请假事由	备注		无	记录教师请假原因

上表中，"请假天数"字段设置为单精度数据类型，保留 2 位小数，以记录教师的请假天数，如 0.5 天、1.5 天等。

（7）考勤汇总表

在本考勤管理系统中，每个月将"日常考勤表"，"加班记录表"，"请假记录表" 3 个基础表中每位教职员工的出勤情况进行统计，统计后得到的数据，按相应年月存放到"考勤汇总表"中。通过该数据表，可以对每一位教职员工的月度综合考勤情况一目了然。该表的逻辑结构如表 8.7 所示。

表 8.7　"考勤汇总表"逻辑结构

字段名称	数据类型	字段大小	索引	说明
考勤年月	文本	20	有	主键组成字段
教师编号	数字	长整型	有	主键组成字段
出勤次数	数字	长整型	无	每月出勤总次数
迟到次数	数字	长整型	无	每月迟到总次数
早退次数	数字	长整型	无	每月早退总次数
请假天数	数字	单精度型，2 位小数	无	每月请假总天数，单位：天
加班时长	数字	单精度型，2 位小数	无	每月加班总时长，单位：小时

对于考勤汇总表，该表由"考勤年月"与"教师编号"字段共同组成主键，以保证该表中同一位教职工在同一年月的考勤汇总记录是唯一的。

　　另外，"考勤年月"字段没有采用常用的"日期 / 时间"数据类型，这是因为该字段保存的仅仅是年份与月份的信息，如 2010-10，表示 2010 年 10 月份。

　　输入数据后的"考勤汇总表"如图 8.3 所示。

图 8.3
考勤汇总表

教师编号	考勤年月	出勤次数	迟到次数	早退次数	请假天数	加班时长	参加奖
1	2010-10	14	2	0	2.5	0	
1	2010-11	1	0	0	0	0	
2	2010-10	16	2	2	0	7.5	
2	2010-11	1	0	0	0	0	
3	2010-10	16	0	0	0	5	

4．创建各个数据表之间的关系

　　为在后续设计的窗体、报表与查询中可以同时引用多个表的相关数据，需要将本系统数据库中的数据表进行表间关系创建。建立好的表间关系如图 8.4 所示。

　　在进行"部门信息表"、"教师信息表"、"日常考勤表"、"请假记录表"、"加班记录表"、"考勤汇总表"6 个表之间的关系创建时，都需要勾选"实施参照完整性"、"级联更新相关字段"、"级联删除相关记录"3 个选项，如图 8.5 所示。

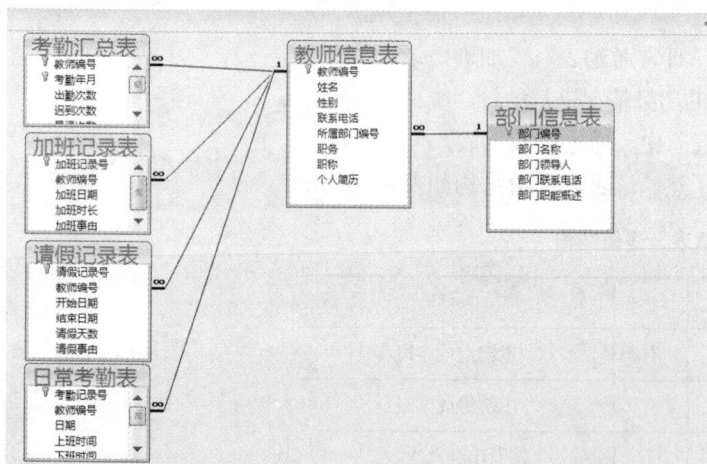

图 8.4　各数据表之间的关系

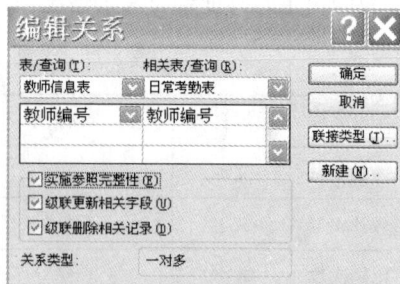

图 8.5　创建关系时都要勾选的 3 项

任务二 实现"基本信息维护"功能

■ **任务目标** 在本任务中，将实现图8.1中所示考勤管理系统"基本信息维护"的功能。具体来讲，就是要对"部门信息表"、"教师信息表"两个表创建管理窗体，使用户可以通过可视化图形界面对学校部门信息、教职工个人信息等数据进行增加、修改、删除等操作。

任务实施

1. 设计"部门信息管理"窗体

"部门信息管理"窗体的主要作用是对"部门信息表"中的数据进行修改、查看、添加、删除等操作，从而达到数据维护的目的。该窗体的设计要点如下。

01 单击功能区的"创建"选项卡的"窗体"组中的"其他窗体"按钮，选择"窗体向导"选项，如图 8.6 所示。

02 在出现的"窗体向导"对话框中，在"表/查询"下拉列表中选择"表：部门信息表"。然后单击">>"按钮，将"可用字段"框内的所有字段添加到"选定字段"框。最后，单击"下一步"按钮，如图 8.7 所示。

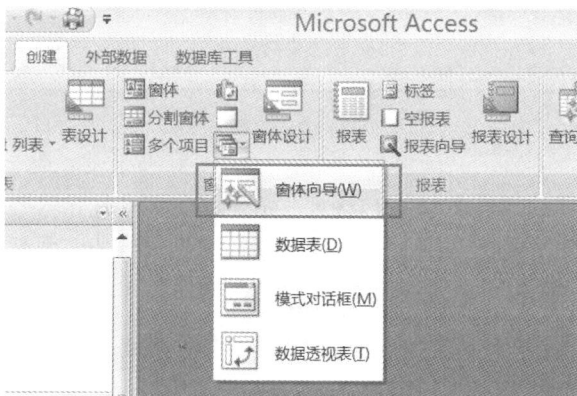

图 8.6 选择"窗体向导"选项

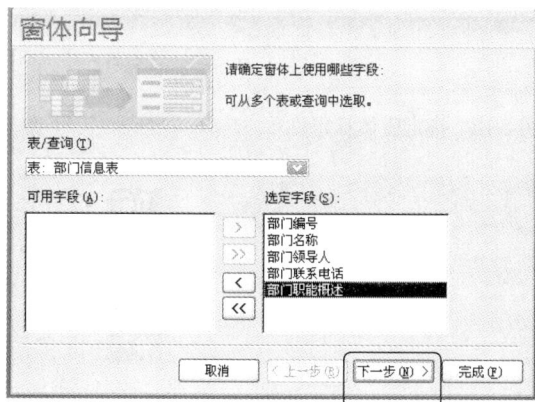

图 8.7 添加字段

03 在出现的对话框中，选择"纵栏表"选项，然后单击"下一步"按钮，如图 8.8 所示。

04 在接着出现的对话框中，选择窗体样式为"城市"，并单击"下一步"按钮，如图 8.9 所示。

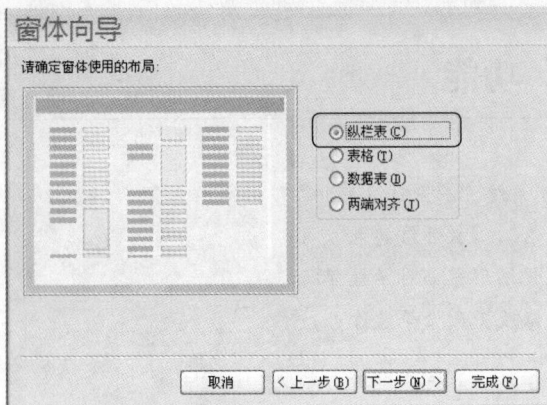

图 8.8 确定窗体布局

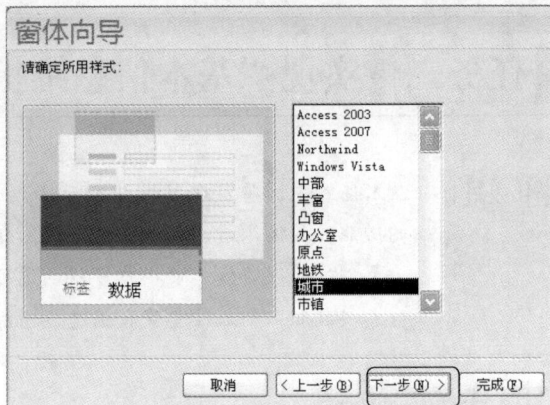

图 8.9 选择窗体样式

05 在最后的对话框中，输入窗体标题为"部门信息管理窗体"，并单击"完成"按钮，如图 8.10 所示。

按上述步骤，初步完成的"部门信息管理"窗体如图 8.11 所示。

进一步完善"部门信息管理"窗体的设计，具体步骤如下。

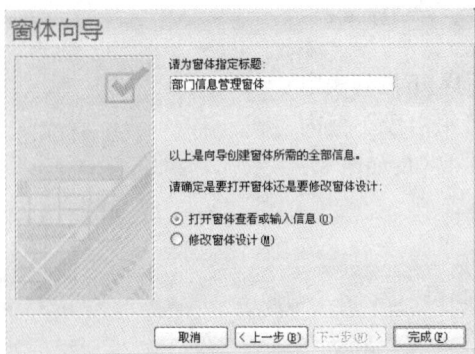

图 8.10 指定窗体标题

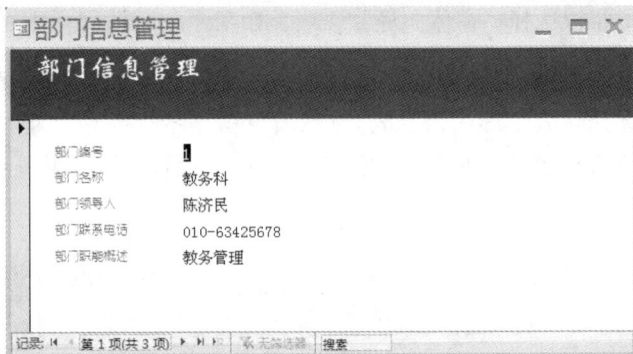

图 8.11 "部门信息管理"窗体初步效果

图 8.12 设置窗体属性

06 打开该窗体的属性表，单击"格式"标签，将"记录选择器"、"导航按钮"两项属性设置为"否"，将"滚动条"属性设置为"两者均无"，将"最大最小化按钮"属性设置为"无"，如图 8.12 所示。

07 将窗体页眉中的"部门信息管理"标签控件调整到居中位置。

08 同时选择"部门编号"、"部门名称"、"部门领导人"、"部门联系电话"、"部门职能概述"等 5 个文本框控件，在"属性表"面板中，将"边框样式"属性设置为"实线"，如图 8.13 所示。

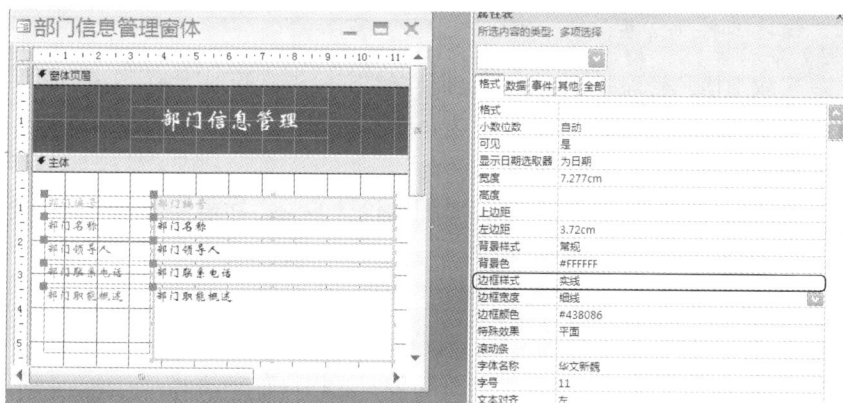

图 8.13
设置文本框边框样式

09 选择"部门编号"文本框控件,在"属性表"面板中,切换到"数据"选项卡,将"可用"属性设置为"否",如图 8.14 所示。

如此设置的原因是因为"部门编号"文本框控件绑定的是"部门信息表"中的"部门编号"字段,该字段是属于自动编号数据类型。该类型的数据只能由 Access 2007 自动生成,用户不能修改。因此,将窗体中"部门编号"文本框控件的"可用"属性设置为"否",用户不能对控件中的内容进行修改。

10 最后,为窗体添加 8 个按钮。其中 4 个是导航按钮,作用分别是向前一条记录、向后一条记录、跳到最后一条记录、跳到第一条记录。另外 4 个是操作按钮,作用分别是添加一条新记录、删除当前显示的记录、保存对当前记录的修改、关闭当前窗体。具体按钮控件的添加操作步骤,请参照项目四中相关的介绍。

最终完成的"部门信息管理窗体"如图 8.15 所示。

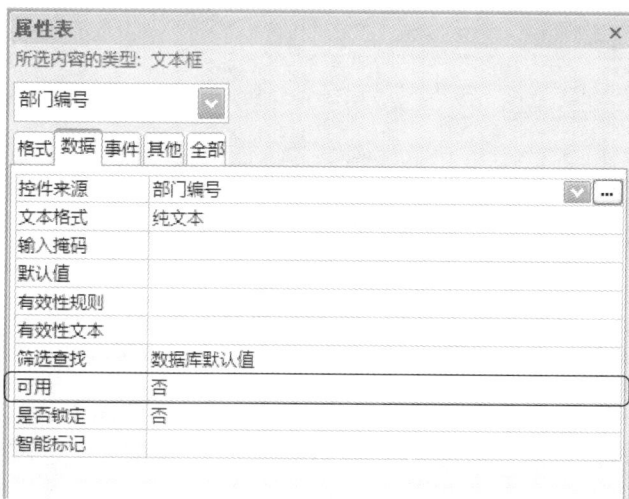

图 8.14 设置"部门编号"文本框"可用"属性

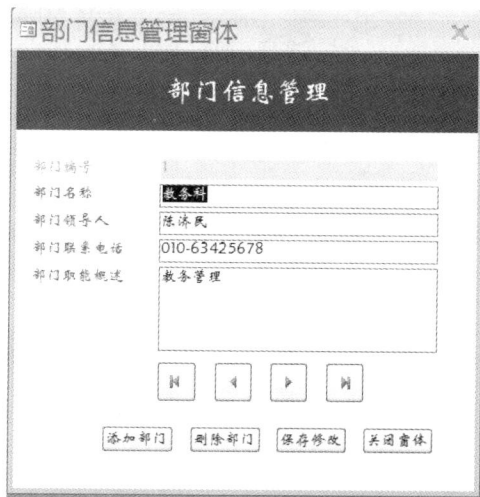

图 8.15 "部门信息管理"窗体最终效果

2. 设计"教师信息管理"窗体

"教师信息管理"窗体的设计步骤与"部门信息管理"窗体大致类似。用户可以通过"教师信息管理"窗体对"教师信息表"中的数据进行维护与管理。

按照"部门信息管理"窗体类似的设计步骤,初步设计出来的"教师信息管理"窗体如图 8.16 所示。

初步完成后,还需要做以下的完善工作。

1) 本窗体中的"教师编号"文本框,其绑定的字段是"教师信息表"中的教师编号字段,数据类型为自动编号。因此如前所述,对于"教师编号"文本框控件,也应将其"可用"属性设置为"否"。

2) 关于窗体中的"所属部门编号"文本框。在用户利用本窗体添加新教师时,应该是采用让用户在组合框中选取已有部门的方式进行录入。要完成此项功能,需按以下的步骤进行。

01 打开窗体设计视图,将"所属部门编号"文本框与对应的标签控件删除。

02 为窗体添加一个组合框控件,在弹出的"组合框向导"窗口中,选择"使用组合框查阅表或查询中的值"选项,并单击"下一步"按钮,如图 8.17 所示。

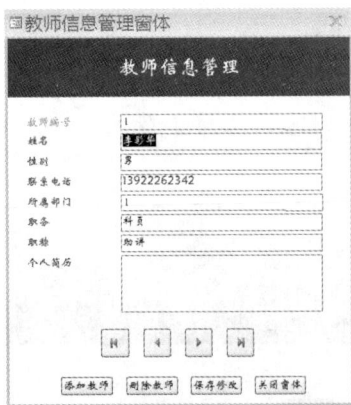

图 8.16 "教师信息管理"窗体初步结果

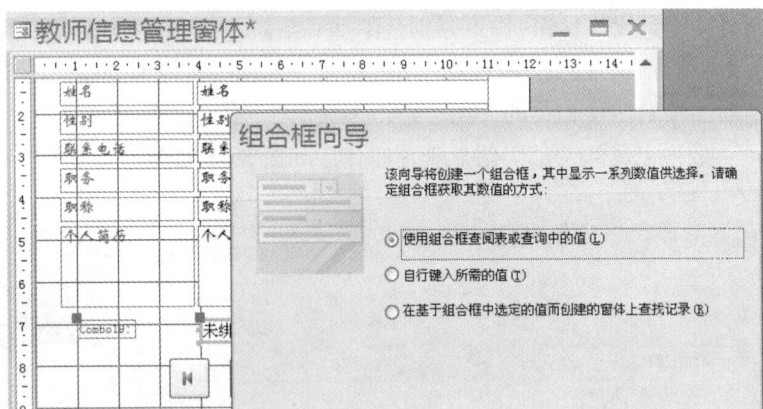

图 8.17 确定组合框获取数值的方式

03 进入如图 8.18 所示界面,在"请选择为组合框提供数值的表或查询"列表中选择"表:部门信息表",单击"下一步"按钮。

04 进入如图 8.19 所示界面,在"可用字段"框中选择"部门名称"字段,单击">"按钮,将其添加到"选定字段"框中,并单击"下一步"按钮。

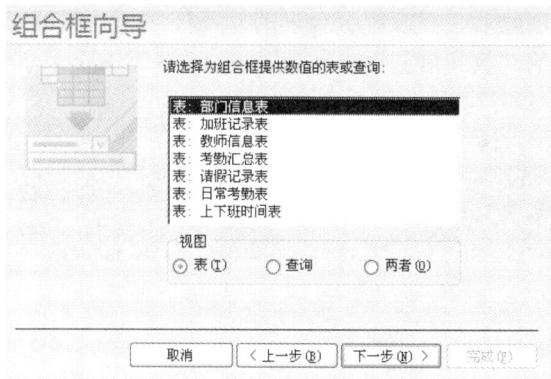

图 8.18 选择提供数值的表

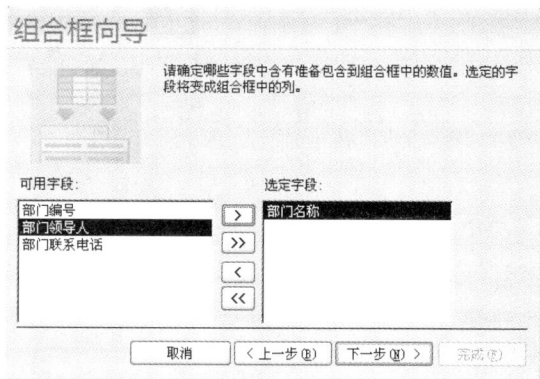

图 8.19 选择字段

05 在如图 8.20 所示界面中，在第一个组合框中选择"部门编号"字段，并单击"下一步"按钮。

06 在如图 8.21 所示界面中，单击"完成"按钮，结束组合框向导的设置。

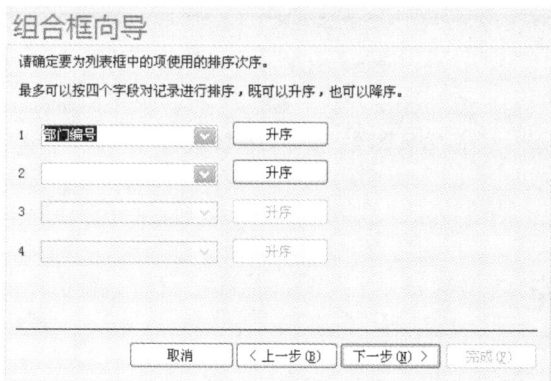

图 8.20 确定排序次序

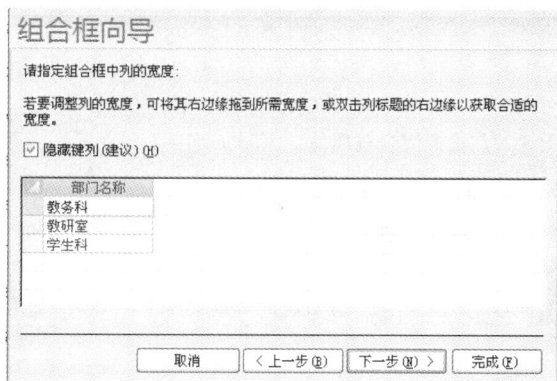

图 8.21 完成组合框创建

07 完成组合框的创建之后，在窗体设计视图中选择刚刚创建的组合框，打开其"属性表"，切换到"数据"选项卡，将组合框的"控件来源"属性设置为"所属部门编号"，将"限于列表"属性设置为"是"，将"允许编辑值列表"属性设置为"否"，详细设置如图 8.22 所示。

如此设定之后，就可以将组合框的值与"所属部门编号"字段进行绑定。从而实现了在组合框列表中选择的部门名称会转换为对应的部门编号，然后保存到"教师信息表"中的"所属部门编号"字段中。

另外，通过"限于列表"属性与"允许编辑值列表"属性的设置，用户只能在组合框中选择列表中的值，而不能自行输入列表之外的值，保证了"教师信息表"与"部门信息表"之间的数据参照完整性。

08 完成组合框的创建后，修改好组合框的标签控件，并调整好组合框的位置。最后完成的"教师信息管理"窗体，如图 8.23 所示。

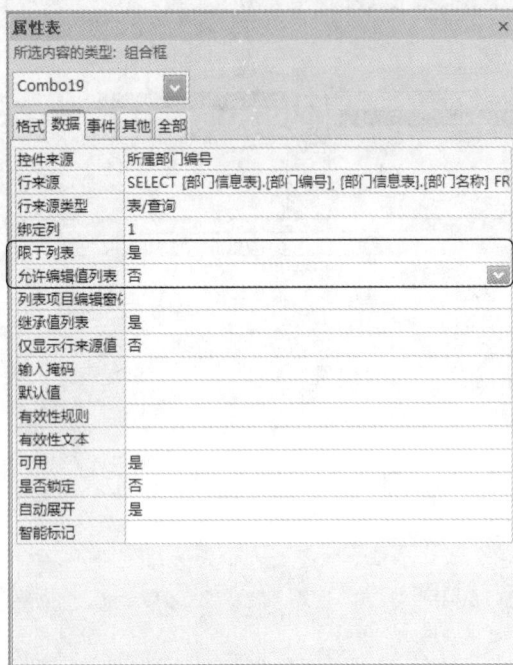

属性表	×
所选内容的类型: 组合框	
Combo19	▼
格式 数据 事件 其他 全部	
控件来源	所属部门编号
行来源	SELECT [部门信息表].[部门编号], [部门信息表].[部门名称] FR
行来源类型	表/查询
绑定列	1
限于列表	是
允许编辑值列表	否 ▼
列表项目编辑窗	
继承值列表	是
仅显示行来源值	否
输入掩码	
默认值	
有效性规则	
有效性文本	
可用	是
是否锁定	否
自动展开	是
智能标记	

图 8.22 设置组合框属性

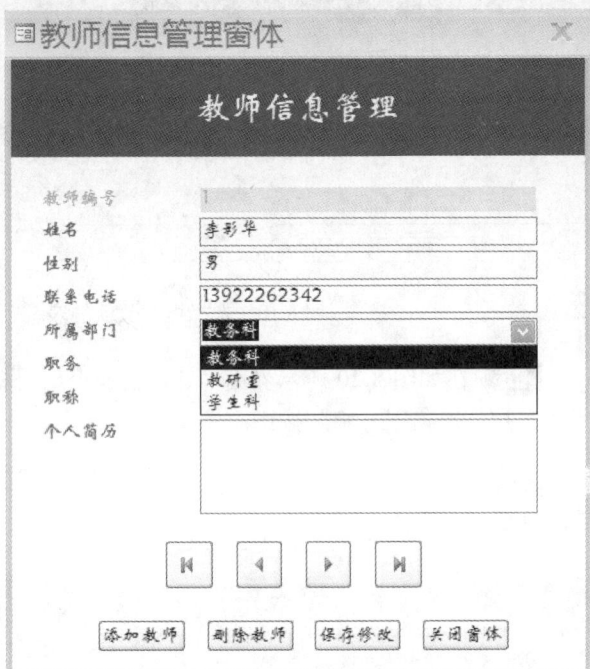

图 8.23 "教师信息管理"窗体的最终效果

任务三 实现"考勤管理"功能

任务目标 在本任务中，将分别创建"上班考勤管理窗体"、"下班考勤管理窗体"、"加班管理窗体"、"请假管理窗体"、"考勤汇总窗体"等5个窗体以及与这5个窗体相关联的查询对象与宏对象。通过这5个窗体，可以实现图8.1中所示的"考勤管理"功能，对学校中每个教职员工的出勤、加班、请假等考勤行为进行记录、计算、汇总。

任务实施

1. 实现日常考勤管理功能

对于学校的教职员工，日常考勤管理主要分为两个功能，一个是上班考勤，一个是下班考勤。

上班考勤功能主要是在"日常考勤表"中添加一条当天日期、教职工上班时间以及是否有迟到的出勤记录。

下班考勤功能主要是更新"日常考勤表"中由上班考勤功能所添加的出勤记录，对该条记录加入教职工下班时间、是否有早退等信息。

通过上班考勤与下班考勤功能的配合使用，才能在"日常考勤表"中添加一条完整的教职工当天出勤记录。

（1）设计"上班考勤管理窗体"

本窗体的设计步骤如下。

01 在 Access 2007 中进入窗体设计视图，并将新建窗体保存为"上班考勤管理窗体"。

02 打开该窗体的属性表，选择"数据"选项卡，在其中设置"记录源"属性为"日常考勤表"。

03 在 Access 2007 功能区单击"排列"选项卡的"显示／隐藏"组中的"窗体页眉／页脚"按钮，为窗体添加窗体页眉／页脚。

04 将窗体的页脚高度调整为 0。然后，单击选中窗体的页眉部分，打开页眉属性表，切换到"格式"选项卡，设置"背景色"属性值为 #42415A。最后，在窗体页眉中添加一个标签控件，在该控件内输入"上班考勤管理"几个字，字体颜色设置为白色。本步完成后，该窗体的设计视图如图 8.24 所示。

05 在 Access 2007 功能区"设计"选项卡中，在"工具"组中单击"添加现有字段"按钮。在出现的字段列表中，双击"日期"、"上班时间"、"迟到"、"备注"等 4 个字段，在窗体主体部分会自动增加 4 个与这些字段绑定的控件以及对应的控件标签。控件添加后，将这些控件排列好位置，如图 8.25 所示。

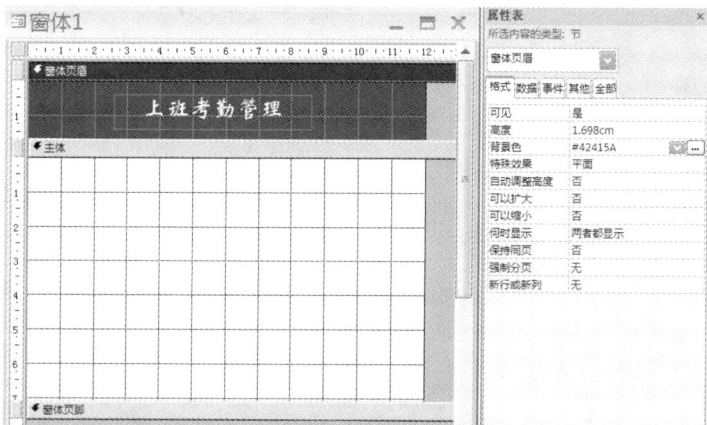

图 8.24 "上班考勤管理"窗体雏形

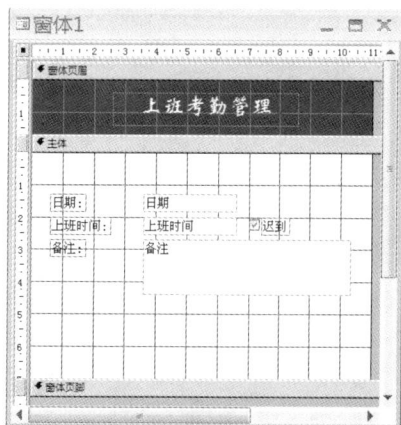

图 8.25 添加字段绑定控件

06 为窗体添加一个组合框控件,在弹出的"组合框向导"窗口中,选择"使用组合框查阅表或查询中的值"选项,然后单击"下一步"按钮继续,如图 8.26 所示。

07 进入如图 8.27 所示窗口,在"请选择为组合框提供数值的表或查询"选择列表中,选择"表:教师信息表",然后单击"下一步"按钮。

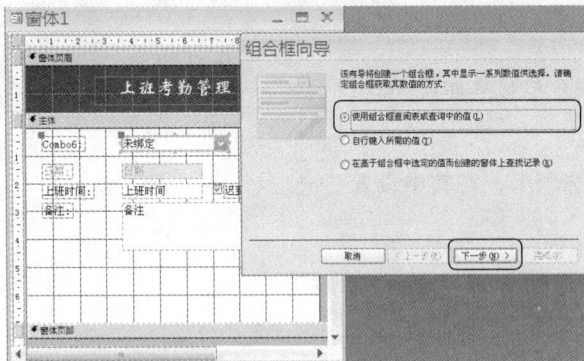

图 8.26 添加组合框

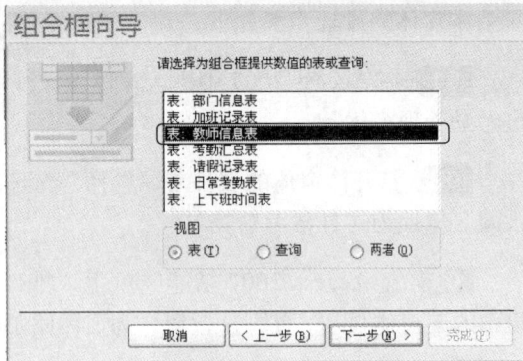

图 8.27 选择"教师信息表"提供数值

08 进入如图 8.28 所示窗口,在"可用字段"选择列表框中选择"姓名"字段,然后单击">"按钮,将其添加到右侧的"选定字段"框中。然后单击"下一步"按钮继续。

09 进入如图 8.29 所示窗口,在第一个下拉列表框中选择"教师编号"字段,作为组合框内容的排序依据字段,单击"下一步"按钮继续。

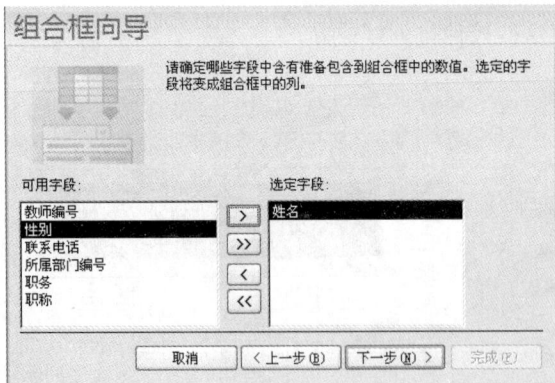

图 8.28 选定"姓名"字段

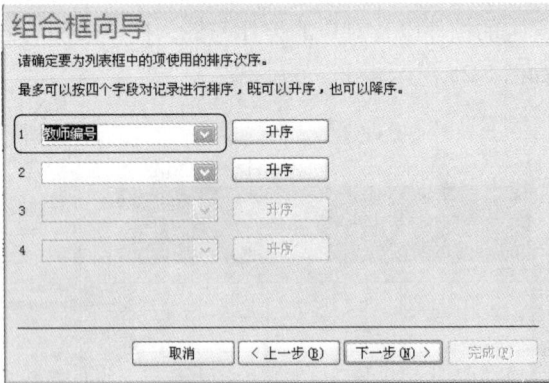

图 8.29 选择排序依据字段

10 进入如图 8.30 所示窗口,单击"完成"按钮,结束组合框的设置。

11 添加组合框后,在窗体设计视图中选中该组合框,在其属性表的"数据"选项卡中,设置"控件来源"的值为"教师编号"。

如此设置后,用户在操作此组合框时,选择的是各个被考勤的教职工姓名，但实际保存到"日常考勤表"中的却是与教职工姓名相对应的教师编号。

最后，在组合框属性表的"数据"选项卡中，再设置"限于列表"属性为"是"，"允许编辑值列表"属性为"否"，即不允许用户输入选择列表值以外的内容，以保证"日常考勤表"与"教师信息表"的数据一致性与完整性。

12 为窗体添加 4 个导航按钮，作用分别是跳到第一条记录、跳到上一条记录、跳到下一条记录、跳到最后一条记录。

再为窗体添加 3 个操作按钮，作用分别是添加一条新的考勤记录、保存当前考勤记录以及关闭窗体。

以上各个按钮以及按钮相应功能的设置方法，请读者参照本书前面项目中所介绍的内容进行，这里不再详述。添加按钮后的窗体如图 8.31所示。

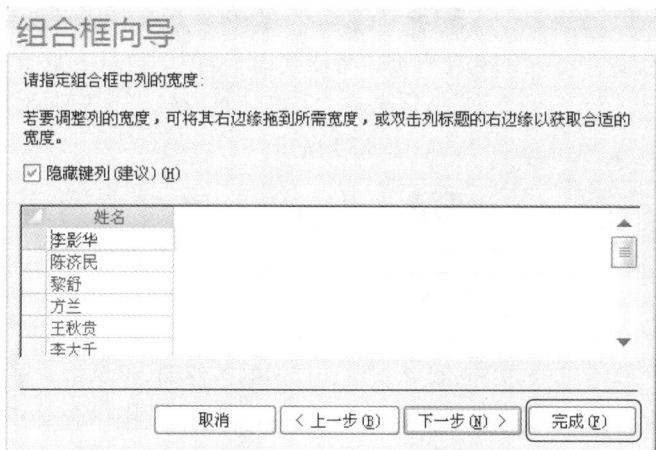

图 8.30　完成设置　图 8.31　添加按钮后的"上班考勤管理"窗体

13 上班考勤管理主要是对当天的上班时间进行考勤记录。因此，选中上图中的"日期"文本框控件，打开其属性表，设置"默认值"属性为"Date()"，并将"可用"属性设置为"否"，如图 8.32 所示。如此设置后，考勤日期数据将自动添加，用户不能更改考勤记录的日期。

14 设置"迟到"复选框控件。为了实现数据自动填充，将上班考勤功能设计成当用户输入了上班时间后，系统能自动判定是否迟到，而无须用户再去勾选"迟到"复选框。

打开该控件的属性表，在"默认值"属性中输入 False，即默认为未迟到，并将"可用"属性设置为"否"。该控件的属性设置如图 8.33 所示。

图 8.32 设置"日期"属性　　　图 8.33 设置"迟到"复选框控件

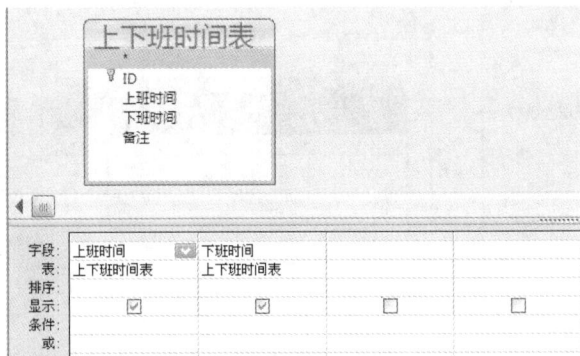

图 8.34 创建选择查询

15 创建一个基于"上下班时间表"的选择查询。将该查询命名为"上下班时间查询",只选择"上班时间"与"下班时间"字段,如图 8.34 所示。

16 设计"迟到判定宏"。在 Access 2007 功能区的"创建"选项卡的"其他"组中,单击"宏"按钮,进入宏的设计视图。

在宏设计视图的功能区,单击"条件"按钮,显示宏设计视图的条件列,再单击"显示所有操作"按钮,使所有的宏操作命令可被选用。

按表 8.8 所示设置宏的内容,并将宏命名为"迟到判定宏"。

表 8.8 "迟到判定宏"的设计

条件	操作	参数
IsNull([Forms]![上 班 考 勤 管 理 窗体]![上班时间])	MsgBox	上班时间不能为空!,是,警告!,
...	CancelEvent	
...	GoToControl	[上班时间]
...	StopMacro	
[Forms]![上 班 考 勤 管 理 窗体]![上 班 时间]>DLookUp(" 上班时间 "," 上下 班时间查询 ")	SetValue	[Forms]![上 班 考 勤 管 理 窗 体]![迟到], True

续表

条件	操作	参数
[Forms]![上班考勤管理窗体]![上班时间]<=DLookUp("上班时间","上下班时间查询")	SetValue	[Forms]![上班考勤管理窗体]![迟到], False
	OnError	下一个,
	RunCommand	SaveRecord
[MarcoError]<>0	MsgBox	=[MacroError].[Description], 是,警告!,

小贴士

1. DLookUp 函数

DLookUp 是 Access 2007 中的内置函数,可用于从指定记录集获取特定字段的值。DLookUp 函数可用在宏、查询表达式、窗体、报表上的计算控件或 VBA 模块中。

在本例中,表达式"DLookUp("上班时间","上下班时间查询")"的作用就是从之前创建的"上下班时间查询"中获取"上班时间"字段的值。

2. SetValue 宏命令的作用与选取方法

通过 SetValue 宏命令,可以设置字段、控件与属性的值。例如,在本例中,执行 SetValue 命令,命令参数为"[Forms]![上班考勤管理窗体]![迟到], True",作用是将窗体对象"上班考勤管理窗体"中的"迟到"复选框控件的值设置为 True。

在进行宏设计时,必须先单击设计界面功能区的"显示所有操作"按钮,然后才能在宏设计视图的"操作"列中选取到 SetValue 命令。否则,用户无法选取该命令。

在"迟到判定宏"中,各行宏命令的作用如下。

1)通过条件表达式"IsNull([Forms]![上班考勤管理窗体]![上班时间])"判定用户在窗体对象"上班考勤管理窗体"的"上班时间"文本框控件中是否有输入内容。若用户未输入,则执行 MsgBox 命令,向用户发出提示;接着执行 CancelEvent 宏命令,取消当前事件;再执行 GoToControl 命令,使输入焦点返回窗体中的"上班时间"文本框控件;最后再执行 StopMacro 命令,停止当前宏的运行。若用户已在"上班时间"控件中输入了上班时间,则继续执行 StopMacro 命令行之后的宏命令。

2)通过条件表达式"[Forms]![上班考勤管理窗体]![上班时间]>DLookUp("上班时间","上下班时间查询")"判定用户在窗体对象"上班考勤管理窗体"的"上班时间"控件内输入的上班时间是否大于选择查询"上下班时间查询"中的"上班时间"字段。若是,则执行 SetValue 宏命令,将窗体对象"上班考勤管理窗体"中的"迟到"复选框控件的值设置为 True,即判定为迟到。

3)通过条件表达式"[Forms]![上班考勤管理窗体]![上班时间]<=DLookUp("上班时间","上下班时间查询")"判定用户在窗体对

象"上班考勤管理窗体"的"上班时间"控件内输入的上班时间是否小于或等于选择查询"上下班时间查询"中的"上班时间"字段。若是，则执行 SetValue 宏命令，将窗体对象"上班考勤管理窗体"中的"迟到"复选框控件的值设置为 False，即判定为未迟到。

4）执行 OnError 宏命令，用于指定当宏发生错误的处理方式。本例中 OnError 命令的运行参数是"下一个"，作用是当发生了错误时，不停止宏的运行，继续执行下一条命令，错误信息将保存在 MacroError 对象中。

5）执行 RunCommand 宏命令，该命令的作用是执行 Access 内置命令。本例中 RunCommand 的参数是 SaveRecord。SaveRecord 是 Access 的内置命令，其作用是将当前对数据记录的修改保存到数据表中。

6）通过条件表达式"[MarcoError]<>0"判定当前宏在运行时有否发生错误，若有，则执行 MsgBox 宏命令，显示一个消息框。该消息框的内容是"[MacroError].[Description]"，即发生错误时，数据库系统对该错误的描述。

综上所述，"迟到判定宏"的作用就是判定用户在"上班考勤管理窗体"的"上班时间"控件中输入的上班时间是否大于规定的上班时间。若是，则判定为迟到；若否，则判定为未迟到，然后更新"迟到"控件的值。最后，将窗体上所有绑定控件的值保存到"日常考勤表"对应记录的绑定字段中。最终设计好的"迟到判定宏"如图 8.35 所示。

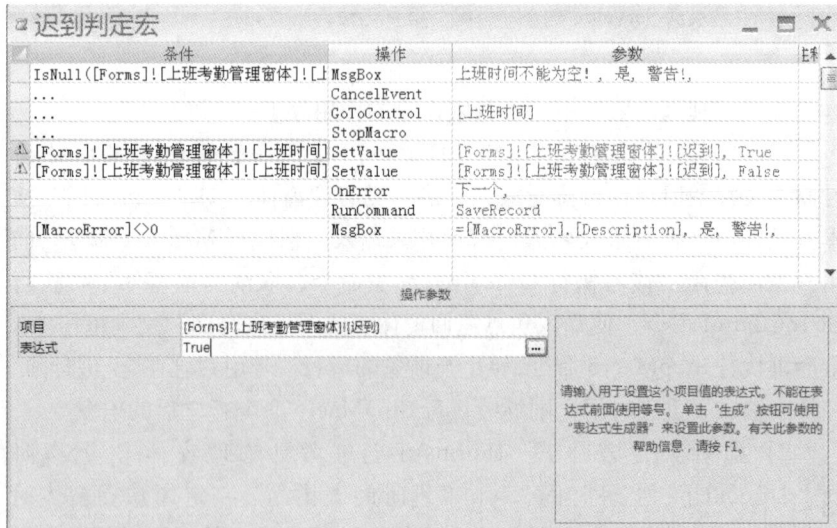

图 8.35
迟到判定宏

17 通过窗体中的"保存考勤记录"按钮运行"迟到判定宏"。在设计视图中，选中"保存考勤记录"按钮，打开其属性表，选择"事件"选项卡，设置"单击"事件，在"单击"事件的选择列表中选择"迟到判定宏"，如图 8.36 所示。

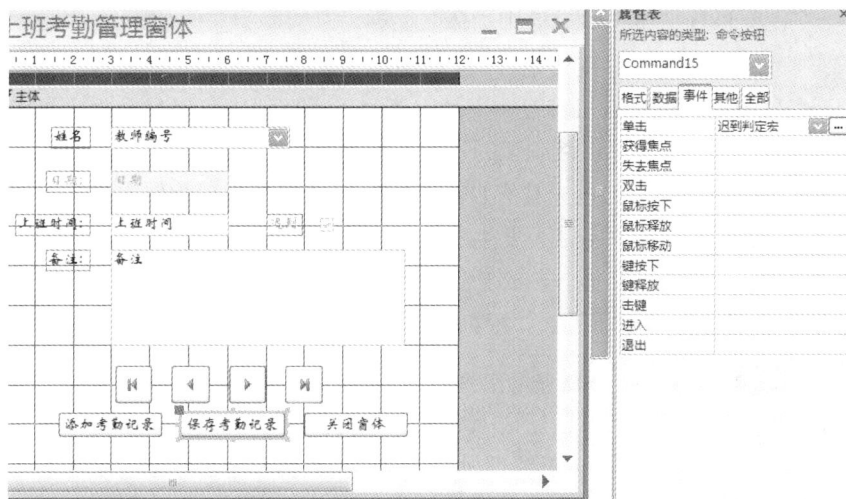

图 8.36
设置"保存考勤记录"
按钮的单击事件

18 完善"上班考勤管理窗体"的界面设计。打开"上班考勤管理窗体"的属性表,在"格式"选项卡中,将"边框样式"属性设置为"细边框",将"记录选择器"属性、"导航按钮"属性、"分隔线"属性设置为"否",将"滚动条"属性设置为"两者均无",将"关闭按钮"属性、"最大最小化按钮"属性设置为"否",如图 8.37 所示。

最后,总体设计好的"上班考勤管理窗体"如图 8.38 所示。用户操作时,只须先单击"添加考勤记录"按钮,然后在该窗体的组合框中选择考勤对象的姓名,并在"上班时间"文本框中输入实际上班时间,再单击"保存考勤记录"按钮,此时会自动判定出是否发生了迟到,并将对应的记录保存入"日常考勤表"中。

图 8.37 设置窗体属性

图 8.38 "上班考勤管理"窗体最终效果

（2）设计"下班考勤管理窗体"

下班考勤管理，主要是针对当天已经在"上班考勤管理窗体"中登记过上班考勤的教职工。若一个教职工当天未登记上班考勤数据，则考勤系统应不允许登记该教职工的下班考勤记录。

其次，下班考勤也应具有自动判定早退功能。即用户输入实际下班时间，系统能自动判定是否发生早退。

下班考勤管理功能，主要通过"下班考勤管理窗体"、"早退判定宏"、"按日期查询出勤教师"条件查询等 3 个对象实现。

01 创建"按日期查询出勤教师"条件查询。该查询主要是在"日常考勤表"中查出当天已登记上班记录的教职工的出勤记录。

设计查询时，应先将"教师信息表"与"日常考勤表"添加到查询设计视图中。然后，在查询设计视图中选择"日常考勤表"中的"日期"、"教师编号"、"下班时间"、"早退"、"备注"、"上班时间"字段，以及"教师信息表"中的"姓名"字段。然后在"日期"字段列的"条件"行中输入"Date()"，在"上班时间"字段列的"条件"行中输入 Is Not Null。

该查询的设计视图如图 8.39 所示。

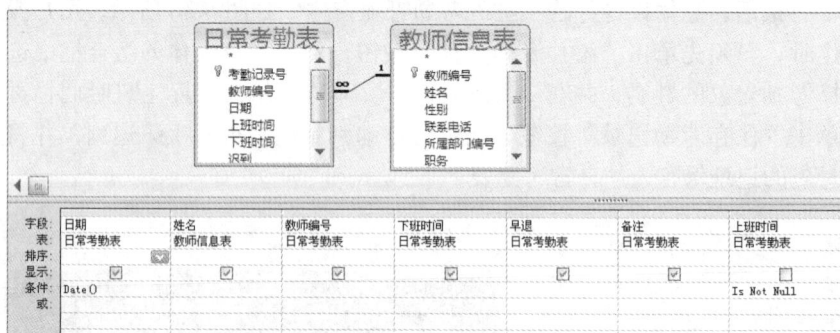

图 8.39
"按日期查询出勤教师"条件查询视图

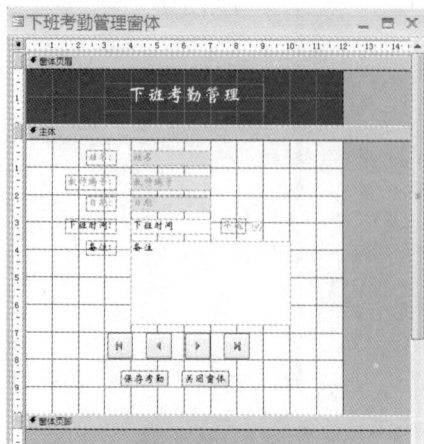

图 8.40 下班考勤管理窗体

02 设计"下班考勤管理窗体"，如图 8.40 所示。

"下班考勤管理窗体"的设计方法与"上班考勤管理窗体"的设计方法类似，设计要点如下。

1）将已创建的"按日期查询出勤教师"条件查询设置为该窗体的"记录源"。

2）该窗体的窗体页眉"背景色"属性值设置为 #42415A，即背景色与"上班考勤管理窗体"的页眉背景色相同。

3）该窗体的"姓名"、"教师编号"、"日期"3 个文本框控件分别与记录源"按日期查询出勤教师"中的"姓名"、"教师编号"、"日期"3 个字段绑定，并且 3 个控件的"可用"属性都要设置为"否"，即用户不能更改这 3

个文本框内的数据。

4）窗体中的"下班时间"、"备注"文本框控件分别与"按日期查询出勤教师"中的"下班时间"、"备注"字段绑定。

5）窗体中的"迟到"复选框控件，与"按日期查询出勤教师"中的"早退"字段绑定，且该控件的"可用"属性设置为"否"，由考勤系统根据用户输入的下班时间自动判定早退与否。

6）为窗体添加4个导航按钮，作用分别是跳到第一条记录、跳到上一条记录、跳到下一条记录、跳到最后一条记录。

7）为窗体添加2个操作按钮，作用分别是保存考勤记录，以及关闭窗体。

03 设计"早退判定宏"。"早退判定宏"的设计与之前介绍的"迟到判定宏"类似。该宏能根据用户在"下班考勤管理窗体"中输入的下班时间，自动设定"早退"复选框控件的值（True/False），并将窗体上各个绑定控件上的数据保存到"日常考勤表"对应的记录中。该宏的设计如表8.9所示。

表 8.9 "早退判定宏"的设计

条件	操作	参数
IsNull([Forms]![下班考勤管理窗体]![下班时间])	MsgBox	下班时间不能为空！，是，警告！，
...	CancelEvent	
...	GoToControl	[上班时间]
...	StopMacro	
[Forms]![下班考勤管理窗体]![下班时间]<DLookUp("下班时间","上下班时间查询")	SetValue	[Forms]![下班考勤管理窗体]![早退]，True
[Forms]![下班考勤管理窗体]![下班时间]>=DLookUp("下班时间","上下班时间查询")	SetValue	[Forms]![下班考勤管理窗体]![早退]，False
	OnError	下一个，
	RunCommand	SaveRecord
[MarcoError]<>0	MsgBox	=[MacroError].[Description]，是，警告！，

在"早退判定宏"的设计中，同样运用DLookUp()函数从"上下班时间查询"中提取"下班时间"字段，并用此字段的值与"下班考勤管理窗体"中的"下班时间"文本框控件中的值相比较，以判定是否发生早退。

04 通过"下班考勤管理窗体"中的"保存考勤"按钮控件调用"早退判定宏"。该按钮的设置方法请参照"上班考勤管理窗体"中的设计。最终完成的"下班考勤管理窗体"如图 8.41 所示。

2．实现"加班登记"功能

"加班登记"功能主要通过设计一个"加班管理窗体"以及一个"加班设定宏"来实现。用户在"加班管理窗体"中输入的加班记录会被保存在"加班登记表"中。

01 设计"加班管理窗体"。"加班管理窗体"主要用于用户登记加班记录。该窗体的设计如图 8.42 所示。

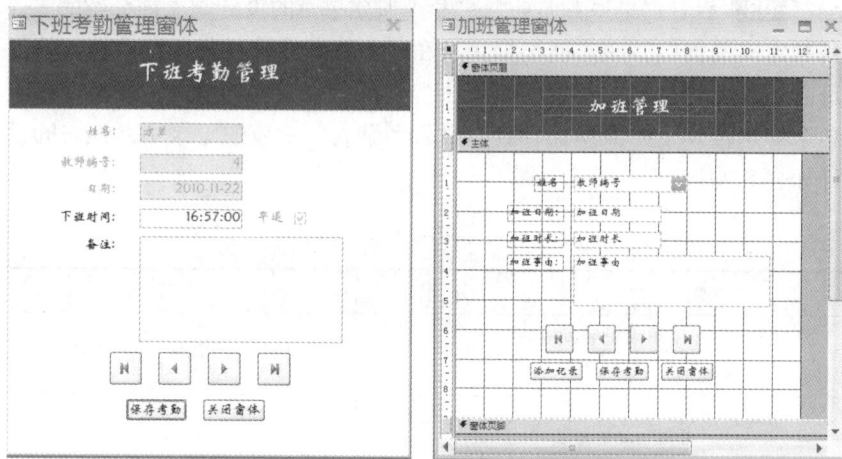

图 8.41 "下班考勤管理窗体"最终效果 图 8.42 加班管理窗体

在设计"加班管理窗体"时，要注意以下要点。

1）窗体的"记录源"属性设置为"加班登记表"。

2）窗体的窗体页眉"背景色"属性值设置为 #42415A。

3）为窗体添加一个组合框控件。该控件的选择列表应设置为全体教师的姓名，该组合框的添加方法与"上班考勤管理窗体"中的组合框添加方法相同。组合框添加后，将该组合框的"控件来源"属性设置为"教师编号"字段。

4）为窗体添加 3 个文本框控件，分别与"加班登记表"中的"加班日期"、"加班时长"、"加班事由"字段绑定。

5）为窗体添加 4 个导航按钮，作用分别是跳到第一条记录、跳到上一条记录、跳到下一条记录、跳到最后一条记录。

6）为窗体添加 3 个操作按钮，作用分别是添加新记录，保存当前记录，以及关闭窗体。

02 设计"加班设定宏"。"加班设定宏"的主要作用是检查用户在窗体上所填写的加班记录内容是否完整，如用户已填写完整则保存记录，如用户未填写完整则提醒用户将未填写的部分完成。该宏的设计如表 8.10 所示。

表 8.10 "加班设定宏"的设计

条件	操作	参数
IsNull([Forms]![加班管理窗体]![教师编号])	MsgBox	请输入教师姓名！，是，无，
...	CancelEvent	
...	GoToControl	[教师编号]
...	StopMacro	
IsNull([Forms]![加班管理窗体]![加班日期])	MsgBox	加班日期不能为空 !，是，警告 !，
...	CancelEvent	
...	GoToControl	[加班日期]
...	StopMacro	
IsNull([Forms]![加班管理窗体]![加班时长])	MsgBox	加班时长不能为空！，是，警告 !，
...	CancelEvent	
...	GoToControl	[加班时长]
...	StopMacro	
	OnError	下一个，
	RunCommand	SaveRecord
[MarcoError]<>0	MsgBox	=[MacroError].[Description]，是，警告 !，

从表 8.10 可见，"加班设定宏"主要检查用户在登记加班记录时，有否在"教师编号"组合框中选择教师姓名、有否在"加班日期"文本框中输入加班日期、有否在"加班时长"文本框中输入加班的时长。这3 个控件中如有 1 个未输入，则会弹出相应的消息框提示用户，并停止宏的运行；如 3 个控件都已填入相应内容，则该宏会将窗体上的数据保存到窗体的记录源数据表，即"加班登记表"中。

03 通过"加班管理窗体"中的"保存考勤"按钮运行"加班设定宏"。

3. 实现"请假登记"功能

"请假登记"功能主要通过设计一个"请假管理窗体"以及一个"请假设定宏"来实现。用户在"请假管理窗体"中输入请假记录，所输入的数据被保存在"请假登记表"中。

01 设计"请假管理窗体"。"请假管理窗体"的主要作用是为用户登记请假记录提供操作界面。该窗体的设计如图 8.43 所示。

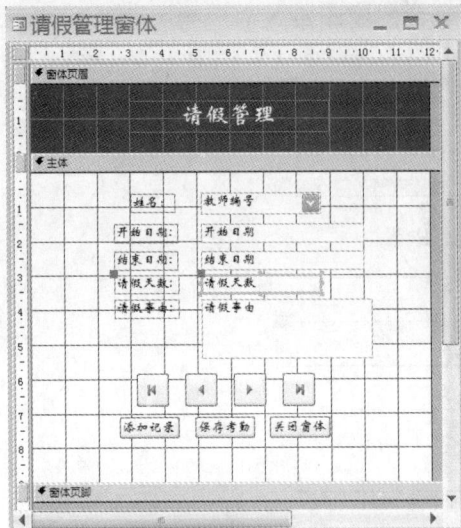

图 8.43　请假管理窗体

"请假管理窗体"的设计要点如下。

1）窗体的"记录源"属性设置为"请假登记表"。

2）窗体的窗体页眉"背景色"属性值设置为 #42415A。

3）为窗体添加一个组合框控件，该控件的选择列表为全体教师的姓名。此组合框的添加方法与"上班考勤管理窗体"中的组合框添加方法相同。添加后，将该组合框的"控件来源"属性设置为"教师编号"字段。

4）为窗体添加 4 个文本框控件，分别与"请假登记表"中的"开始日期"、"结束日期"、"请假天数"、"请假事由"字段绑定。

5）为窗体添加 4 个导航按钮，功能分别是跳到第一条记录、跳到上一条记录、跳到下一条记录、跳到最后一条记录。

6）为窗体添加 3 个操作按钮，功能分别是添加新记录，保存当前记录，以及关闭窗体。

小贴士

Month() 函数与 Year() 函数都是 Access 2007 中的内置函数。Month() 用于取得指定日期数据的月份，取值范围为 1 ~ 12，例如：Month(#2010-9-30#)=9。Year() 函数用于取得指定日期数据的年份，例如：Year(#2010-9-30#)=2010。

在表 8.11 倒数第 7 行宏命令中，条件表达式"Month([Forms]![请假管理窗体]![开始日期])<>Month([Forms]![请假管理窗体]![结束日期])"就是利用 Month() 函数判别用户在窗体中输入的开始日期与结束日期是否属于同一月份。

02 设计"请假设定宏"。"请假设定宏"的主要作用是检查用户在窗体上所填写的请假记录内容是否完整。例如，检查用户有否输入请假开始时间、请假结束时间以及开始时间是否晚于结束时间等。

另外，由于在后继设计中，还要为考勤管理系统设置月度考勤汇总的功能。因此，为方便每个月度对当月的请假记录进行统计，所有的请假记录都不能允许跨月填写。即，不能填写形如 2010-8-30—2010-9-1 的请假记录。对于跨月份的请假记录，应该分成两条请假记录来填写。例如，上述 2010-8-30—2010-9-1 的请假记录，在填写时应分为 2010-8-30—2010-8-31 与 2010-9-1—2010-9-1 两条记录。

因此，"请假设定宏"应能检查用户填写的请假记录中开始日期与结束日期是否属于同一月份，如果不是属于同一月份，则提醒用户不能跨月填写请假记录。

最后，检查完用户的输入后，该宏还应将用户输入的数据保存到"请假登记表"中。

该宏的设计如表 8.11 所示。

表 8.11 "请假设定宏"的设计

条件	操作	参数
IsNull([Forms]![请 假 管 理 窗 体]![开始日期])	MsgBox	开始日期不能为空 !, 是 , 警告 !,
...	CancelEvent	
...	GoToControl	[开始日期]
...	StopMacro	
IsNull([Forms]![请假管理窗体]![结束日期])	MsgBox	结束日期不能为空 !, 是 , 警告 !,
...	CancelEvent	
...	GoToControl	[结束日期]
...	StopMacro	
[Forms]![请假管理窗体]![开始日期]>[Forms]![请假管理窗体]![结束日期]	MsgBox	开始日期不能大于结束日期 !, 是 , 警告 !,
...	CancelEvent	
...	GoToControl	[开始日期]
...	StopMacro	
Month([Forms]![请假管理窗体]![开 始 日 期])<>Month([Forms]![请假管理窗体]![结束日期])	MsgBox	请不要跨月填写请假记录 !, 是 , 警告 !,
...	CancelEvent	
...	GoToControl	[结束日期]
...	StopMacro	
	OnError	下一个 ,
	RunCommand	SaveRecord
[MarcoError]<>0	MsgBox	=[MacroError].[Description], 是 , 警告 !,

03 通过"请假管理窗体"中的"保存考勤"按钮运行"请假设定宏"。

4. 实现"考勤汇总管理"功能

"考勤汇总管理"功能是对所有的教职员工每个月的出勤、加班、请假等考勤情况进行汇总,统计出每个人的出勤次数、早退次数、迟到次数、加班总时长、请假总天数等数据。得到所有人的汇总数据后,将这些数据按考勤年月保存到"考勤汇总表"中。

实现"考勤汇总管理"功能，具体步骤如下。

（1）设计"考勤汇总窗体"

"考勤汇总窗体"的外观如图 8.44 所示。

该窗体比较简单，窗体上仅有两个组合框与两个按钮控件。两个组合框提供了考勤年月的选择功能。单击窗体上的"汇总考勤记录"按钮，用户指定年月的所有人的考勤记录就会被统计与汇总，汇总出来的所有数据会被保存到"考勤汇总表"中。

该窗体的设计方法如下。

01 新建一个空白窗体，保存为"考勤汇总窗体"，为窗体添加窗体页眉，设置窗体页眉背景色为 #42415A。

02 为窗体添加一个组合框，在弹出的"组合框向导"对话框中，选择"自行键入所需的值"，单击"下一步"按钮继续，如图 8.45 所示。

图 8.44 "考勤汇总窗体"

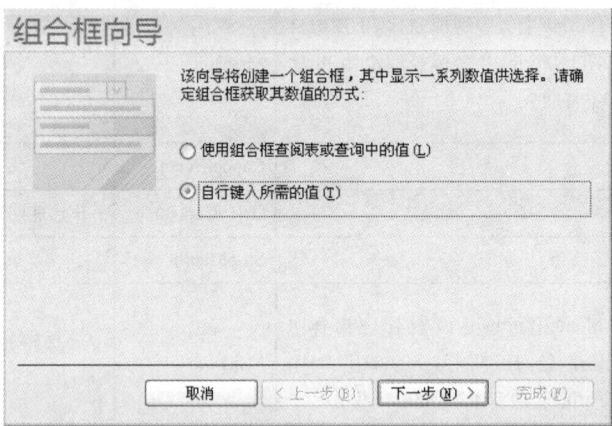

图 8.45 确定组合框获取数值的方式

03 在如图 8.46 所示对话框中，为组框选择列表自行输入 6 个数值，分别是 2010、2011、2012、2013、2014、2015。然后单击"完成"按钮。

小贴士

使用 Date() 函数可以获取当前日期。将 Date() 函数作为 Year() 函数的参数，如上述中的 Year(Date())，可以获取当前的年份。同理，使用 Month(Date()) 可以获取当前的月份。

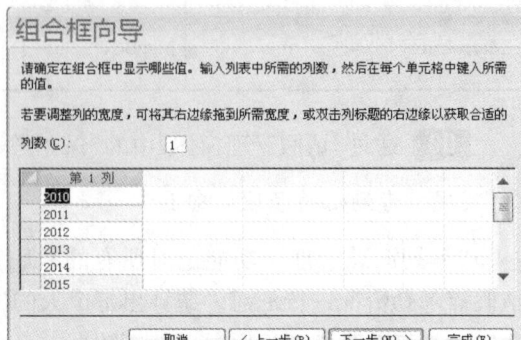

图 8.46 输入组合框中显示的值

04 组合框添加后，打开其属性表，在"全部"选项卡中，将"名称"属性设置为 Year，"限于列表"属性设置为"是"，"允许编辑值列表"属性设置为"否"，"默认值"属性设置为 Year(Date())。

05 继续为窗体添加第二个组合框控件，按照 2、3 步骤所述，为组合框设置选择列表内容为 1 ~ 12，代表一至十二月份。将第二个组合框的"名称"属性设置为 Month，"限于列表"属性设置为"是"，"允许编辑值列表"属性设置为"否"，"默认值"属性设置为 Month(Date())。

06 为窗体添加两个按钮，其中一个按钮的"标题"属性设置为"汇总考勤记录"，暂时不设置其具体功能。另一个按钮的"标题"属性设置为"关闭窗体"，功能设置为关闭当前窗体。

（2）设计月度加班记录汇总查询

01 按图 8.47 所示，在查询设计视图中设计一个统计查询，保存为"指定月份加班记录汇总查询 1"。

图 8.47 中，"加班日期"字段列的"条件"行，应设置为：

Like [forms]![考勤汇总窗体]![Year] & "-" & [forms]![考勤汇总窗体]![Month] & "-" & "*"

此查询设置的条件表达式引用了"考勤汇总窗体"中 Year 与 Month 组合框控件中的内容。例如，当用户在"考勤汇总窗体"中选择了"2010"年与"10"月，则此时条件表达式组合为：

Like "2010-10-*"

即加班日期条件限定于 2010 年 10 月份之内。

运行"考勤汇总窗体"，在窗体上选择"2010"年与"10"月，保持窗体打开状态，然后再运行"指定月份加班记录汇总查询 1"，得到如图 8.48 所示的结果。

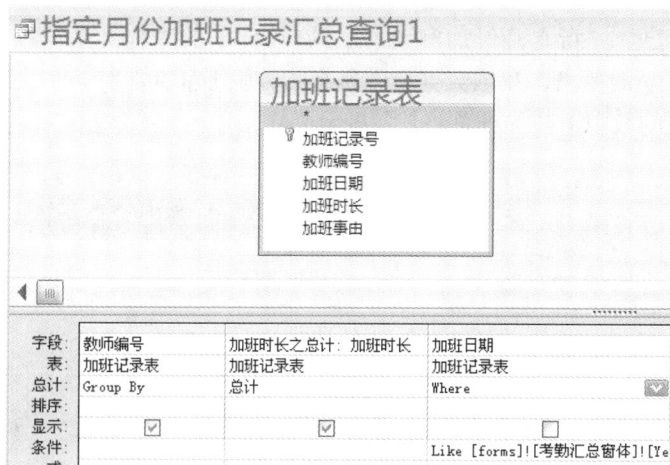

图 8.47　"指定月份加班记录汇总查询 1"

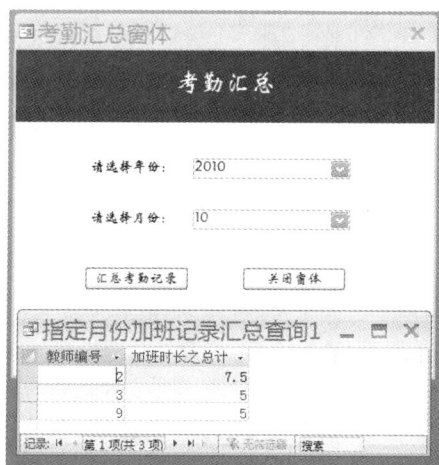

图 8.48　运行"指定月份加班记录汇总查询 1"的结果

由图 8.48 可以看出,由于并非每个教职工都进行了加班,因此在查询结果中,只有加了班的教职工才会有加班记录。

考勤汇总功能是对每一个教职工进行汇总,因此,合理的做法是:每个教职工都应有一条加班汇总记录,对于没有加班的教职工,加班时长为 0。

为了达到以上目的,需要在"指定月份加班记录汇总查询 1"的基础上,再创建一个名为"指定月份加班记录汇总查询 2"的查询。

02 设计一个查询,将"教师信息表"与"指定月份加班记录汇总查询 1"添加到查询设计视图中。

03 在查询设计视图中,右击"教师信息表"与"指定月份加班记录汇总查询 1"之间的连线,在弹出的快捷菜单中选择"联接属性"命令,如图 8.49 所示。

在弹出的"联接属性"对话框中,选择第 2 个选项:包括"教师信息表"中的所有记录和"指定月份加班记录汇总查询 1"中联接字段相等的那些记录,如图 8.50 所示。

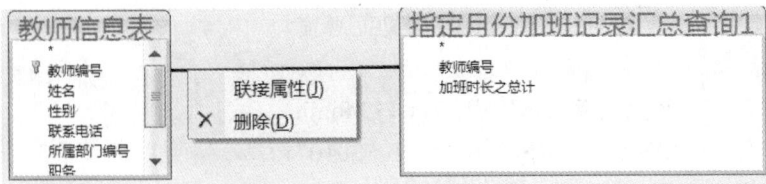

图 8.49 选择"联接属性"命令

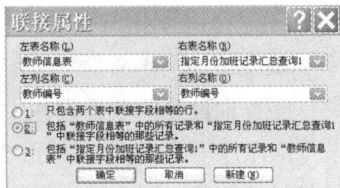

图 8.50 设置"联接属性"

最后,如图 8.51 所示设计查询,并保存为"指定月份加班记录汇总查询 2"。

运行"考勤汇总窗体",在窗体上选择"2010"年与"10"月,保持窗体打开状态,然后再运行"指定月份加班记录汇总查询 2",得到如图 8.52 所示的结果。

由图 8.52 可见,"指定月份加班记录汇总查询 2"的查询结果能较好地满足考勤汇总的要求,在该数据集中所有的教职工都存在一条加班记录,未加过班的教职工"加班总时长"显示为 0。

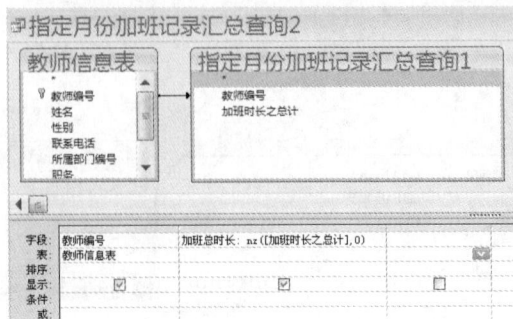

图 8.51 "指定月份加班记录汇总查询 2"

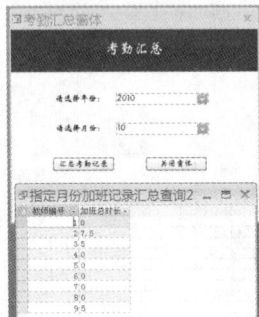

图 8.52 运行"指定月份加班记录汇总查询 2"的结果

小贴士

数据表或查询之间的联接属性

理解在查询设计中使用的表或查询之间的联接属性，对于建立一些具有特殊要求的查询将更加快捷方便。

例如：现有两个数据表，分别为 A 表与 B 表。在 A 表中，有学生的"学号"与"数学成绩"字段，在 B 表中，有"学号"与"语文成绩"字段，如表 8.12 和表 8.13 所示。

由以上两个表格可见，有的学生没有数学成绩，如学号为 6、7 号的学生；有的学生没有语文成绩，如学号为 1、2 号的学生。

将这两个数据表放入查询设计视图中，打开其"联接属性"对话框，如图 8.53 所示。

表 8.12	A 表
学号	数学成绩
1	87
2	88
3	65
4	73
5	92

表 8.13	B 表
学号	数学成绩
3	82
4	77
5	95
6	86
7	69

1）创建一个查询，要求查询出既有数学成绩，又有语文成绩的学生。此时，应选择选项 1：只包含两个表中联接字段相等的行。这个选项又称为数据表的内连接，查询结果如表 8.14 所示。

表 8.14　数据表的内连接

学号	数学成绩	语文成绩
3	65	82
4	73	77
5	92	95

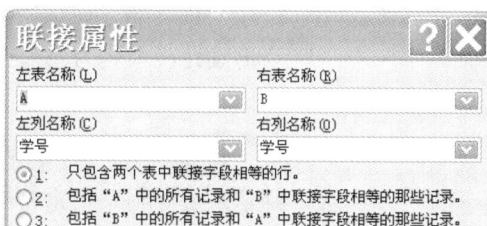

图 8.53　"联接属性"对话框

2）创建一个查询，要求查询出 1～5 号学生的数学与语文成绩，没有语文成绩的学生则以空值（Null）显示。此时，应选择选项 2：包括"A"中的所有记录和"B"中联接字段相等的那些记录。这个选项又称为数据表的左连接，查询结果如表 8.15 所示：

3）创建一个查询，要求查询出 3～7 号学生的数学与语文成绩，没有数学成绩的学生则以空值（Null）显示。此时，应选择选项 3：包括"B"中的所有记录和"A"中联接字段相等的那些记录。这个选项又称为数据表的右连接，查询结果如表 8.16 所示。

表 8.15　数据表的左连接

学号	数学成绩	语文成绩
1	87	Null
2	88	Null
3	65	82
4	73	77
5	92	95

表 8.16　数据表的右连接

学号	数学成绩	语文成绩
3	65	82
4	73	77
5	92	95
6	Null	86
7	Null	69

在设计查询时，可以在数据表之间、查询之间，或者数据表与查询之间设置联接属性。若不设置联接属性的话，则默认会使用第 1 个选项，即采用内连接。

nz() 函数是 Access 2007 的内置函数，该函数的语法如下：

nz(variant [, valueifnull])

nz 函数的作用就是，当第 1 个参数的值是 Null 时，可以使函数返回 0、零长度字符串或其他指定值。

参考图 8.51，"指定月份加班记录汇总查询 2"的设计中，表达式"nz([加班时长之总计],0)"的作用是：当字段"加班时长之总计"的值为 Null 时，以 0 代替之。

(3) 设计月度请假记录汇总查询

01 按图 8.54 所示，在查询设计视图中设计一个统计查询，保存为"指定月份请假记录汇总查询 1"。

图 8.54 中"开始日期"字段的"条件"行，应设置为：

Like [forms]![考勤汇总窗体]![Year] & "-" & [forms]![考勤汇总窗体]![Month] & "-" & "*"

"指定月份请假记录汇总查询 1"也只能统计出有请过假的教职工的请假汇总记录。

同理，为了使请假汇总记录中也包括未请过假的教职工的名单，需要再设计一个名为"指定月份请假记录汇总查询 2"的查询。在该查询中，未请过假的教职工的请假天数应显示为 0。

02 创建一个名为"指定月份请假记录汇总查询 2"的查询。将"教师信息表"与"指定月份请假记录汇总查询 1"添加到查询设计视图中。将两者的联接属性设置为左连接，即选择"联接属性"对话框中的第 2 个选项，并按图 8.55 所示设计"指定月份请假记录汇总查询 2"。

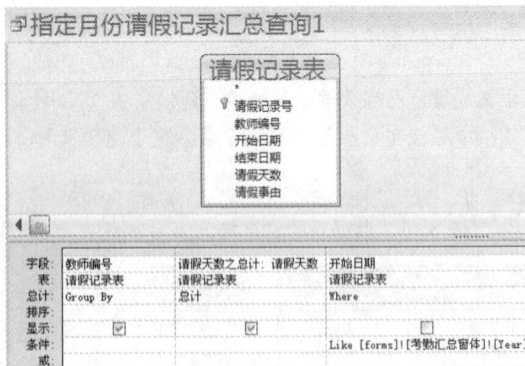

图 8.54 "指定月份请假记录汇总查询 1"

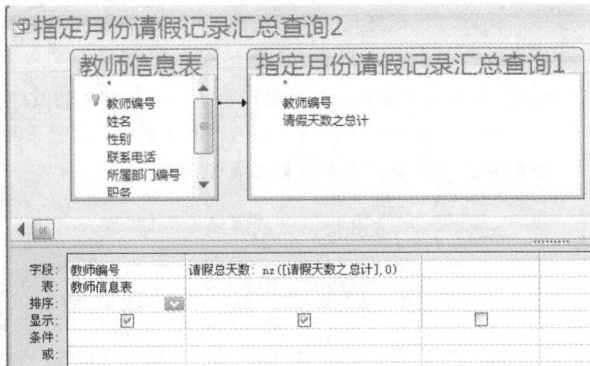

图 8.55 "指定月份请假记录汇总查询 2"

03 运行"考勤汇总窗体"，在窗体上选择"2010"年与"10"月，保持窗体打开状态，然后再运行"指定月份请假记录汇总查询 2"，得到如图 8.56 所示的结果。在该查询结果中，每一位教职工都有一条请假汇总记录，未请过假的教职工请假总天数为 0。

（4）设计月度日常出勤记录汇总查询

01 按图8.57所示，设计一个统计查询，保存为"指定月份日常出勤记录汇总查询1"。

在图8.57中，第2列的"字段"行应输入"迟到之总计：Sum（日常考勤表.迟到）*-1"。

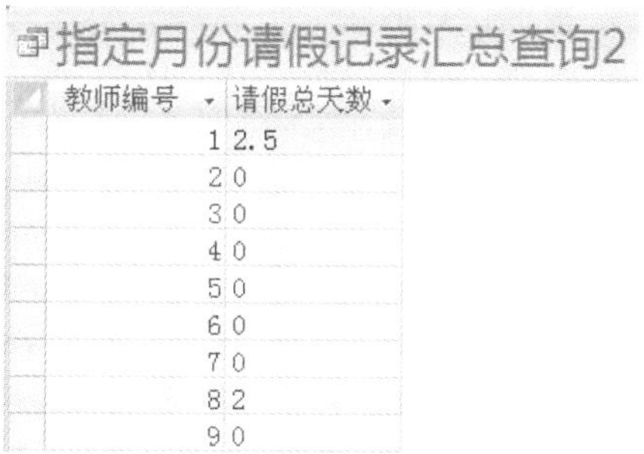

图8.56 请假汇总结果

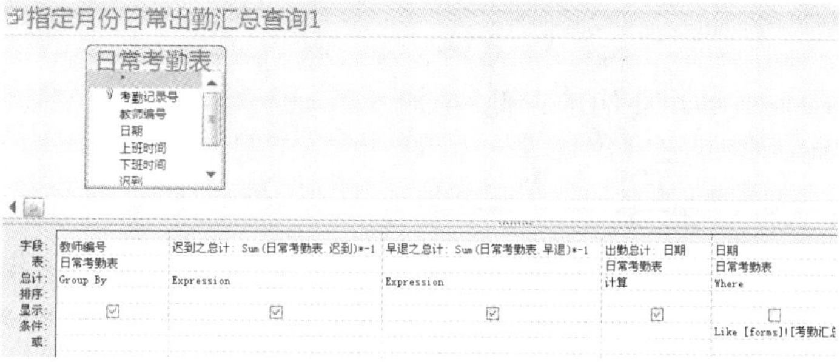

图8.57 "指定月份日常出勤记录汇总查询1"

对于迟到的教职工，在"日常考勤表"的"迟到"字段中保存为True。在Access中，True的数值表示为-1，使用求和函数Sum对"迟到"字段进行统计，得出的是负数，因此需要将结果乘以-1。

同理，上图中第3列的"字段"行应输入"早退之总计：Sum（日常考勤表.早退）*-1"。

另外，查询中的"日期"字段列，"条件"行中应输入：

Like [forms]![考勤汇总窗体]![Year] & "-" & [forms]![考勤汇总窗体]![Month] & "-" & "*"

02 基于类似的原因，再设计一个名为"指定月份日常出勤记录汇总查询2"的查询。在查询设计视图中添加"教师信息表"与"指定月份日常出勤记录汇总查询1"，并将两者的联接属性设置为左联接。

03 按图8.58所示设计"指定月份日常出勤记录汇总查询2"。

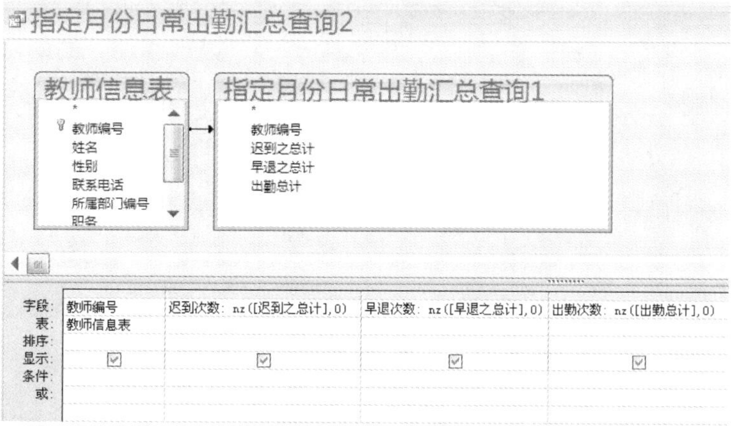

图8.58 "指定月份日常出勤记录汇总查询2"

指定月份日常出勤汇总查询2

教师编号	迟到次数	早退次数	出勤次数
1	2	0	14
2	2	2	16
3	0	0	16
4	0	2	16
5	0	0	16
6	1	0	16
7	0	2	16
8	2	0	14
9	0	2	16

图 8.59　日常出勤记录汇总结果

04 运行"考勤汇总窗体",在窗体上选择"2010"年与"10"月,保持窗体打开状态,然后再运行"指定月份日常出勤记录汇总查询2",可得到如图 8.59 所示的结果。

（5）设计"追加考勤汇总查询"

前面设计好了"指定月份加班记录汇总查询2"、"指定月份请假记录汇总查询2"、"指定月份日常出勤记录汇总查询2"等 3 个汇总查询。这 3 个查询分别统计出了每一位教职工的加班、请假、出勤、迟到、早退等月度汇总数据。接下来,需要把这些统计好的数据保存到"考勤汇总表"中。显然,使用追加查询是一种较为简便的方法。

01 设计一个名为"追加考勤汇总查询"的查询,将"教师信息表"、"指定月份加班记录汇总查询2"、"指定月份请假记录汇总查询2"以及"指定月份日常出勤记录汇总查询2"添加到查询设计视图中。

02 在 Access 2007 功能区的"设计"选项卡中,单击"追加"按钮。在弹出的"追加"对话框中,选择追加到的表名称为"考勤汇总表",并按图 8.60 所示设计该查询。

在图 8.60 中,第 2 列的"字段"行应输入"考勤年月: [forms]![考勤汇总窗体]![Year] & "-" & [forms]![考勤汇总窗体]![Month]"。第 2 列的"追加到"行应选择"考勤年月"。

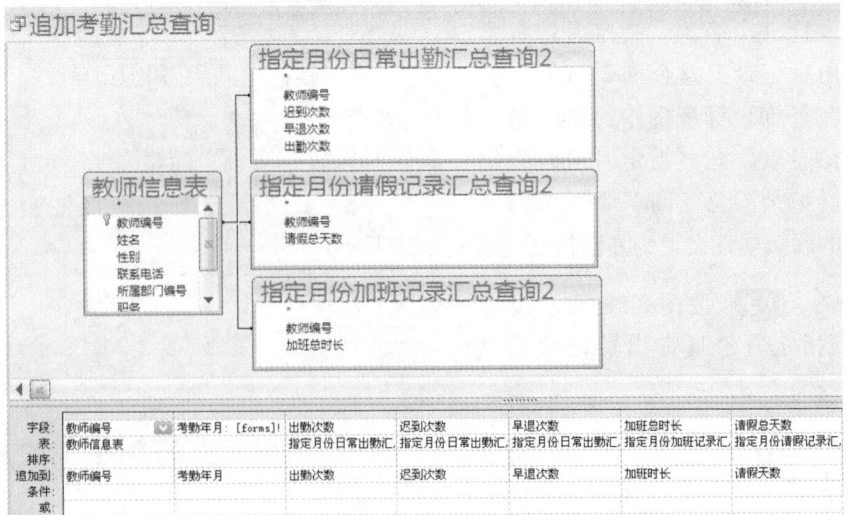

图 8.60
"追加考勤汇总
查询"的设计

对于其他列，应将"指定月份加班记录汇总查询2"等3个查询中的各个统计字段分别对应追加到"考勤汇总表"的相应字段中。

(6) 设计"汇总考勤宏"

设计一个名为"汇总考勤宏"的宏，该宏只有一条宏命令，设计视图如图8.61所示。

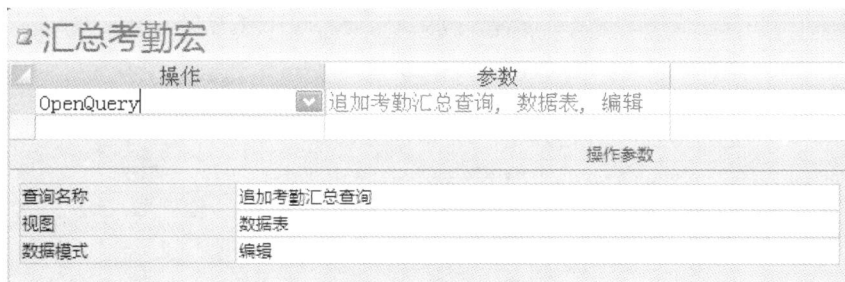

图 8.61
"汇总考勤宏"设计视图

(7) 设置"考勤汇总窗体"的按钮功能

打开"考勤汇总窗体"中"汇总考勤记录"按钮的属性表，在"事件"选项卡的"单击"事件的选择列表中选择"汇总考勤宏"。

至此，考勤系统的"考勤汇总"功能实现完毕。用户在使用时，只需打开"考勤汇总窗体"，选择好年份与月份，并单击"汇总考勤记录"按钮，对应年月的考勤汇总数据将自动进行统计，并保存到"考勤汇总表"中。

任务四　设计主控窗体以及报表

任务目标　在本任务中，有两个主要目标，一是为考勤管理系统设置1个主控窗体，在该主控窗体上，用户能调用前述任务中实现的各项功能；二是为考勤管理系统设置1个按部门分组的月度考勤汇总报表，以供用户查阅或打印。

任务实施

1. 设计考勤管理系统主控窗体

考勤管理系统的主控窗体，是整个管理系统的入口。在主控窗体上，用户能操作与调用考勤管理系统的所有功能。该窗体的外观如图8.62所示。

该窗体的设计要点如下。

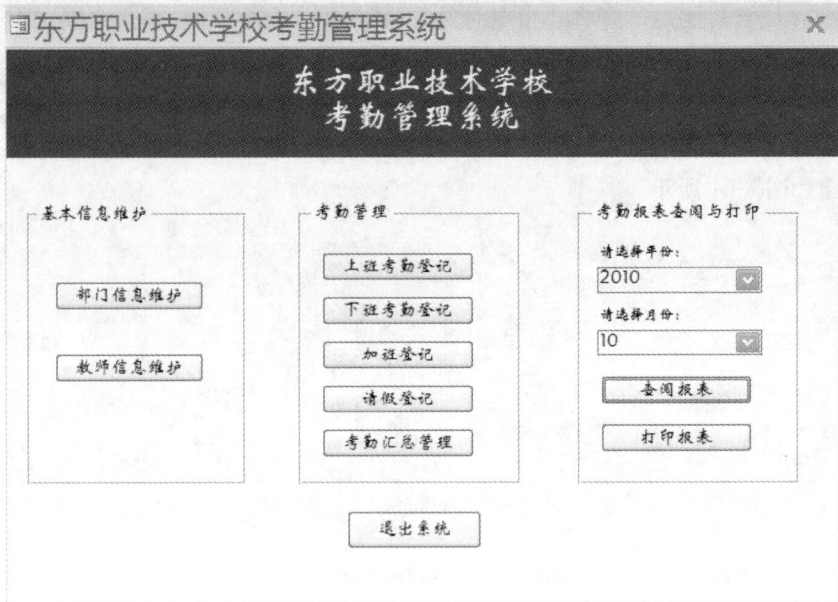

图 8.62
考勤管理系统的
主控窗体外观

01 将该窗体命名为 Main，标题属性设为"东方职业技术学校考勤管理系统"。

02 为该窗体添加窗体页眉，窗体页眉的背景色设置为 #42415A。

03 在窗体的主体部分添加 3 个选项组控件，标签内容分别为："基本信息维护"、"考勤管理"、"考勤报表查阅与打印"。

04 在"基本信息维护"选项组控件中，添加 2 个按钮控件，功能分别是打开"部门信息维护窗体"与"教师信息管理窗体"。

05 在"考勤管理"选项组控件中，添加 5 个按钮控件，功能分别是打开"上班考勤管理窗体"、"下班考勤管理窗体"、"加班管理窗体"、"请假管理窗体"以及"考勤汇总窗体"。

06 在"考勤报表查阅与打印"选项组控件中，添加 2 个组合框控件，一个命名为 Year，用于选择年份；一个命名为 Month，用于选择月份。具体添加与设置方法请参照"考勤汇总窗体"中相应组合框控件的设置方法。

07 在"考勤报表查阅与打印"选项组控件中，添加两个按钮控件，一个用于查阅报表，一个用于打印报表。这两个按钮的功能可暂不设置，等后续报表设计完成后再添加。

08 最后，在窗体的下方设置 1 个"退出系统"按钮，并设置该按钮的功能是退出考勤管理系统。

主控窗体 Main 的设计比较简单，在此不再详述其设计过程。

2. 设计"指定月份考勤汇总报表"

报表是 Access 2007 输出数据的主要形式之一。在本考勤管理系统中，用户可以选定年份与月份，然后系统可以将用户指定年月的考勤汇总数据按部门进行分组，生成报表，供用户查阅或打印输出。

该报表的设计步骤如下。

（1）设计"指定月份汇总考勤查询"

通过前面实现的"考勤汇总"功能，每一位教职工的月度考勤汇总记录都已保存在"考勤汇总表"中。在生成报表前，必须将指定年月的考勤汇总数据从"考勤汇总表"中提取出来。为此，按图 8.63 所示，建立"指定月份汇总考勤查询"。

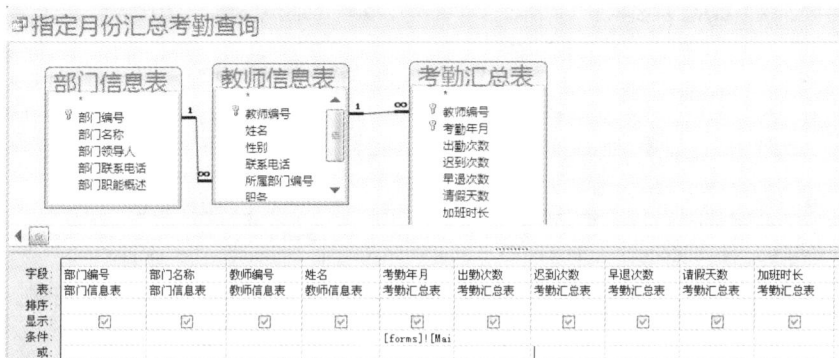

图 8.63
"指定月份汇总考勤查询"

设计该查询时，要注意以下几点。

1）该查询涉及到 3 个数据表，分别是："部门信息表"、"教师信息表"与"考勤汇总表"。

2）向查询中添加"部门信息表"的"部门编号"、"部门名称"字段，"教师信息表"的"教师编号"、"姓名"字段，"考勤汇总表"的"考勤年月"、"出勤次数"、"迟到次数"、"早退次数"、"请假天数"、"加班时长"等字段。

3）在"考勤年月"字段的条件行，输入以下条件：

[forms]![Main]![Year] & "-" & [forms]![Main]![Month]

即引用用户在主控窗体 Main 中两个组合框控件内选择的年月作为本查询的查询条件。

（2）设计"指定月份考勤汇总报表"

打开报表的设计视图，按图 8.64 所示，创建"指定月份考勤汇总报表"。

该报表的设计要点如下。

01 打开报表的属性表，将"记录源"属性设置为"指定月份汇总考勤查询"。

02 为报表添加报表页眉与报表页脚。在报表页眉中添加一个标签控件，标签内容输入"东方职业技术学校月度考勤汇总表"，作为报表的标题。在报表页脚中，添加 5 个文本框作为计算控件，并分别在各文本框内输入："=Sum([出勤次数])"、"=Sum([迟到次数])"、"=Sum([早退次数])"、"=Sum([请假天数])"、"=Sum([加班时长])"，以对全体教职工的各种考勤数据进行总计。

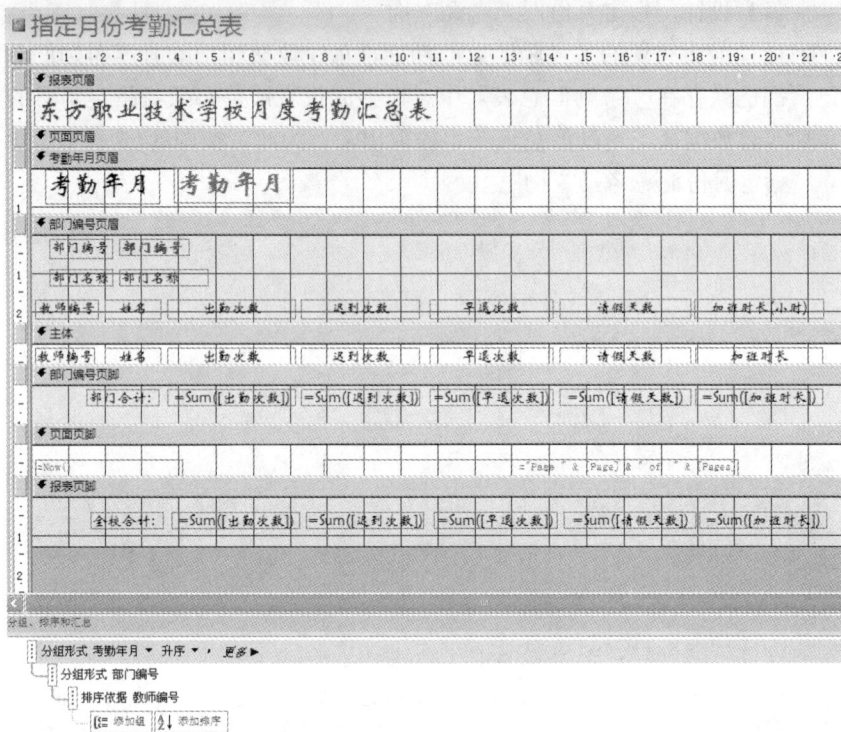

图 8.64
"指定月份考勤汇总表"

03 在报表的页面页脚中，添加 2 个文本框，一个文本框内输入：=Now()；另一个文本框内输入：="Page " & [Page] & " of " & [Pages]，以在报表的每一页显示报表生成的时间与页码。

04 为报表添加第 1 个分组页眉 / 页脚，指定按"考勤年月"字段进行分组。此时报表中增加了考勤年月页眉与页脚。单击功能区"设计"选项卡中的"添加现有字段"按钮，显示出"字段列表"，将"考勤年月"字段拖放入考勤年月页眉中。

05 为报表添加第 2 个分组页眉 / 页脚，指定按"部门编号"字段进行分组，此时报表中增加了部门编号页眉与页脚。将"字段列表"中的"部门编号"、"部门名称"拖入部门编号页眉中。

06 在部门编号页眉中，添加 7 个标签控件，内容分别输入："教师编号"、"姓名"、"出勤次数"、"迟到次数"、"早退次数"、"请假天数"、"加班时长（小时）"，以作为各个数据字段的标题，并排列好位置。

07 在部门编号页脚中，添加5个文本框作为计算控件，分别在各文本框内输入："=Sum([出勤次数])"、"=Sum([迟到次数])"、"=Sum([早退次数])"、"=Sum([请假天数])"、"=Sum([加班时长])"，以对本部门教职工的各种考勤数据进行总计。

08 打开"字段列表"，将"教师编号"、"姓名"、"出勤次数"、"迟到次数"、"早退次数"、"请假天数"、"加班时长"等7个字段拖入报表的主体部分，并与部门编号页眉中的7个相应标签对齐排好位置。

09 对报表加以适当修饰，在属性表中，将部门编号页眉与页脚的"背景色"属性设置为"窗体背景"，将"备用背景色"属性设置为"浅色页眉背景"。

10 在Access 2007功能区单击"页面设置"选项卡的"横向"按钮，将报表设置为横向打印输出，并将纸张大小设置为A4。

最后，在报表设计完成后，打开考勤管理系统Main窗体的设计视图。在"考勤报表查阅与打印"选项组控件中，删掉原有的"查阅报表"、"打印报表"两个按钮，重新利用向导功能添加这两个按钮，将其功能分别设置为预览与打印"指定月份考勤汇总报表"。

在Main窗体上，选择年份为2010，选择月份为10，单击"查阅报表"按钮，即可看到如图8.65所示的考勤汇总报表。

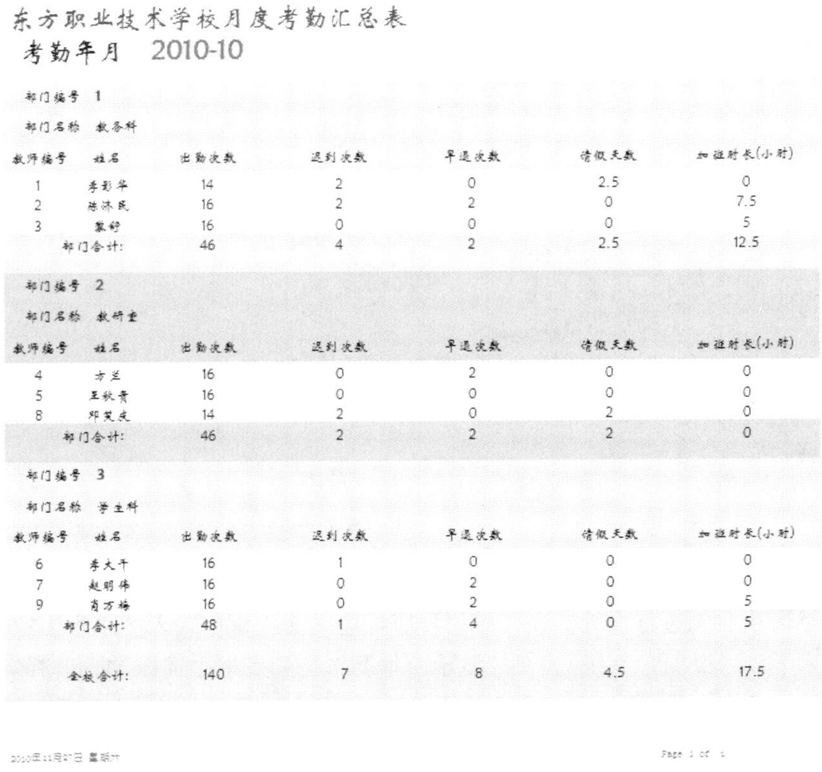

东方职业技术学校月度考勤汇总表
考勤年月　2010-10

部门编号　1
部门名称　教务科

教师编号	姓名	出勤次数	迟到次数	早退次数	请假天数	加班时长(小时)
1	李彩华	14	2	0	2.5	0
2	陆沛民	16	2	2	0	7.5
3	黎舒	16	0	0	0	5
	部门合计:	46	4	2	2.5	12.5

部门编号　2
部门名称　教研室

教师编号	姓名	出勤次数	迟到次数	早退次数	请假天数	加班时长(小时)
4	方兰	16	0	2	0	0
5	王秋青	16	0	0	0	0
8	邓笑泉	14	2	0	2	0
	部门合计:	46	2	2	2	0

部门编号　3
部门名称　学生科

教师编号	姓名	出勤次数	迟到次数	早退次数	请假天数	加班时长(小时)
6	李大千	16	1	0	0	0
7	赵明伟	16	0	2	0	0
9	肖万梅	16	0	2	0	5
	部门合计:	48	1	4	0	5
	全校合计:	140	7	8	4.5	17.5

2010年11月07日 星期六　　Page 1 of 1

图8.65
考勤汇总报表效果

任务五 | 系统启动、关闭管理与数据库安全设计

任务目标 本任务主要对系统启动、关闭时的一些选项进行必要的设置。另外，为增强系统安全性，将数据库转换成 ACCDE 锁定版本，使用户不能更改某些数据库的设计。

任务实施

1. 设置考勤管理系统的启动与关闭选项

本考勤管理系统的功能已全部完成，现在进一步对系统的启动与关闭做一些必要的设置。

单击 Access 2007 中的"Office"按钮，在弹出的下拉菜单中，单击"Access 选项"命令，此时会弹出"Access 选项"对话框，如图 8.66 所示。

图 8.66
"Access 选项"对话框

在图 8.66 所示对话框中，先在窗口左侧选择"当前数据库"选项，然后在右侧进行设置。在"应用程序标题"文本框中输入"东方职业技术学校考勤管理系统"，在"显示窗体"下拉列表框中选择 Main 窗体作为启动窗体，取消复选框"显示状态栏"、"为此数据库启用'布局视图'"、"为数据表视图中的表启用设计更改（针对此数据库）"的选中，选中"重

叠窗口"单选按钮。在"导航"选项区域中，取消"显示导航窗格"复选框的选中。

上述设置完成后，单击"确定"按钮。

2. 生成考勤管理系统的 ACCDE 版本以增强安全性

在 Access 2007 的功能区，切换到"数据库工具"选项卡，在"数据库工具"组中单击"生成 ACCDE"按钮。在弹出的"保存为"对话框中，设置好存储位置与文件名，保存类型选择为"ACCDE 文件（*.accde）"，然后单击"保存"按钮。

双击打开生成的"东方职业技术学校考勤管理系统 .accde"文件，在功能区的"创建"选项卡中，可见到大部分的设计功能不能再使用，如图 8.67 所示，用户不能随意更改数据库的设计，增强了系统的安全性。

至此，全部完成了"东方职业技术学校考勤管理系统"的设计。

图 8.67
ACCDE 文件的功能区

项目小结

本项目主要通过 5 个任务，分步实现了"东方职业技术学校考勤管理系统"的设计。

任务一通过需求分析，确定了考勤管理系统的功能结构，然后进一步对系统作逻辑设计，创建系统所需要的数据表，并建立数据表间关系。

任务二通过运用窗体对象实现了考勤管理系统的基本信息维护功能。

任务三运用了查询、宏、窗体等对象的设计，实现了考勤管理系统的考勤管理、考勤数据汇总等核心功能。

任务四设计出系统的启动主控窗体，并设计月度考勤汇总报表对象，实现了考勤系统的报表查阅与打印功能。

任务五对考勤管理系统的启动与关闭选项进行必要的设置，并将系统生成 ACCDE 版本，进一步提高系统的安全性。

习 题

一、实训操作

1）本考勤管理系统设计完成后，请通过本系统输入基本信息数据以及相关的考勤数据，测试系统的功能。

2）继续完善考勤管理系统，为系统设置考勤查询功能，该查询功能能查询出用户指定日期的某一位教师的出勤、请假、加班等考勤数据。

3）若本系统需要增加"旷工"管理的功能，即当某一位教职工某日无故不出勤，则在考勤管理系统中作旷工处理，并保存相应的记录。为实现此功能，本系统中的数据表是否要做修改或增加？哪些数据库对象（查询、窗体、报表、宏等）要做相应的改动或增加？请自行尝试并设计实现之。

附录A 常用宏命令及其功能

功能分类	宏命令	具体功能
打开	OpenDataAccessPage	在页视图或设计视图中打开数据访问页
	OpenForm	在窗体视图、窗体设计视图、打印预览或数据表视图中打开窗体
	OpenModule	在指定过程的设计视图中打开指定的模块
	OpenQuery	打开选择查询或交叉表查询
	OpenReport	在设计视图或打印预览视图中打开报表或立即打印该报表
	OpenTable	在数据表视图、设计视图或打印预览中打开表
查找、筛选记录	ApplyFilter	对表、窗体或报表应用筛选、查询或SQL的WHERE子句,以便限制或排序表的记录,以及窗体或报表的基础表,或基础查询中的记录
	FindNext	查找符合最近FindRecord操作或"查找"对话框中指定条件的下一条记录
	FindRecord	在活动的数据表、查询数据表、窗体数据表或窗体中,查找符合条件的记录
	GoToRecord	在打开的表、窗体或查询结果集中指定当前记录
	ShowAllRecords	删除活动表、查询结果集或窗体中已应用过的筛选
焦点	GoToControl	将焦点移动到打开的窗体、窗体数据表、表数据表或查询数据表中的字段或控件上
	GoToPage	在活动窗体中,将焦点移到指定页的第一个控件上
	SelectObject	选定数据库对象
设置值	SendKeys	将键发送到键盘缓冲区
	SetValue	为窗体、窗体数据表或报表上的控件、字段设置属性值
更新	RepaintObjet	完成指定的数据库对象所挂起的屏幕更新,或对活动数据库对象进行屏幕更新。这种更新包括控件的重新设计和重新绘制
	Requery	通过重新查询控件的数据源,来更新活动对象控件中的数据。如果不指定控件,将对对象本身的数据源重新查询。该操作确保活动对象及其包含的控件显示最新数据
打印	PrintOut	打印活动的数据表、窗体、报表、模块数据访问页和模块,效果与文件菜单中的打印命令相似,但是不显示打印对话框
控制	CancelEvent	取消引起该宏执行的事件
	RunApp	启动另一个Windows或MS-DOS应用程序
	RunCode	调用Visual Basic Function过程
	RunCommand	执行Access菜单栏、工具栏或快捷菜单中的内置命令
	RunMacro	执行一个宏
	RunSQL	执行指定的SQL语句以完成操作查询,也可以完成数据定义查询
	StopAllMacros	终止当前所有宏的运行
	StopMacro	终止当前正在运行的宏

2）窗体、布局、设计。

3）窗体按钮、窗体向导、窗体设计视图。

4）外观、真实数据。

5）结构设计、控件名称、具体数据。

6）窗体页眉、窗体页脚、主体、页面页眉、页面页脚。

7）设计。

8）设计、控件。

9）控件向导。

项目五

一、填空题

1）分类、汇总、打印输出。

2）报表。

3）记录源。

4）报表页眉、报表页脚、页面页眉、页面页脚、分组页眉、分组页脚、主体。

5）组页眉、嵌套组（可选）、明细记录、组页脚、10。

6）报表页脚。

7）绑定控件、未绑定控件、计算控件。

8）未绑定控件。

9）计算控件。

项目六

一、填空题

1）一个或多个实现特定功能的操作。

2）用户或程序代码引发的事件或由系统触发。

3）宏名。

4）省略号（…）。

5）打开窗体、执行查询。

6）语法错误、运行错误。

7）单步运行宏。

项目七

一、填空题

1）导出。

2）导入。

3）关闭时压缩数据库。

4）窗体、报表。

主要参考文献

龙华工作室．2009．办公高手 Access 2007 案例导航．北京：中国水利水电出版社．

荣钦科技．2009．Access 2007 数据库原理、技术与全程实例．北京：清华大学出版社．

徐勤红，李向阳，仲治国．2010．中小企业 Access 应用完全掌握．上海：上海科学技术出版社．

姚茂群．2010．Access 2003 数据库案例教程．北京：科学出版社．

张平．2007．数据库应用基础 Access 2003．北京：人民邮电出版社．